JN274827

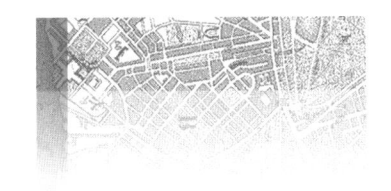

自然地理学

松山 洋・川瀬久美子・辻村真貴・高岡貞夫・三浦英樹 著

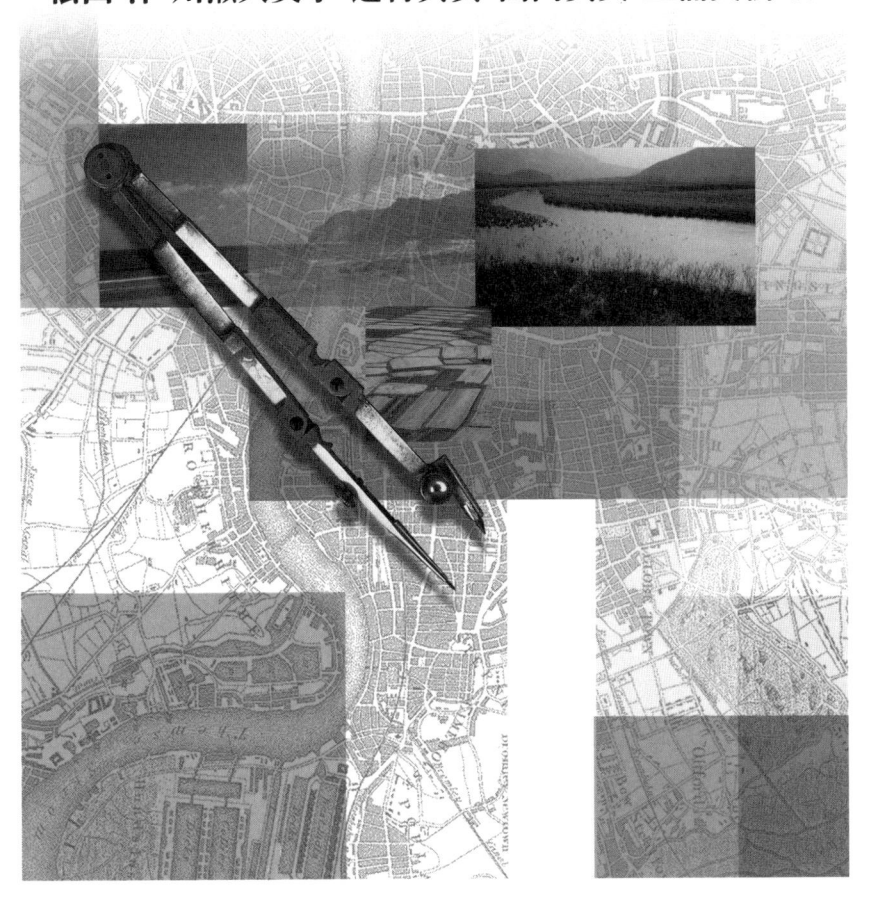

ミネルヴァ書房

口絵1　サンゴ

資料：石垣島にて松山洋撮影（2003年）。

口絵2　マングローブ

資料：西表島にて松山洋撮影（2003年）。

口絵3　氷河
資料：中国　天山山脈にて松山洋撮影（1994年）。

口絵4　U字谷
資料：中国　天山山脈にて松山洋撮影（1994年）。

口絵5　北アメリカ Hubbard Brook 試験流域における直角三角堰の様子
資料：辻村真貴撮影（2001年）。

口絵7　熊本県不知火町の山地源流域の渓流における流量観測の様子
注：写真手前の青い箱が60度Vノッチ堰，奥が5インチ・パーシャル・フリューム。Vノッチ堰は低水時の水位変動を，パーシャル・フリュームは高水時の水位変動をモニターする目的で，用いられることが多い。
資料：辻村真貴撮影（2003年）。

口絵6　United States Geological Survey の Sleepers River における三角堰の様子
資料：辻村真貴撮影（2001年）。

口絵8　流量観測用のパーシャル・フリュームと静電容量水位センサー
資料：辻村真貴撮影（2003年）。

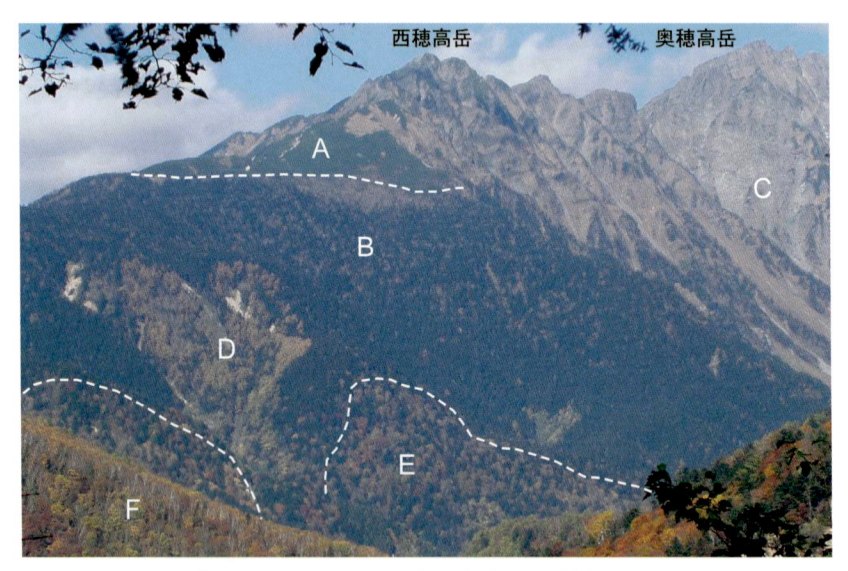

口絵 9　北アルプスの山の斜面に観察される植生パターン

注：西穂高岳の山頂は 2909m（2006年撮影）。
資料：高岡貞夫作成。
A：ハイマツ低木林に覆われた斜面
B：常緑針葉樹林に覆われた斜面
C：露岩や草本・低木に覆われた斜面
D：斜面の崩壊跡地にカラマツが侵入した斜面
E：亜高山帯下部のブナやシナノキが混生する斜面
F：ダケカンバが優占する斜面

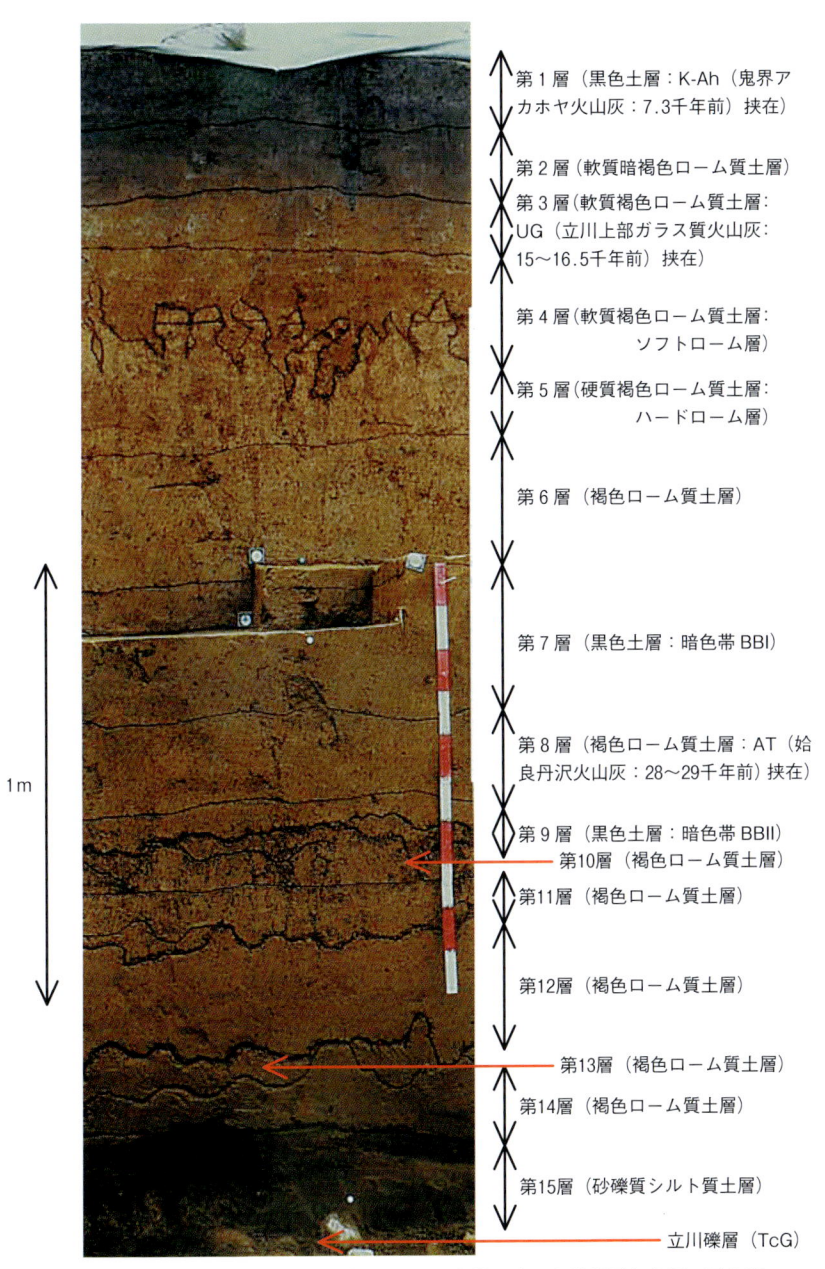

第1層（黒色土層：K-Ah（鬼界アカホヤ火山灰：7.3千年前）挟在）
第2層（軟質暗褐色ローム質土層）
第3層（軟質褐色ローム質土層：UG（立川上部ガラス質火山灰：15〜16.5千年前）挟在）
第4層（軟質褐色ローム質土層：ソフトローム層）
第5層（硬質褐色ローム質土層：ハードローム層）
第6層（褐色ローム質土層）
第7層（黒色土層：暗色帯BBI）
第8層（褐色ローム質土層：AT（姶良丹沢火山灰：28〜29千年前）挟在）
第9層（黒色土層：暗色帯BBII）
第10層（褐色ローム質土層）
第11層（褐色ローム質土層）
第12層（褐色ローム質土層）
第13層（褐色ローム質土層）
第14層（褐色ローム質土層）
第15層（砂礫質シルト質土層）
立川礫層（TcG）

1m

口絵10 武蔵野台地（東京・調布）における堆積土壌の土壌断面と土層の区分例
資料：細野衛氏撮影，明治大学校地内遺跡調査団・野口淳協力，三浦英樹作成．

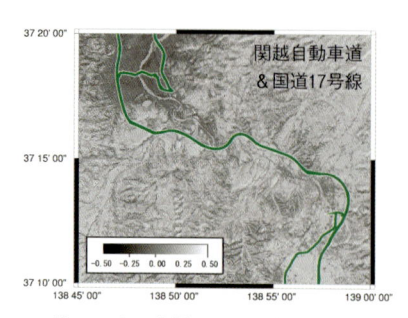

口絵11 人工衛星によって得られた積雪分布

注：斎藤・山崎, (1999)の積雪指標 S3 の分布。単位：無次元
資料：島村雄一氏（元東京都立大学大学院理学研究科）作成。

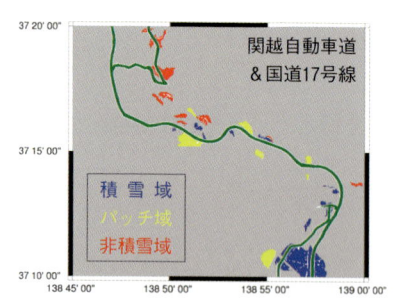

口絵12 現地調査による積雪の有無（2002年3月26日の例）

注：口絵11と口絵12は, 1：50,000「小千谷」図幅の範囲に相当し, 1：1で対比可能である。
資料：島村雄一氏（元東京都立大学大学院理学研究科）作成。

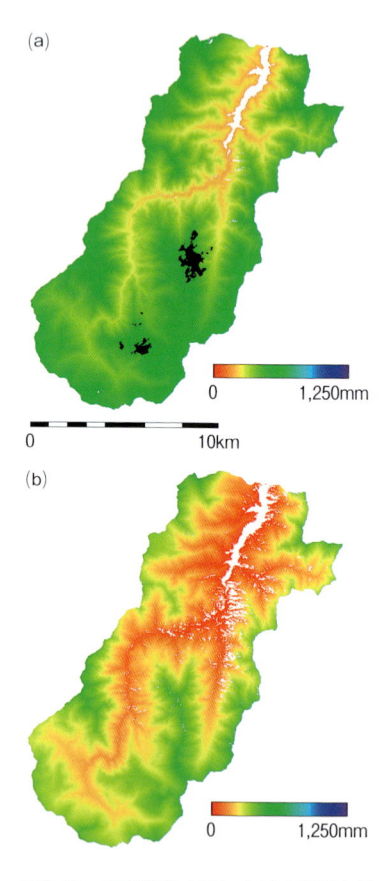

口絵13 黒部湖集水域における積雪水量の分布

注：(a)1986年4月14日。(b)1986年4月30日。黒い部分は雲に覆われているところ, 白い部分は水域である。
資料：島村雄一氏（元東京都立大学大学院理学研究科）作成。

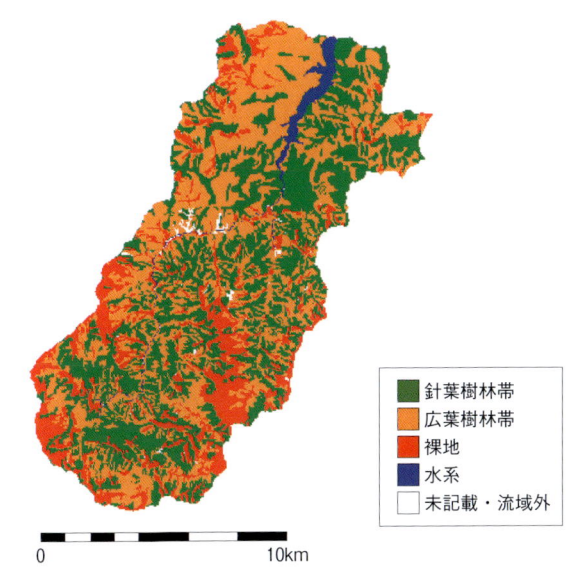

口絵 14 黒部湖集水域における土地利用図

凡例：
- 針葉樹林帯
- 広葉樹林帯
- 裸地
- 水系
- 未記載・流域外

資料：島村雄一・泉岳樹・中山大地・松山洋（2003）「積雪指標を用いた積雪水当量・融雪量の推定——黒部湖集水域を事例に」『水文・水資源学会誌』第16巻第4号の図−3(f)。一部改変。

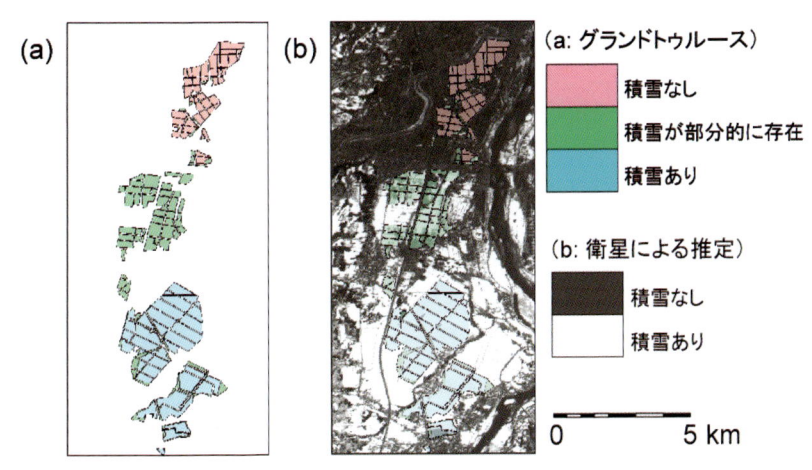

口絵 15 (a)2006年3月28日に新潟県中越地方で行われた現地調査による積雪の有無
(b)この日にやってきた人工衛星によって得られた積雪分布と(a)を重ね合わせたもの

(a: グランドトゥルース)
- 積雪なし
- 積雪が部分的に存在
- 積雪あり

(b: 衛星による推定)
- 積雪なし
- 積雪あり

資料：島村雄一・泉岳樹・松山洋（2007）「タブレットPCを用いた高速マッピングシステムの構築とこれを用いたグランドトゥルースの取得——新潟県中越地方の積雪調査の例」『地学雑誌』第116巻第6号の図5。

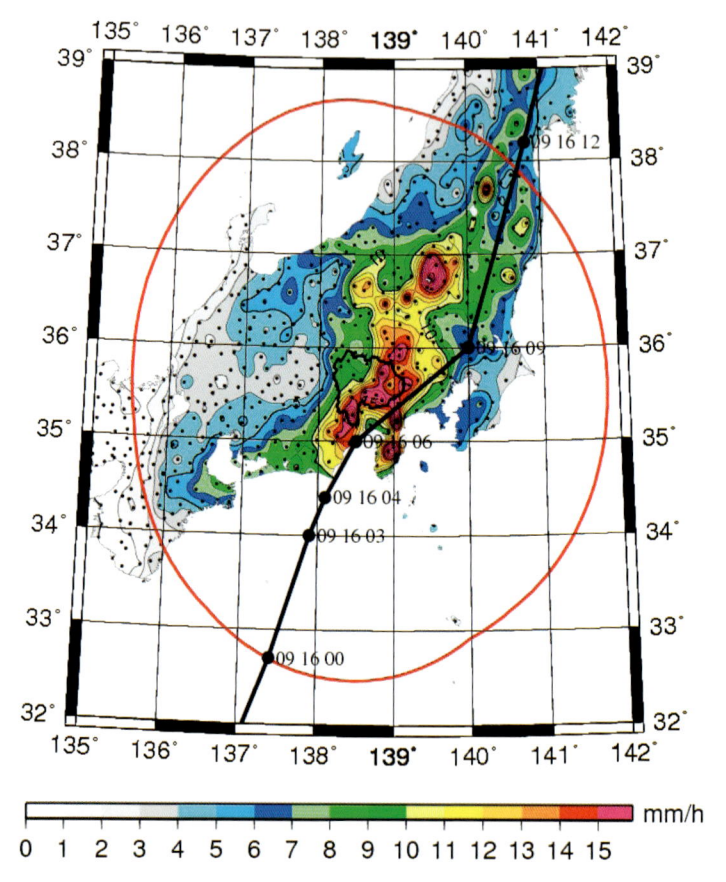

口絵16 山梨県境から300kmの範囲をバッファリングしたもの(赤線)と,山梨県に接近した台風経路(黒線)

注:この台風が,山梨県に接近していた期間における平均降水量(mm/h)の分布も同時に示す。「山梨県への台風の接近」の定義については,本文286頁を参照のこと。
資料:渡邊嵩氏(元首都大学東京大学院 都市環境科学研究科)作成。

は し が き

（1） 本書の構成──初学者の皆さんへ

　本書は，自然地理学を初めて学ぼうという方を想定して書かれています。そのため，各章ともなるべく平易な用語を使って，初学者の方にも理解していただけるように書いたつもりです。しかしながら，筆者たちには自明のことであっても「読者の皆さんには分かりにくい」という箇所があるかもしれません。そのような場合，具体的な御意見をミネルヴァ書房までお寄せいただければ幸いです。
　そんな本書は5部（15章）構成になっています。それぞれの部は2～4章から成っており，第4部「環境地理学」以外は，同じ筆者が同一の部を担当しています。これは，本書の企画段階で「初学者を対象に『自然地理学』という授業をオムニバスで担当することになりました。皆さんにお話ししていただくのは全部で2～3回です。授業で話さなければならないことを書いて下さい。」と言って，原稿をお願いしたためです。それぞれの部（地形学，気候学，水文学，環境地理学，地理情報学）は，それだけで半期～通年の授業ができるくらい奥が深い科目です。そのため，各部・各章では，それぞれの基本事項をおさえるとともに，筆者たちが「これは面白い！」と思ったことが書かれています。それぞれの部はどこから読んでもよく，興味を持ったところの内容については，章末や巻末で挙げた文献を参考に，より一層学習を深めていただければ幸いです。なお，第5部「地理情報学」については，本書の姉妹書『人文地理学』（ミネルヴァ書房）にも同様の内容がありますので，両者を読み比べてみるのも面白いと思います。

（2） 本書の活用法──本書を教科書として使おうとしている先生方へ

　『自然地理学』というオムニバスの授業2～3回分として原稿を用意し始めたのはよいのですが，いざ書き始めてみると，「話すのと書くのは大違い」ということを痛感しました。各章は20ページ前後から成っていますが，個人的には「1章の内容が，授業で話すことの2～3回分に相当する」と思っています。そのため，本書を半期の授業で使おうとすると盛りだくさんになって，消化不良に陥る

可能性があります．そこで，本書を半期の授業で用いる場合には，内容を適宜選択されるのがよいでしょう．一方，通年の授業で本書を用いるのならば，それはそれは質・量ともに充実した授業内容になるでしょう．

本書は，内容的には，大学の文系の学生を対象とした科目，あるいは教養科目のテキストとしても使えるものです．専門科目のテキストとして本書を用いる場合には（そのような先生は，それなりに「自然地理学」の経験が豊富だと思われますので），御自分の経験を加味して授業内容をアレンジすると，さぞかし充実したものになると思います．本書に書かれている内容をそのまま話すだけでは，学生さんたちが自習するのと何ら変わりがありません．教員の体験談ほど面白い話はないと，筆者は常々思っています．

それでは，一緒に「自然地理学」という思索の森に入っていくことにいたしましょう．

2014年5月

著者を代表して　松山　洋

自然地理学

目　次

口　絵

はしがき

序　章　自然地理学の醍醐味　　　　　　　　　　　　松　山　　洋　1
　　　（1）　自然地理学とは何か　1
　　　（2）　「なぜ？」に答える学問，それが自然地理学　1
　　　（3）　時間に関するセンスと，自然を構成する要素の相互関係　3
　　　（4）　筆者たちからのメッセージ　6

第Ⅰ部　地形学

第1章　変動地形と火山地形　　　　　　　　　　　　川瀨久美子　11
　　1　地形とは何か………………………………………………………11
　　2　プレートテクトニクスと変動地形………………………………14
　　　（1）　プレートテクトニクス　14
　　　（2）　地震と地殻変動　16
　　　（3）　変動地形　19
　　3　火山分布と火山地形………………………………………………20
　　　（1）　火山の分布　20
　　　（2）　火山噴出物　22
　　　（3）　火山噴火と火山地形　24

　　本章のまとめ……………………………………………………………27

第2章　外的営力によってつくられた地形　　　　　　川瀨久美子　29
　　1　マスムーブメント…………………………………………………29
　　2　河川の形成する地形………………………………………………33
　　　（1）　河川による侵食と堆積　33

（2）河川下流域の地形　34

　　3　海岸で形成される地形 ……………………………………… 37
　　　（1）砂質海岸と岩石海岸　37
　　　（2）海岸生物と地形　40

　本章のまとめ …………………………………………………………… 42

第3章　気候変動によってつくられた地形　　　　　　川瀬久美子　45

　　1　氷期と寒冷地形 ……………………………………………… 45
　　　（1）氷河地形　45
　　　（2）氷河と氷期の環境　46
　　　（3）周氷河環境と地形変化　47

　　2　環境変化と地形 ……………………………………………… 50
　　　（1）気候変化と河川地形　50
　　　（2）気候変化と低地地形　50
　　　（3）低地の地下に記録された環境変化　53
　　　（4）環境変化と平野の段丘地形　54

　　3　人と地形の関わり …………………………………………… 58
　　　（1）地形と災害　58
　　　（2）海岸の地形変化と海岸管理　59

　本章のまとめ …………………………………………………………… 61

第Ⅱ部　気候学

第4章　世界の気候　　　　　　　　　　　　　　　　　松山　洋　67

　　1　気候とは何か ………………………………………………… 67

　　2　地球の気温はどう決まるか ………………………………… 69
　　　（1）放射平衡温度　69
　　　（2）地球-大気系における放射収支　73
　　　（3）地表面における放射収支と世界の気温分布　76

③　世界の風はどう吹くか……………………………………………………78
　　（1）　気圧とは何か　78
　　（2）　コリオリの力　80
　　（3）　ジェット気流　81
　　（4）　世界の気圧と地上風の季節変化　83

　本章のまとめ……………………………………………………………………85

第5章　世界の降水量と日本の気候　　　　　　　　　松山　洋　89

　①　世界の降水量………………………………………………………………89
　　（1）　世界の水蒸気量分布と飽和水蒸気圧　89
　　（2）　気温を下げるにはどうすればよいか　91
　　（3）　降水量とその他の気候要素との関連　94

　②　日本の気候…………………………………………………………………95
　　（1）　日本の四季と気温の季節変化・日変化　95
　　（2）　日本の降水量と降水をもたらす要因　98

　本章のまとめ…………………………………………………………………103

第6章　気候システム　　　　　　　　　　　　　　　松山　洋　107

　①　気候システムとは何か………………………………………………107
　②　エルニーニョ現象……………………………………………………107
　　（1）　P-Jパターン　107
　　（2）　エルニーニョ現象と南方振動　110
　　（3）　エルニーニョ現象，ユーラシア大陸の積雪とインドの南西モンスーンとの関係　113

　③　地球温暖化……………………………………………………………117
　　（1）　温室効果ガスとしての二酸化炭素　117
　　（2）　二酸化炭素倍増時の気候　118

　④　ヒートアイランド……………………………………………………122

　本章のまとめ…………………………………………………………………125

第Ⅲ部　水文学

第7章　水文学の基礎　　　　　　　　　　　　　　　　辻村真貴　131

　1 水循環とは何か……………………………………………………131
　　　（1）水循環および水文学の定義　131
　　　（2）水循環と水収支　133
　　　（3）流域とは何か　135
　　　（4）水の分布　135

　2 地表面における水循環……………………………………………138
　　　（1）地表面における水の分配　138
　　　（2）土壌水と地下水　140
　　　（3）河川　146
　　　（4）湖沼　147

　本章のまとめ……………………………………………………………148

第8章　降雨流出プロセス　　　　　　　　　　　　　　辻村真貴　151

　1 洪水流出成分………………………………………………………151
　　　（1）降雨流出プロセスとは　151
　　　（2）流出成分の構成要素　152
　　　（3）ハイドログラフの3成分分離　156

　2 降雨流出における地中水の役割…………………………………159
　　　（1）降雨時における斜面土層中の地中水の挙動　159
　　　（2）基盤岩地下水と降雨流出特性　162

　本章のまとめ……………………………………………………………166

第9章　地下水と地表水の交流　　　　　　　　　　　　辻村真貴　169

　1 河川と地下水の交流………………………………………………169

　2 湖沼と地下水の交流………………………………………………171

3　半乾燥地域の河川と地下水の交流 …………………………… 174

　　本章のまとめ ……………………………………………………………… 177

第Ⅳ部　環境地理学

第10章　植生地理学　　　　　　　　　　　　　　　高岡貞夫　183

　　1　植生地理学の目的 …………………………………………………… 183

　　2　日本の植生 …………………………………………………………… 185
　　　（1）　相観と群系　185
　　　（2）　日本の植生帯　187

　　3　群落の分布と環境 …………………………………………………… 188
　　　（1）　群落とは　188
　　　（2）　立地要因　189
　　　（3）　攪乱要因　190
　　　（4）　生物要因　191
　　　（5）　地形と群落　192

　　4　地史的要因 …………………………………………………………… 194
　　　（1）　種の分布域の歴史性　194
　　　（2）　立地環境の歴史性　196

　　5　植生の変化 …………………………………………………………… 196
　　　（1）　二次植生　196
　　　（2）　気候変化と植生変化　200

　　本章のまとめ ……………………………………………………………… 201

第11章　地生態学　　　　　　　　　　　　　　　　高岡貞夫　205

　　1　地生態学とは ………………………………………………………… 205

　　2　地生態学の方法論的枠組み ………………………………………… 208
　　　（1）　エコトープとその垂直的・水平的構造　208

（2）サンゴ礁―マングローブ生態系の事例　209

　3　パッチ構造と生態プロセス･･･214
　　　（1）パッチとエコトープ　214
　　　（2）パッチの形状とプロセス　215
　　　（3）分断化とエッジ効果　217

　4　地生態学の課題･･･219
　　　（1）地生態学の応用　219
　　　（2）地生態学の基礎として必要なこと　220

　本章のまとめ･･･222

第12章　土壌学と土壌地理学の基礎　　　三 浦 英 樹　225

　1　土壌とは何か･･･225

　2　土壌の定義と土壌地理学の目的････････････････････････････････････226

　3　土壌地理学の方法論･･･228
　　　（1）調査地点と土壌断面の地形発達史的・層位学的位置づけ　228
　　　（2）色や形態の特徴に基づく土壌断面形態の土層区分と試料の採取　228
　　　（3）区分された土層の意味づけの検討と土壌地理学の目的へのアプローチ　229

　4　土壌断面と土層の形成に関わる基本的概念･･････････････････････････229
　　　（1）第四紀土壌の基本的な区分――「風化土壌」と「堆積土壌」　229
　　　（2）風化土壌による土壌断面形成の考え方　231
　　　（3）堆積土壌による土壌断面形成の考え方　232
　　　（4）堆積土壌を支持する証拠　234
　　　（5）土層を形成する土壌生成作用の種類とそのカテゴリー区分　236
　　　（6）土層の区分と土層の種類　237

　本章のまとめ･･･239

第13章　土壌学と土壌地理学の応用　　　三 浦 英 樹　241

　1　土壌断面の編年と土層の形成要因の解明の
　　　ための考え方と方法･･241

（1）テフロクロノロジーによる堆積土壌の土層の編年　241
　　　（2）堆積土壌の斜交関係と暗色帯の形成
　　　　　──地形発達史の中での土壌断面の位置づけ　241
　　　（3）植物珪酸体分析が示す古植生と黒色土層生成との関係　242

　2　土壌地理学研究の例
　　　──日本における土壌生成環境と特徴的な土層 …………………… 247
　　　（1）黒色土層と褐色土層の成因および地理的分布の規定要因　247
　　　（2）堆積土壌と第四紀環境変動　248

　3　土壌地理学の課題 ………………………………………………………… 253

　本章のまとめ ………………………………………………………………… 254

第 V 部　地理情報学

第 14 章　自然地理情報解析の概要　　　　　　松山　洋　259

　1　地理情報学とは何か ……………………………………………………… 259

　2　地理情報学の実際 ………………………………………………………… 260
　　　（1）地理情報の取得と構築　260
　　　（2）地理情報の管理と分析　264
　　　（3）地理情報の総合と表示・伝達　265

　3　地理情報の構造 …………………………………………………………… 266
　　　（1）ラスタ型データとベクタ型データ　266
　　　（2）ラスタ型データの特徴と具体的な処理　267
　　　（3）ベクタ型データの特徴と具体的な処理　271

　本章のまとめ ………………………………………………………………… 276

第 15 章　地理情報の取得方法と解析方法　　　　　松山　洋　279

　1　地理情報の取得 …………………………………………………………… 279
　　　（1）他力本願　279
　　　（2）自力解決　281

2　地理情報の分析……………………………………………………283
　　　　（1）オーバーレイ　285
　　　　（2）バッファリング　286
　　　　（3）ボロノイ分割　287
　　本章のまとめ…………………………………………………………291

文献案内　293

あとがき　301

索　　引　303

序　章

自然地理学の醍醐味

松　山　　洋

（1）　自然地理学とは何か

　筆者はその昔，地理の地は「地球」，理は「模様」と習ったことがある。確かに，地球の表面は山脈や台地，平野や海岸など，凹凸に富んだ複雑な形状をしている。また，これら地球表面の状態も，森林や草原，砂漠や裸地，あるいは雪氷などバラエティに富んでいる。このように，「地球」の表層は複雑多様な「模様」から成り立っているが，それらがなぜ生じるのか，それを明らかにする学問が自然地理学だと筆者は思う。

　肌理（きめ）という言葉がある。最近，衛星画像を用いて地表面状態を推定する研究（14章）においても，この肌理に着目したものが出始めている。衛星画像解析における肌理とは，画像の微妙な濃淡の変化を定量化することであるが，この言葉を初めて聞いたとき筆者は，「理は地理の理と一緒だ！」と思った。

　それはともかく，「自然地理学とは何か」という問いに対して形式的な答え方をするならば，「自然地理学とは系統地理学の一分野である」という回答になる。そもそも，地理学とは大きく地誌学と系統地理学（自然地理学および人文地理学）に分けられる。地誌学とは地域をまるごと扱うものであり，その対象は自然現象・人文現象の両方に及ぶ。一方，系統地理学とは，地形，気候，水文，植生，土壌など，ある対象を系統的に扱うものであり，本書で扱う自然地理学は地球表層の環境を研究対象とするものである。なお，系統地理学としての人文地理学については，本書の姉妹書の『人文地理学』（竹中ほか，2009）を参照されたい。

（2）　「なぜ？」に答える学問，それが自然地理学

　町を歩いていて，「なぜ，ここに崖があるのか？」とか，「なぜ，崖下で水が湧いているのか？」などと考えたことはないだろうか（こんなことを考えるのは筆者

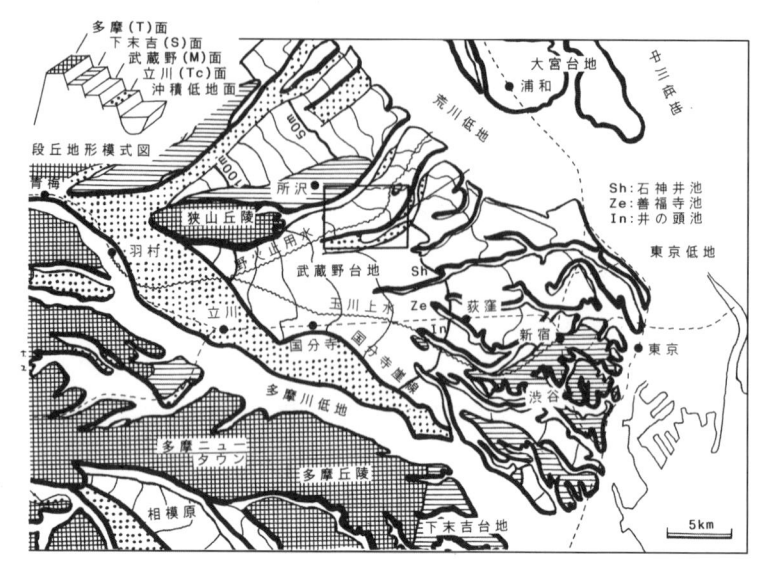

図序-1　東京周辺の地形

資料：杉谷隆・平井幸弘・松本淳（2005）『風景のなかの自然地理　改訂版』古今書院の図4-1。一部修正。

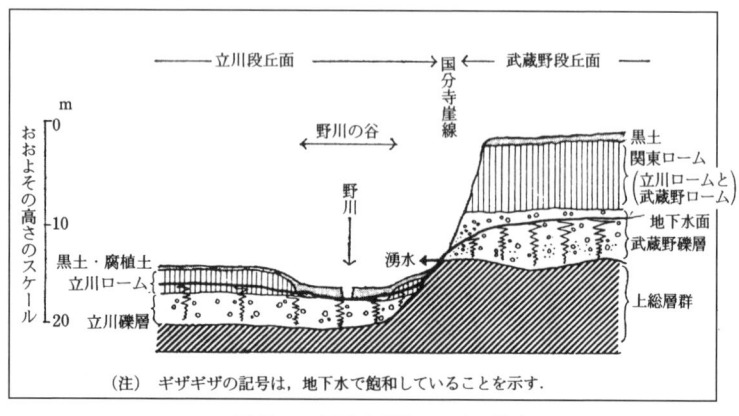

図序-2　国分寺崖線における湧水

資料：貝塚爽平（1990）『富士山はなぜそこにあるのか』丸善の13頁の図3。

だけだろうか?)。崖があるのも湧水があるのも,それぞれ理由があってのことである。例えば,東京には国分寺崖線という多摩川に沿った長く連なる崖が存在するが(**図序-1**),これは,多摩川が約3万年前に流路を変えて,武蔵野台地を削った名残である。そもそも,武蔵野台地自体,多摩川が作った扇状地という地形であり(3章),国分寺崖線の場合(**図序-2**),水を通しにくい層(上総層群)の上に,水を含んだ礫層(武蔵野礫層)があり,その上に水を通しやすい火山灰層(関東ローム層)が載っている。多摩川が国分寺崖線を形成する際,関東ローム層だけでなく武蔵野礫層まで削ったため,国分寺崖線では,崖下のあちらこちらで水が湧いているのである。これは東京の例であるが,扇状地は世界中にある。そのため,このような崖は日本だけでなく,世界各地で見られるであろう。

　別の例として,山に登ることを考える。一般的には,標高の低いところでは広葉樹が分布し,標高が上がるに連れて広葉樹と針葉樹の混交林になる。そして,もっと標高が高くなると針葉樹だけになって,いずれは森林が見られなくなる(森林限界になる)というのが典型的な植生の変化であろう。しかしながら,山によっては,標高が高くなっても本来現れるはずの針葉樹林帯が出現せず,広葉樹林帯の上がいきなり森林限界になることがある。これを偽高山帯と言うが(10章),同じ日本の中でも偽高山帯がある山とない山がある(例えば,新潟県の巻機山は,標高1550m以上が偽高山帯となっている)。自然地理学を本格的に勉強するまでは,このことを気にも留めなかったが,今では「なぜ巻機山に偽高山帯がみられるのか?」ということが気になって仕方がない。この問いに対する答えは10章をお読みいただくとして,要は,このような「なぜ?」に答える学問が自然地理学であるということである。そして,このような身近な「なぜ?」は皆さんの周りにいくらでもあると思う。

(3) 時間に関するセンスと,自然を構成する要素の相互関係

　前節で述べた地形にしろ,植生にしろ,現在の形態に落ち着くまでには,気が遠くなるくらいの時間がかかっている。自然地理学を学ぶ皆さんにぜひお願いしたいのは,時間(および速度)に関するセンスを磨いていただきたいということである。

　例えば,大地が隆起することによって山地は形成されるが,この隆起速度が1mm/年であってもこの値は「大きい」という。たった1mm/年と言うことなか

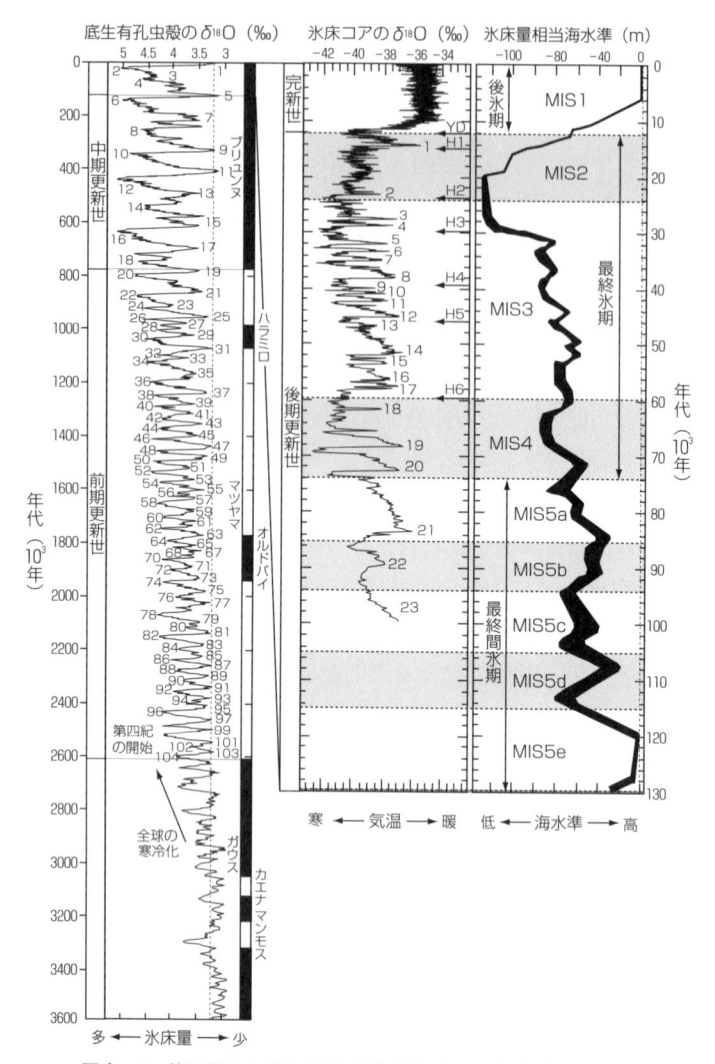

図序-3 第四紀における氷期-間氷期サイクルを示す様々な記録

注:（左）過去360万年間の大陸氷床の体積の変動（Lisiecki and Raymo, 2005を改変）。海底堆積物コア中の底生有孔虫殻の酸素同位体比の変動に基づく。破線は現在の氷床量や海水準のレベル。数字は海洋酸素同位体ステージ（MIS）で，奇数は氷床が縮小した間氷期，偶数は氷床が拡大した氷期（ただし，MIS3は氷期中の亜間氷期）。右の白黒の帯は海底堆積物の古地磁気層序の磁極帯。
（中央）過去10万年間のグリーンランド内陸部の気温の変動（Meese et al., 1997を改変）。グリーンランド氷床コア（GISP2）の酸素同位体比の変動に基づく。YDはヤンガードリアスと呼ばれる亜氷期，1-23の数字は，ダンスガード-オシュガーサイクル（D/Oサイクル）と呼ばれる最終氷期中の短周期の気候変動。H1-H6は，ハインリッヒイベントと呼ばれる北大西洋の深海底堆積物に含まれる陸源物質の濃集層が示す大規模な氷山の流出事件。
（右）過去13万年間の海面の変動（Lambeck and Chappell, 2001を改変）。

れ，1 mm/年であってもこの速度で100万年間隆起し続ければ，山の高さは1000mになるのである。日本の山地は世界的に見ても隆起速度が大きく（1章），日本アルプスなどは数mm/年の速度で隆起している。これに加えて，山地は降水や風などによる侵食も受けている。特に，日本の場合には世界的に見ても降水量が多く，強い降水が多いため（5章），単純に「隆起速度×年数=山の高さ」とはならない。むしろこの場合重要なのは，「山地の形成は100万年オーダーの時間スケールで考えなければならない」ということである。実際，日本列島は約200～300万年前までにいったん平坦化され，現在の日本の地形はこの200～300万年間で形成されたものである。

　約260万年前から現在に至る地質時代のことを第四紀という。第四紀とは，すでに存在していた南極氷床に加えて，新たに北半球氷床の形成とその拡大，縮小が繰り返され，地球が全体として寒冷化した時代のことであり，この時代に人類は大きく進化し，地球上に拡散した。この時代を特徴づけるのが，第四紀後期に特に顕著に見られるようになった氷期－間氷期サイクルである（**図序-3**）。特に最終氷期（約7～1万年前）には，現在の東京の気温が札幌の気温にほぼ等しくなるような寒冷化が起こった（3章）。これ自体大規模な気候変動であり，気候学的に大変興味深いことであるが，影響は気候変動そのものだけにとどまらないところが，自然の面白い点である。

　最終氷期の寒冷化は，北アメリカ大陸とスカンジナビア半島に大規模な氷床を発達させ（3章），世界の海面は約100～150m低下した。ヨーロッパの場合，スカンジナビア半島に氷床が出現したわけであるから，それまでそこに生育していた植物は適切な環境を求めて南下した。しかしながら，南下した先にはアルプス山脈が立ちはだかっていたため，これを越えられなかった植物の多くは絶滅したのである。そのため，約1万年前に最終氷期が終わって気候が温暖化し始めてもヨーロッパの植生は元に戻らず，現在も種数が少なく単調であるという。

　最終氷期後半の日本の場合，冬の降雪量が少なくなった。これは，日本海の海面が低下したため，現在日本海を流れている対馬暖流が，最終氷期後半には日本海に入ってこなかったためである。気温が低下して，冬の降雪量が少なくなった結果，北日本や山地の広範囲で凍土が発達し，基盤岩や礫の凍結破砕が生じたり，凍結・融解の繰り返しによって細粒な物質が面的に移動することで，地表面がなだらかな形状になる周氷河地形が発達した（3章）。このような大規模な気候変

化は，当然，植生の鉛直分布（10章）や土壌の発達（13章）にも影響を与えた。

　一方，最終氷期が終わった後の約7000年前頃には現代より温暖な時代があった。この時期には，最終氷期に大陸上で発達した氷床の融解と海水の荷重による海底の沈降により，海岸線が現在よりも内陸まで侵入した地域もあった（3章）。日本ではこの時期は縄文時代に相当するので，この現象は「縄文海進」と呼ばれている。このような大規模な海岸線の変化もまた，地形，植生，土壌などの形成に影響を与えている。

　このように，自然を構成する要素は，それ1つだけで成り立っているのではない。「風が吹けば桶屋が儲かる」ではないが，これらは互いに関わり合いながら長い時間をかけて今日に至っているのである。これから自然地理学を学ぶ皆さんには，ぜひともこのことを理解していただきたいと思う。

（4）　筆者たちからのメッセージ

　日本では，大雨や地震が頻繁に起こり，ときには大規模な災害につながる場合がある。読者の皆さんには，本書を読み終わった後，なぜ，日本では大雨や地震が頻繁に発生するのか，他の人に説明できるようになってほしいと思う。また，災害が生じるかもしれない場面に遭遇したときに，危険を回避する行動を取れるようになってほしいとも思う。このように，自分たちが生活している地域の自然環境を理解し，しかるべき時に適切な行動を取ることは，日本で暮らす者として最低限のリテラシーだと筆者は思う。筆者が「自然地理学」の講義をする際には，このことを授業の最初に学生さんたちに話すし，常に念頭に置いて授業を組み立てている。

　最後に，これまで自然地理学の研究・教育をしてきて思ったことは，「現場で測ってみなければ分からないことがたくさんある」ということである。1つだけ，筆者が毎年春に山岳積雪調査を行っている巻機山（まきはたやま）の話をしよう。巻機山は新潟県と群馬県の県境にある山で，日本でも有数の豪雪地帯に位置している。これまで，日本の山岳積雪地域では，標高が1000m高くなると，森林限界下では積雪水量（積雪をとかして水にした時の深さで単位mm，降水量と直接比較できる）が1000mm増えると言われてきた。この割合は高度分布係数（単位mm/m）と言われ，「山にどれだけ雪があるのか？」を推定するのに必要であり（14章），ひいては春先の融雪洪水対策や水利用計画の立案にも役立つものである。果たして，「日本有数の

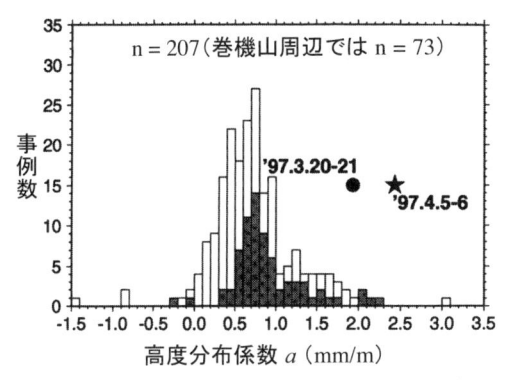

図序-4 これまでの研究成果と巻機山における観測結果

注：(1)日本国内で1950～98年に行われた主な山岳積雪調査のうち、文献から再現できた高度分布係数の度数分布。
(2)黒い棒グラフは巻機山周辺における観測結果、白い棒グラフはその他の地域における観測結果、丸印と星印は巻機山における1997年の観測結果と調査日を示している。

資料：松山洋（1998）「巻機山における積雪密度・積雪水当量の季節変化と高度分布」『水文・水資源学会誌』第11巻第2号の図-7。一部修正。

豪雪地帯である巻機山でも高度分布係数は1mm/mなのか？」と思って、1996～97年の冬～春に山岳積雪調査をしたら、高度分布係数は、日本の典型的な値の約2倍の大きさであった（**図序-4**、松山、1998）。このような、これまでの常識をぶち破るような観測結果は、現場で自分で測ってみない限り絶対に得られない。

筆者は、これこそが自然地理学の醍醐味だと思う。そして、（限られた経験に基づく意見であるが）、「データを自分で取れなくなったら自然地理学はおしまい」だとも思う。そういう意味で、現地に行き、現地で見て、現地で考えることは非常に重要である。本書には、具体的な地名がたくさん出てくるし、もしかしたら読者の皆さんが暮らしている近くのところが事例として取り上げられているかもしれない。その場合には、ぜひ、本書を片手に現地に行ってみてほしい。

ともあれ、本書を手にし、最後まで読んでいただいた読者の皆さんが、自然地理学の醍醐味を味わっていただけるのであれば、それは、筆者一同望外の喜びである。

●参考文献

貝塚爽平（1990）『富士山はなぜそこにあるのか』丸善。
酒井均・松久幸敬（1996）『安定同位体地球化学』東京大学出版会。
杉谷隆・平井幸弘・松本淳（2005）『風景のなかの自然地理　改訂版』古今書院。
竹中克行・大城直樹・梶田真・山村亜希編著（2009）『人文地理学』ミネルヴァ書房。
日本第四紀学会50周年電子出版編集委員会編（2009）『デジタルブック最新第四紀学』日本第四紀学会。
松山洋（1998）「巻機山における積雪密度・積雪水当量の季節変化と高度分布」『水文・水資源学会誌』第11巻第2号。
Lambeck, K. and Chappell, J. (2001), "Sea Level Change through the Last Glacial Cycle", *Science*, Vol. 292, No. 5517.
Lisiecki, L.E. and Raymo, M.E. (2005), "A Pliocene-Pleistocene Stack of 57 Globally Distributed Benthic δ^{18}O Records", *Paleoceanography*, Vol. 20. No. 1.
Meese D.A., Gow, A. J., Alley, R. B., Zielinski, G. A., Grootes, P. M., Ram, M., Tailor, K. C., Mayewski, P. A. and Bolzan, J. F. (1997), "The Greenland Ice Sheet Project 2 Depth-Age Scale: Methods and Results", *Journal of Geophysical Research*, Vol. 102C, No. 12.

第Ⅰ部
地形学

第1章

変動地形と火山地形

川瀬久美子

　地形とは，地表面の起伏の形態をいう。地形という言葉は，日常的には，「地形が険しい」とか「周囲を山に囲まれた盆地の地形」のように使われることが多いだろう。また，高校までの地理の授業で，山地や平野など地形の固有名詞を一生懸命暗記した人もいるかもしれない。多くの場合，地域の自然環境の説明は地形の記述から始まるが，それは，土地の起伏が地表生物の生存条件に深く関わっており，特に人間にとっては，山地が人々の交流を妨げる障壁となったり，平野が有数の穀倉地帯であったりして，その土地の社会形成に大きく影響するためである。1〜3章では，私達の生活の基盤である「土地」を「地形」としてとらえ，その特徴や変化の仕組みについて学んでみよう。

1　地形とは何か

　地形は，大きいものは大陸規模から，小さなものは砂場の水遊びでできる流水の痕跡まで，様々なスケールのものがある。地面に立って見渡すことができる範囲の地形を正確に知るには，国土地理院発行の5万分の1や2万5000分の1の地形図を利用すると良い。地形図では，本来3次元である地形が等高線によって2次元の紙面上に表現されている。地形図では，頂上に標高点を持つ山の名称や河川名は記載されているものの，扇状地や丘陵などの名称は（そこに住む人々が呼び習わしてきた名があっても）記載されていない。したがって，地形図を利用する際には，土地の起伏を等高線の密度やその凹凸を読み取って，どのような地形なのか判断する力が必要となってくる。

　ただし，地形学における地形の認定は，等高線で表現されるような地表面の起伏だけに基づいていることはほとんどない。例えば，平坦な平野に見られる島状に高くなった土地は，河川が形成した「自然堤防」かもしれないし，かつての海

図1-1　山体大崩壊によって生じた馬蹄形カルデラと流れ山
資料：守屋以智雄（1990）「7.(5)　火山地形」佐藤久・町田洋編『地形学』朝倉書店の図7.32（原図は Sekiya and Kikuchi, 1890）．

岸線にそって波浪が形成した「浜堤（ひんてい）」かもしれないし，平野の堆積物が埋め残した「丘陵」かもしれない．つまり，地形の認定は，地表の形態とともに，どのように地形がつくられたかという「成因」に基づいてなされる．ある土地の地形を，形態や成因，形成年代や構成物質などに基づいて分類することを，地形分類という．また，そうして分類された地形を地図に表現したものを地形分類図という．図1-1と図1-2は，本章の最後で触れる，火山体崩壊後の磐梯山のスケッチとその地形分類図である．

　ここで，地形の成因について触れておきたい．どのような地形も，基本的には内側からと外側からの2つの力（地形営力）が働いて形成されている．まず，内的営力は地球内部の活動に起因するもので，具体的には火山活動・地殻変動がある．一方，外的営力は主に地表物質に外側から作用して生じるもので，具体的には水・氷河・風のように運動する流体である．また，目には見えないが重力そのものも地表物質に働く外的営力の1つであり，崖崩れなどの地形変化を引き起こす．これらの地形営力は，土地によって性質や強さが異なるために，各地で多様な地形を見ることができる．

　地形は形成される過程で，それぞれの営力に特徴的な物質で構成されるようになる．例えば，火山活動で噴出した火山灰や溶岩流であったり，河川が運んだ石ころ混じりの砂であったり，波浪が寄せてきた均質な砂のように．見方をかえると，地形からその地形の構成物質が推測できることもあるし，形態からだけでは成因が分かりにくい地形もその構成物質から成因を推定することが可能なのであ

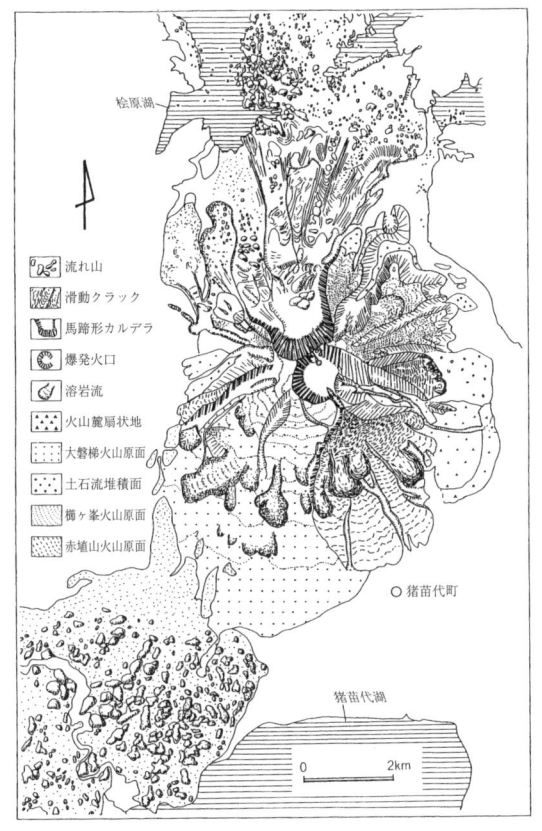

図1-2 磐梯山火山の地形分類図
資料：守屋以智雄（1983）『日本の火山地形』東京大学出版会の図12。

る。地形分類が形態だけでなく，成因や構成物質に基づいてされるのは，このためである。

　本章では，地形の中でも主に内的営力によって形成された「変動地形」と「火山地形」について説明していこう。

2 プレートテクトニクスと変動地形

（1）プレートテクトニクス

地球の表層部は10数枚の硬い板（プレート）に分かれており，それらが表層をゆっくりと動いている（図1-3）。このような地球の構造から大陸の移動や山地の上昇，地震の発生などを説明する理論を，プレートテクトニクスという。プレートには大きく分けて，海底を構成する海洋プレートと大陸を構成する大陸プレート，海洋プレートと大陸プレートの両方からなるプレートがある。海洋プレートは海嶺で生産され，海嶺の両側へ遠ざかるように移動していく。大陸プレートには比重の軽い大陸地殻が載っており，相対的に重い海洋プレートは大陸プレートの下に潜りこんでいく。プレートが潜り込んでいる場所は，海底が深くなって海溝やトラフ（舟状海盆）と呼ばれる。プレートの境界には，上記のような拡大境界（海嶺）や収束境界（海溝・トラフ）のほかに，すれ違う横ずれ境界（トランスフォーム断層）がある（図1-4）。

収束境界は海底だけでなく，インド・オーストラリアプレートとユーラシアプレートの境界のように陸上にある場合もある。かつて海（テチス海）を挟んでいた2つのプレートは次第に近づき，インド・オーストラリアプレートに載っていた比重の軽いインド亜大陸は，ユーラシアプレートに完全に潜り込むことができず，押しつけられる力で衝突した。このため，ヒマラヤ山脈が2000万年間かけて高度8000mまで隆起したと考えられている。

このように，継続して同じ方向に動き続けるプレートのために，収束境界付近の上部地殻には力が加わり続ける。物体に外から力が加わって変形するとき，形がもとに戻ろうとする力を応力と呼び，その変形や体積の変化を歪みと呼ぶ。図1-5に示すように，日本列島付近は，北アメリカプレートとユーラシアプレートの下にフィリピン海プレートと太平洋プレートが潜り込むという，非常に複雑な構造をしており，日本列島は強い水平圧縮応力場に置かれている。このために，紙に皺を寄せたときのように，地盤は場所によって隆起したり沈降したりして，日本列島は狭いながらも非常に起伏に富んだ地形となっている。つまり，長期的に隆起し続けてきた土地は山地をなし，沈降してお盆状に低くなった沿岸部に河川が土砂を流し込み平野が形成されているのが，日本列島の地形なのである（図1-6）。

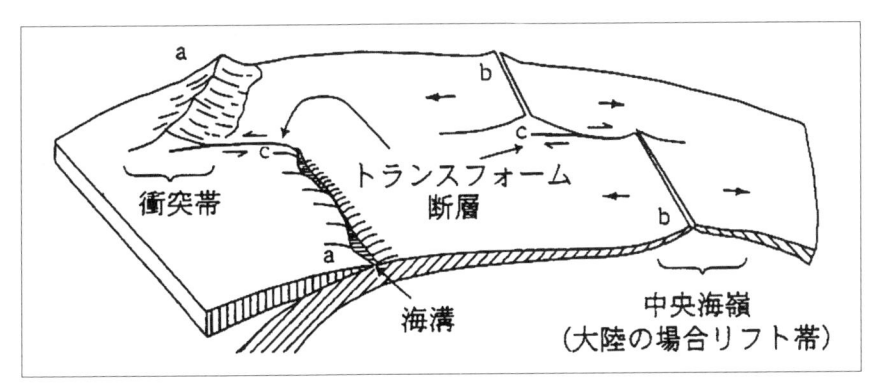

図1-3　プレート境界と移動速度

資料：山崎晴雄（2003）「3　地殻の変動──第四紀地殻変動の特質と由来」町田洋・大場忠道・小野昭編著『第四紀学』朝倉書店の図3.3.1（原図は杉村ほか，1988）。

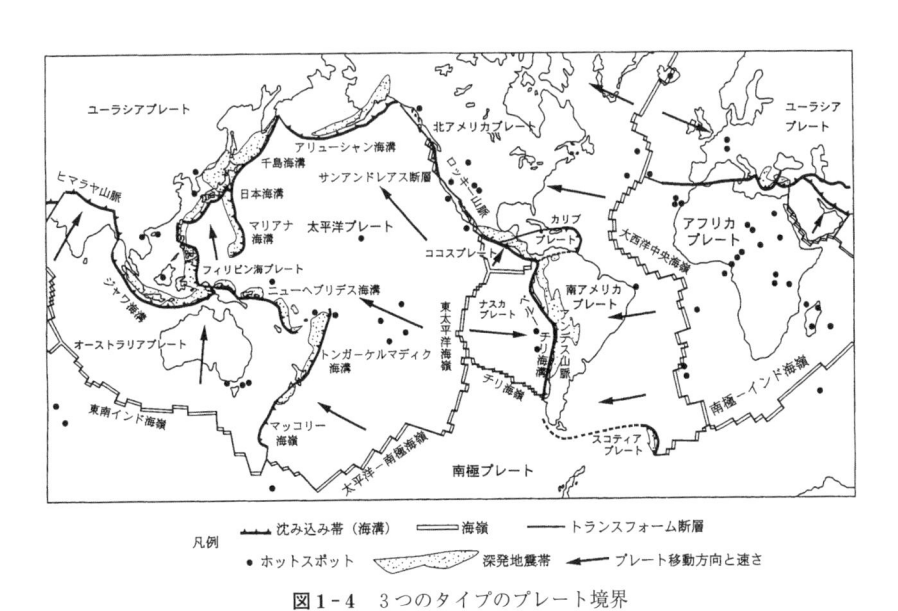

図1-4　3つのタイプのプレート境界

資料：山崎晴雄（2003）「3　地殻の変動──第四紀地殻変動の特質と由来」町田洋・大場忠道・小野昭編著『第四紀学』朝倉書店の図3.3.2。

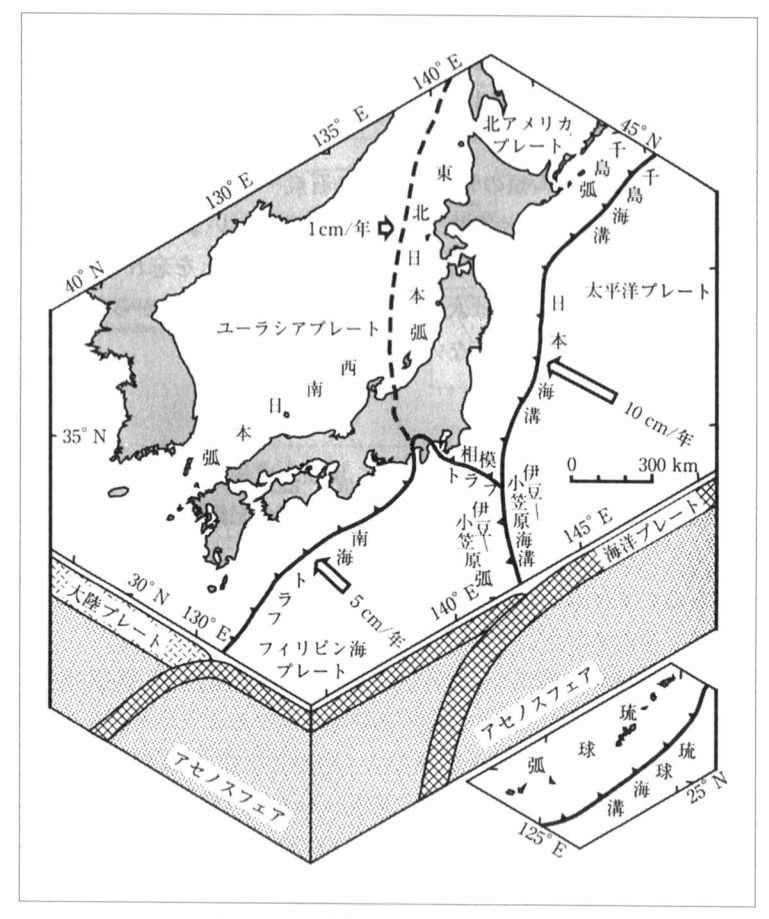

図1-5 日本付近のプレートとその動き
資料：磯崎行雄（2002）「地球の歴史」西村祐二郎編『基礎地球科学』朝倉書店の図5.26。

（2） 地震と地殻変動

　日本列島における山地と平野の分化は長期にわたる地殻変動の累積の結果であるが，大地震の発生前後に，地盤の隆起・沈降や水平移動が短期間に進行することがある。それでは，そもそも地震はどのような仕組みで発生するのだろうか？
　上部地殻は硬い岩盤であるものの弾性を持っていると考えられており，海洋プレートの潜り込みによって，収束境界付近の大陸プレートには歪みがゆっくりと蓄積していく。しかし，蓄積の限界に達したときには，歪みを解消すべく地震が

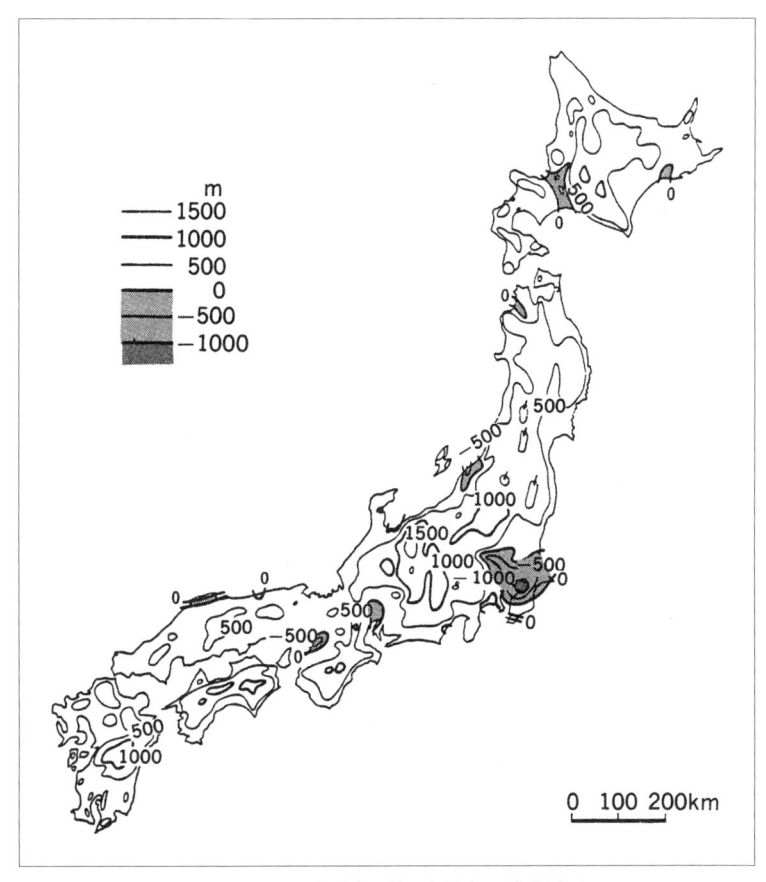

図1-6 日本列島の第四紀隆起・沈降量図

注：現在の知識では50～100万年前の隆起・沈降量に近い。
資料：Research Group for Quaternary Tectonic Map, Tokyo (1973): *Explanatory text of the Quaternary tectonic map of Japan.* Nat. Res. Center, Disaster Prevent, p. 167.

発生する。地震には，その発生位置によって3つのタイプがある。

　まず，プレート境界地震や海溝型地震と呼ばれるもので，海溝やトラフで潜り込む海洋プレートに大陸プレートの端が引きずり込まれ，それが跳ね返って地震が発生するタイプがある。プレート境界地震の発生には数十～数百年の周期性があるため，過去の地震から近い将来の南海地震や東海地震の発生が予測されている。なお，巨大津波を引き起こすのは，震源が海底であるこのタイプの地震である。

　次に，プレート内地震や内陸直下型地震と呼ばれるタイプの地震について説明

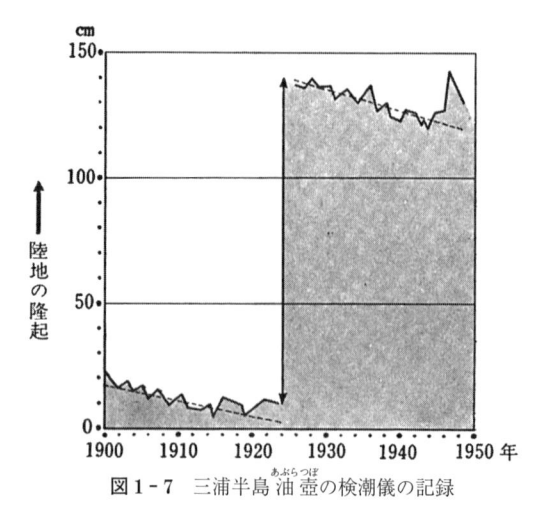

図1-7 三浦半島 油壺の検潮儀の記録

資料：杉村新（1973）『大地の動きをさぐる』岩波書店の79頁の図。

しよう。プレート境界付近の歪みは，プレート境界よりさらに内部にまで蓄積されており，これらの歪みはプレート境界地震では解消されない。上部地殻の岩盤の弱い部分に応力が集中すると破断が生じて，その破断面を境に両側の岩石がずれると，歪みが解消される。この破断面を断層と言い，断層運動が原因で発生する地震を，プレート内地震という。最近の地質時代に活動し，将来も活動する可能性がある断層は活断層と呼ぶ。活断層の活動，すなわちある断層が震源断層となって発生する地震は，数百年から数千年に一度の頻度でしか発生しない。しかし，日本列島には無数の活断層が存在するため，いつ，どこでプレート内地震が発生してもおかしくない。また，プレート内地震の震源は深さ30kmより浅いことが多く，地震動が減衰することなく私達の生活を直撃することから，内陸直下型地震とも呼ばれている。

3つ目のタイプとして，海溝やトラフに沈み込んだ海洋プレートをスラブと呼ぶが，このスラブを震源とするスラブ内地震がある。沈み込むプレート内地震と呼ぶこともあり，震源は地下数百kmと非常に深く，その発生のメカニズムはよく分かっていない。比較的震源の浅いプレート境界地震やプレート内地震では，しばしば急激な地殻変動や地形変化が生じる。**図1-7**は，プレート境界地震である関東地震（1923年発生）の発生前後の，験潮記録に基づいた三浦半島の地殻変動である。グラフからは，地震が発生するまで三浦半島が海洋プレートに引きずり込まれて沈降していたが，地震の発生によって歪みが解消されて，一気に地盤が上昇したことが分かる。地震発生直後から再び三浦半島の沈降は始まり，現在でも年間約3mmの速度で沈降し歪みが蓄積されている。

次に，プレート内地震で発生する地形変化について，詳しく説明しよう。

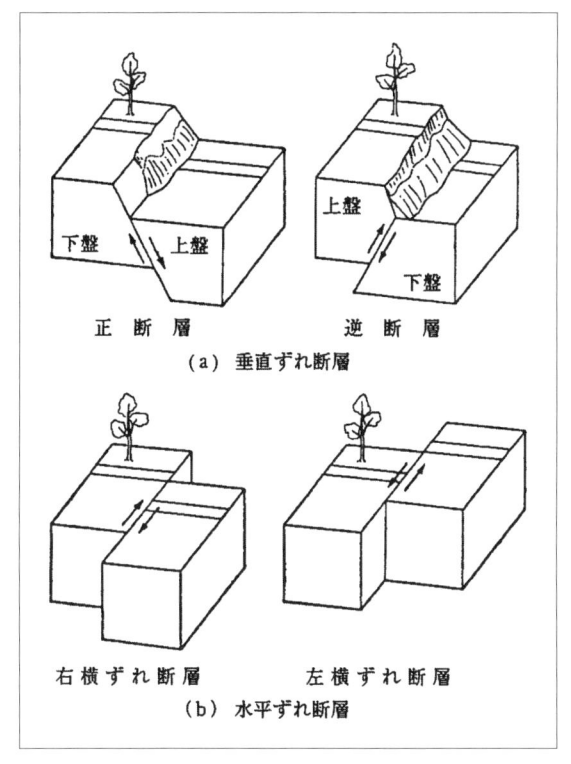

図 1-8　基本的な 4 種の断層の模式図

資料：鈴木隆介（2004）『建設技術者のための地形図読図入門　第 4 巻　火山・変動地形と応用読図』古今書院の図19.2.4。

（3）　変動地形

　プレート内地震を発生させる活断層は，地下の地層をずれさせるだけでなく，地表に現れてもともとの地形を変形（変位）させることがある。先に述べた三浦半島の事例のように，プレート境界付近では短期的に隆起と沈降という正反対の地殻変動が見られることがあるが，数万年スケールの地殻変動や活断層による地形変化の傾向は一定で，累積していくことがほとんどである。活断層によって変形して形成された地形を変動地形または断層変位地形という。

　活断層の 3 次元的な動き（地盤のずれ）は，その方向によって「縦ずれ」と「横ずれ（水平ずれ）」とに区別される（**図 1-8**）。縦ずれはさらに，断層面が地表面に対して斜めに入っていたとき，上盤側が断層面にそって滑り落ちるような

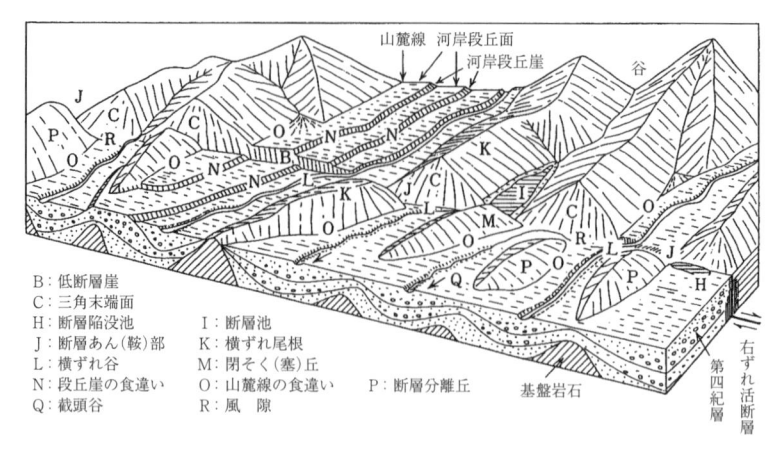

B：低断層崖
C：三角末端面
H：断層陥没池
J：断層あん（鞍）部
L：横ずれ谷
N：段丘崖の食い違い
Q：截頭谷
I：断層池
K：横ずれ尾根
M：閉そく（塞）丘
O：山麓線の食い違い
P：断層分離丘
R：風隙

図1-9 横（右）ずれ断層にともなう各種の断層変位地形（鳥瞰図）
資料：岡田篤正（1990）「断層地形」佐藤久・町田洋編『地形学』朝倉書店の図7.24。

「正断層」と，上盤側が下盤側に乗り上げるような「逆断層」とがある。また，横ずれにもずれの方向から「右ずれ」と「左ずれ」がある。こうしたずれの特徴は，断層付近に働いている応力の向き（圧縮応力と引張応力）や方向を反映している。

図1-9は，変動地形の模式図である。活断層は基本的にほぼ直線であるため，変動地形の認定にはリニアメントという線状構造が手がかりとなる。例えば，通常なら不規則に出入りする山地と平野の境界線が不自然に直線的だったり，自然の河川が削ってできる崖と直交するような直線状の崖が存在したりすると，活断層の存在が疑われる。

このような変動地形を手がかりに，日本列島の活断層の分布が調査されている。活断層の活動によって規模の大きな地震が発生すれば，活断層近くの地表の地震動は当然大きくなるし，地表に大きなずれが現れれば直上の構造物は破壊される可能性が高い。ニュージーランドやアメリカ合衆国のカリフォルニア州では，活断層上の土地利用を規制して緑地帯にして防災対策をとっている。

③ 火山分布と火山地形

（1） 火山の分布

日本は世界でも有数の火山国ではあるが，列島の中のどこにでも火山が存在す

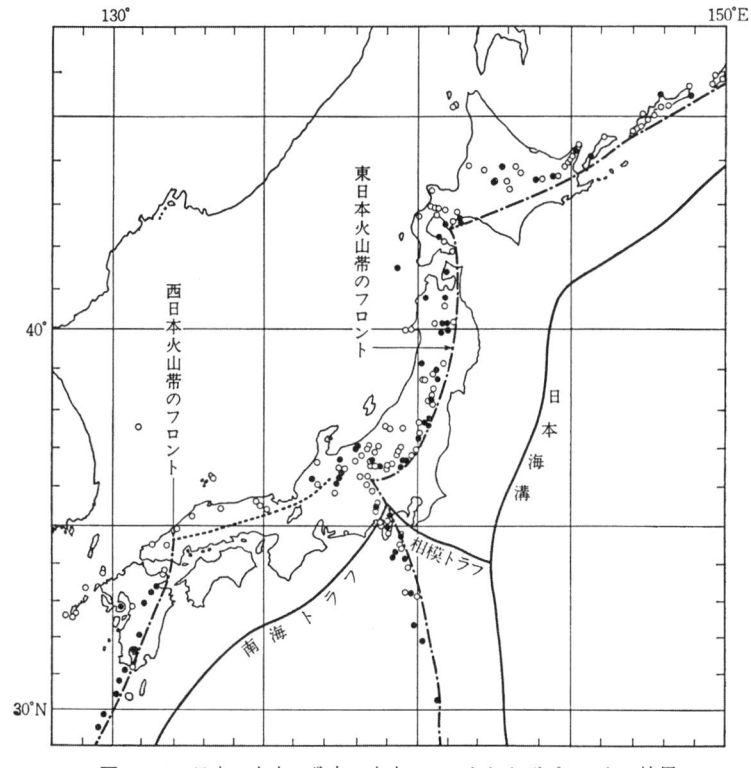

図 1‑10 日本の火山の分布，火山フロントおよびプレートの境界

注：●：活火山，○：その他の第四紀火山
資料：杉村新（1991）「第 4 章 島弧の大地形・火山・地震」笠原慶一・杉村新編『変動する地球——現在および第四紀』岩波書店の図 4.3。

るわけではない。**図 1‑10** には，日本の火山分布とともに日本列島付近のプレート境界が示されている。まず火山分布を見ると，北海道，本州，九州にかけて列状に存在し，四国には火山が存在しない一方，伊豆諸島から小笠原諸島の小さな島々が火山島であることが分かる。この分布をプレート境界の位置と対応させて見ると，日本海溝や南海トラフといった海洋プレートの沈み込み境界から200～300 kmほどプレートの進行方向側に入った所から，火山が分布することが分かる。この火山分布の海溝・トラフ寄りの縁を火山フロントという。

火山の形成，言い換えれば，マグマの生成・上昇・噴出は，どのような仕組みで起こるのだろうか。日本列島のようなプレートの収束境界にできる島弧の地下

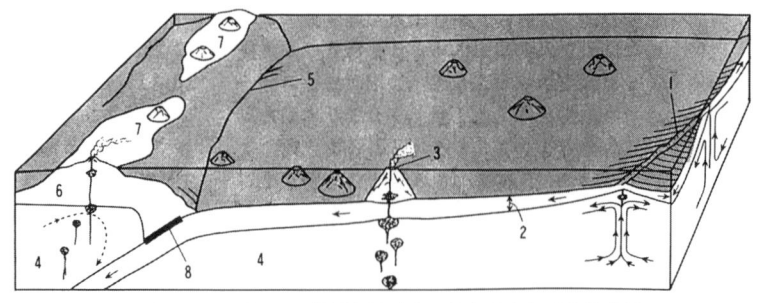

図 1 - 11 プレート運動と地球上の火山分布を示す模式図
注：上下方向を拡大・誇張してある。
資料：飯野徹雄・井口洋夫・上田誠也・江沢洋・川那部浩哉・瀧保夫・豊島久真男・星野芳郎監修（1985）『科学の事典』岩波書店の155頁の図22。

では，沈み込んだ海洋プレートがマントル上部に達する付近で岩石の融解が起こり，マグマが形成されると考えられている（**図 1 - 11**）。プレートの収束境界付近における火山活動は北アメリカ大陸や南アメリカ大陸の西岸のような大陸縁辺においても見られ，セントヘレンズ火山（アメリカ合衆国，2549m）やコトパクシ火山（エクアドル，5897m）など多くの火山が存在する。

火山はプレートの収束境界付近にだけ存在するのではない。プレートの拡大境界である海嶺でも海底の火山活動は活発であり，アイスランドのように海面上にまで火山が姿を現しているところもある。また，東アフリカの大地溝帯もプレートの拡大境界であり，アフリカ大陸最高峰のキリマンジャロ（タンザニア，5895m）も地溝帯に分布する火山の1つである。このほかに，地球上にはホットスポットと呼ばれるマグマ供給が特に盛んな地点がある。ホットスポットの位置は固定しているため，その上をプレートが移動していくと，まるでベルトコンベアーに載っているような火山の列がつくられる。このような例として，ハワイ海山列や天皇海山列がある。

（2） 火山噴出物

火山のつくる地形を説明する前に，火山地形の構成物質について整理しておこう。山の中でも，地殻変動で形成された山地はもともと存在していた地盤が隆起して発達したのに対し，火山は火山噴出物が火口近くに新たに堆積して成長していく。火山の噴出物には，液体（溶岩），気体（火山ガス）・固体（火山灰，軽石，

火山礫など）があり，このうち固体の火山噴出物はテフラ（火山砕屑物,火砕物）と呼ばれる。

　溶岩は，マグマが火山地下のマグマだまりから火道を通って，火口から地表に噴出したものである。マグマの化学組成は個々の火山に特有であり，また，同じ火山でも1サイクルの噴火の段階，その火山の何万年にもわたる噴火史の中で変化することがある。溶岩が地表で固結してできた火山岩は，その化学組成から玄武岩・安山岩・流紋岩などに分類され，それぞれの火山岩を形成するような溶岩を玄武岩質溶岩のように呼ぶ。溶岩の化学組成は，溶岩の粘性度に影響する。玄武岩質溶岩は粘性が低いため，流動的で薄い溶岩流となって，場合によっては火口から数百km遠くまで到達する。これに対して，安山岩質溶岩は粘性が高い。溶岩流が冷えて地表を覆った景観は，植生に覆われず噴出当時の様子がむき出しになっていることが多く，浅間山麓の鬼押出し（群馬県）のように奇観・名勝として観光地になっている。

　火山ガスは大気中に霧散してしまい，火山地形の構成物質そのものにはなりえない。しかし，後述するように，火山ガスの存在は噴火の激しさや火砕流の発生と深く結びついて，地形形成にも影響を与える。

　テフラは，その粒径によって直径64mm以上は火山岩塊，64〜2mmは火山礫，2mm以下は火山灰に分類される。また，多孔質で直径2mm以上のものについて，白色のものをパミス（日本では一般的に「軽石」と呼ぶ），暗色のものをスコリアという。なぜ，パミスやスコリアには，穴がたくさん空いているのだろうか。テフラの起源であるマグマには，火山ガスの元である水などの揮発成分が多量に溶け込んでいるが，地表近くに上昇してくると圧力の低下によって気化して気泡が生じる。パミスやスコリアは火山ガスが発泡したままマグマが固まったもので，火山ガスが抜けたあとが空洞になっているのだ。また，マグマの中の気泡が急激に成長して爆発すると，急冷したマグマはガラス質の薄片（火山ガラス）となって細かく粉砕され，すでに結晶をつくっていた鉱物粒子とともに噴出される。これが火山灰の正体であり，木を燃やして出来る炭化物の灰とは組成が全く異なる。

　テフラは，降下火山灰のように均一の粒度のものが噴出することもあるが，様々な大きさのものが入り混じって噴出することも多い。例えば，火砕流は，火山灰を中心とする様々な大きさのテフラと火山ガスの混合体が，火口や崩壊した噴煙柱などから斜面を流れ下っていく現象である。火砕流やさらに火山ガスの割

合が高い火砕サージは，数百〜千℃の高温で，時速100kmの高速で移動するために地形の凹凸の影響を受けずに短時間で遠くにまで到達する。平成3年に雲仙普賢岳で発生した火砕流では，死者40人，行方不明者3人の犠牲者を出すなど，火砕流は火山現象の中でも最も危険なものの1つである。

　空中を飛散して降下したテフラも地表を流走したテフラも，大規模な噴火の時には短時間で広い範囲（地表から湖沼や海底まで）を覆うという性質がある。この性質を生かして，過去の地形や堆積物の編年を行う方法をテフロクロノロジー（火山灰編年学）という。テフラは，すでに述べた火山岩と同じように，噴出源の火山やその噴火の段階によって化学的・物理的性質が異なる。特に，重鉱物組成とともに，火山ガラスの形態や屈折率は，ものによっては数百km離れた所に降って残されている火山灰（広域火山灰）の噴出源を決定する重要な手掛かりとなる（図1-12）。

（3）　火山噴火と火山地形

　火山噴火の激しさは，マグマに含まれるガスの量と粘性，地表に送り出されるマグマの量によって決まる。例えば，ハワイ島の火山ではガスが少なく粘性の低い溶岩が，火口から泉のように吹き出す（ハワイ式噴火）。一方，ガスが多くマグマの粘性が高いプリニー型噴火では，ガスと大量の火山灰が噴出し，高さ数十kmにも達する巨大な噴煙柱が形成される。

　成層圏に達した火山ガスはエアロゾルとなって全地球に拡散することもあるが，溶岩流やテフラは噴出源の火口に近いほど厚く堆積する。1回の噴火の噴出物で形成される地形には，スコリア丘や溶岩ドーム（溶岩円頂丘）がある（図1-13）。このような単成火山に対して，同じ火口から何度も噴火してできた火山を複成火山と呼び，楯を伏せたようになだらかな楯状火山と円錐形の成層火山がある。世界最大の火山であるハワイのマウナロア火山（4170m）は楯状火山で，山体の平均傾斜は10°以下と緩やかである。日本の富士山（3776m）は代表的な成層火山として，非常に美しい裾広がりの円錐形でそびえている。富士山は歴史時代にも何度か噴火しており，頂上の火口の他にも南東の山腹に，宝永4（1707）年に噴火して江戸の町まで火山灰を降下させた宝永火口が見られる。

　火口と形態の似た火山地形に，カルデラがある。どちらも火山にできる円形の凹地であるが，大きさや成因から区別できる。火口はマグマが噴出した火道の出

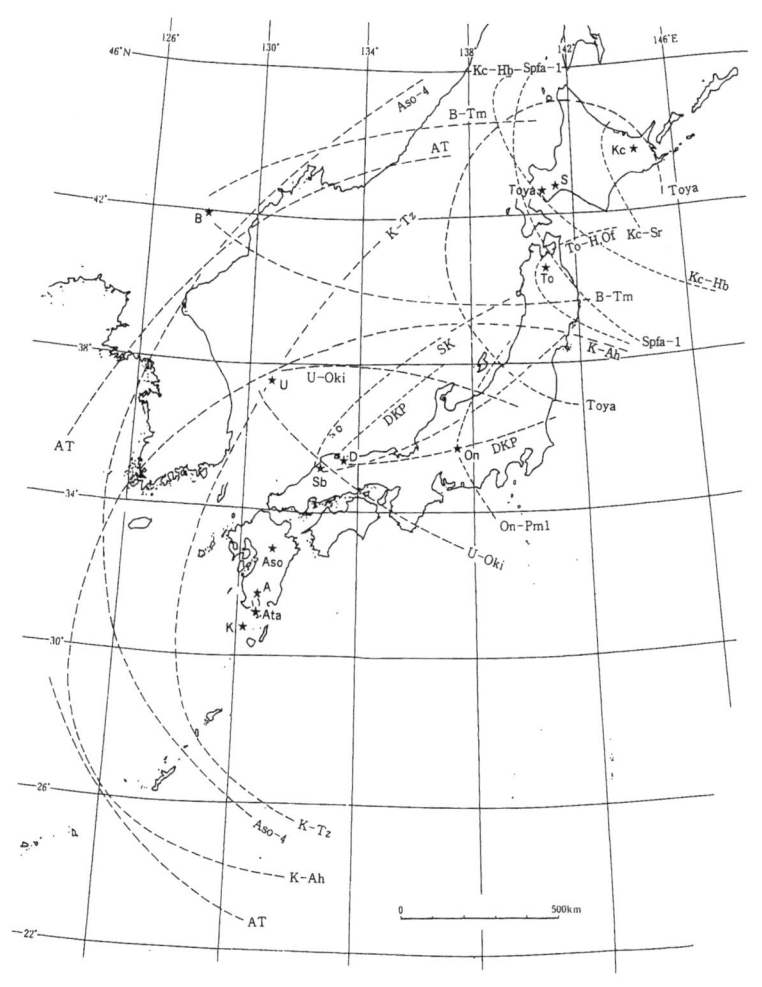

図 1-12　日本列島およびその周辺地域の後期第四紀の広域テフラの分布
資料：町田洋・新井房夫（2003）『新編　火山灰アトラス　日本列島とその周辺』東京大学出版会の図 1-1。

口であり，直径は 1 km に満たないことが多い。一方，カルデラは主にマグマだまりの天井の崩壊にともなう陥没地形で，直径は数 km〜数十 km，周りを急崖に取り囲まれた地形である。カルデラの底（火口原）にはカルデラ湖が形成されたり，カルデラ形成後の火山活動で新しい火山体が形成されたりすることもある。東西 17 km，南北 25 km と世界有数の大きさである阿蘇山（1592 m）のカルデラには，活

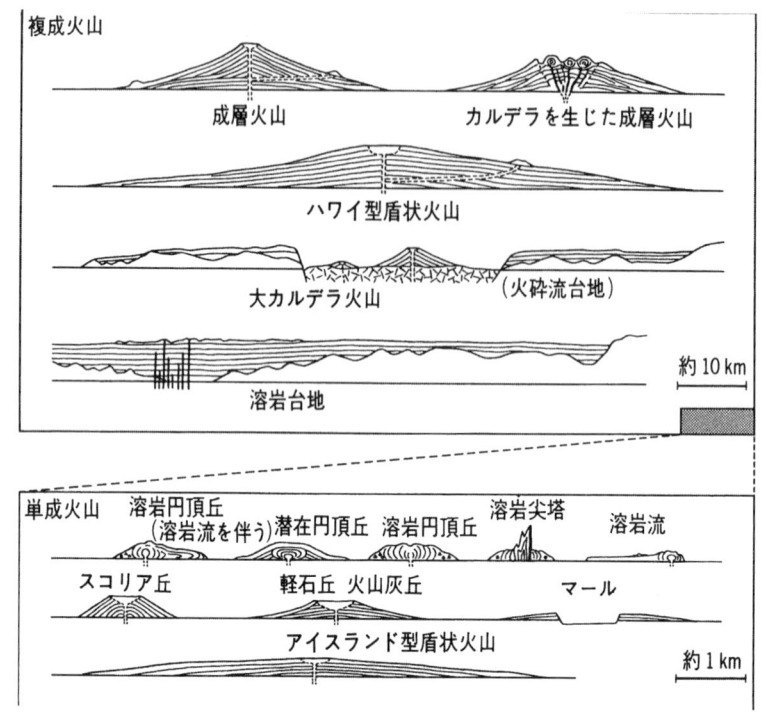

図1-13　いろいろな火山体の模式断面図
資料：飯野徹雄・井口洋夫・上田誠也・江沢洋・川那部浩哉・瀧保夫・豊島久真男・星野芳郎監修（1985）『科学の事典』岩波書店の152頁の図14。

発な噴煙を上げる中央火口丘や牛馬が草を食む草原に多くの観光客が訪れ，火口原には現在約5万人が暮らしている。

　火山地形の特徴として，噴火によって短時間に成長するばかりでなく，前述のカルデラのように，劇的にあるいは継続的に破壊・変形を受けやすいということがある。特にテフラが堆積した地形は構成物質の固結度が低いため脆く，火山活動や地震で崩壊したり，雨水による侵食を受けたりしやすい。例えば，明治21（1888）年の磐梯山（1818m）の火山活動では，10数回の爆発を経て，山頂北側の山体が崩れて大量の土砂が流れ下った。崩壊跡は馬蹄形のカルデラをなし，崩れた土砂のいくらかは塊のまま動いて，流れ山という小丘を無数に形成した（図1-1）。このほか，火山活動中あるいは終了後に雨が降ると，いったん堆積していたテフラは雨水によって侵食され，大量の土石流や泥流が流れ出ることがある。

こうして流れ出た土砂が山麓に堆積すると，火山麓扇状地となる。

　以上に述べたように，火山地域ではしばしば噴火活動や土石流などが私達の生命や暮らしを脅(おびや)かすが，大地の躍動を直に感じられる火山活動は地学現象の中でも魅力的なものの1つである。また，火山活動が熱源となって湧出する温泉は，特異な火山地形とともに観光資源として活用されている。火山地域の地盤は脆いと同時に非常に透水性のよい地層として雨水を濾(ろ)過し，富士山麓など各地でミネラル豊富なおいしい水を私達にもたらしている。

本章のまとめ

①地形とは地表面の起伏のことであり，地形分類は形態だけでなく，成因や構成物質に基づいて行われる。

②地形形成には火山活動や地殻変動のような内的営力と，水・氷河・風・重力のような外的営力がある。それぞれの営力で形成された地形は，特有の物質で構成される。

③地球上を覆うプレートの境界には，拡大境界，収束境界，横ずれ境界があり，拡大境界には海嶺が，収束境界には海溝や舟状(しゅうじょう)海盆などの地形が見られる。収束境界では海洋プレートが大陸プレートに潜り込み，上部地殻には圧縮応力が働く。このため，応力場にある収束境界付近では隆起・沈降などの地殻変動が激しい。

④プレートの動きによる歪(ひず)みの解消のために，地震が発生する。地震は発生位置によって，プレート境界地震，プレート内地震，スラブ内地震に区分される。このうち，プレート内地震を引き起こす活断層は，地表を変形させ変動地形を形成する。

⑤火山活動は，プレートの収束境界や拡大境界，ホットスポットで活発である。火山噴出物には，液体の溶岩，気体の火山ガス，固体のテフラがあり，それらの化学的・物理的特性は個々の火山や火山噴火の段階によって特徴がある。その性質を生かして広域火山灰を活用したテフロクロノロジーという編年手法がある。

⑥火山地形には単成火山と複成火山があり，複成火山には楯状(たてじょう)火山と成層火山がある。また，マグマだまりの天井が崩壊した陥没地形にカルデラがある。テ

フラの堆積によって形成された火山体は脆(もろ)く，火山活動の際に大崩壊を起こしたり，豪雨によって激しく侵食されたりすることもある。

■ ■ ■

●参考文献

飯野徹雄・井口洋夫・上田誠也・江沢洋・川那部浩哉・瀧保夫・豊島久真男・星野芳郎監修（1985）『科学の事典』岩波書店。
磯崎行雄（2002）「地球の歴史」西村祐二郎編『基礎地球科学』朝倉書店。
岡田篤正（1990）「断層地形」佐藤久・町田洋編『地形学』朝倉書店。
杉村新（1973）『大地の動きをさぐる』岩波書店。
杉村新（1991）「第4章 島弧の大地形・火山・地震」笠原慶一・杉村新編『変動する地球——現在および第四紀』岩波書店。
杉村新・中村保夫・井田喜明（1988）『図説地球科学』岩波書店。
鈴木隆介（1997）『建設技術者のための地形図読図入門 第1巻 読図の基礎』古今書院。
鈴木隆介（2004）『建設技術者のための地形図読図入門 第4巻 火山・変動地形と応用読図』古今書院。
日本第四紀学会（1987）『日本第四紀地図 解説』東京大学出版会。
町田洋・新井房夫（2003）『新編 火山灰アトラス 日本列島とその周辺』東京大学出版会。
守屋以智雄（1983）『日本の火山地形』東京大学出版会。
守屋以智雄（1990）「7.(5) 火山地形」佐藤久・町田洋編『地形学』朝倉書店。
山崎晴雄（2003）「3 地殻の変動——第四紀地殻変動の特質と由来」町田洋・大場忠道・小野昭編著『第四紀学』朝倉書店。
Research Group for Quaternary Tectonic Map, Tokyo (1973), *Explanatory Text of the Quaternary Tectonic Map of Japan*. Tokyo: National Research Center for Disaster Prevention.
Sekiya, S. and Kikuchi, Y. (1890), "The Eruption of Bandai-san". *The Journal of the College of Science, Imperial University, Japan* Vol. 3.

第2章
外的営力によってつくられた地形

川瀬久美子

　地表は，灼熱の太陽に晒され，夜間や冬季の冷たい大気に凍てつき，強い風をやり過ごし，雨水に溺れる。そうした中で，地表面は脆くなり，地表物質は風や流水によって削られ，移動し，別の場所で堆積する。

　本章では，これら外的営力によって形成された地形について学んでみよう。

1　マスムーブメント

　前章の火山の噴出物の解説では，溶岩が固結してできた岩石を火山岩と言うことを述べた。地表を構成する岩石には，火山岩やマグマが地下深部で固結した深成岩のような火成岩のほかに，砂や粘土や火山灰のような土砂が堆積して長い年月をかけて固まった堆積岩，火成岩や堆積岩が高温や圧力を受けて変化した変成岩がある。地表に露出する岩石は，気温の変化や風雨にさらされるうちに脆くなる。これを風化作用と言い，岩石によって風化しやすさは異なる。風化を受けて砕けた岩石は，重力にしたがって斜面を落下したり，雨水や氷河に流され移動したりするうちに，さらに細かくなる。土砂の細かさを「粒径」と言い**表2-1**のように区分できる。土砂は風化し移動するごとに粒径を減じ，また角がとれて円磨していく。したがって，地層を構成する堆積物の粒径や円磨の程度から，その地層がどのような外的営力を受けてきたのか推察することができる。

　土砂が重力にしたがって大量に移動することをマスムーブメントと言い，斜面の地形変化の代表的なものの1つである（**図2-1**）。**表2-2**に，マスムーブメントの移動様式や発生の誘因・予兆などについて整理した。このうち，土石流・地すべり・落石（崖崩れ）は，傾斜地で頻発する災害として注意が必要である。マスムーブメントは，地震や豪雨・長雨・融雪による地盤のゆるみが引き金となって発生するが，中でも地すべりは斜面を滑る地表物質が大量に存在する場所で発

第I部 地形学

表2-1 土砂の粒径

mm	φスケール	名称
2 mm以上	−1以下	礫 gravel
2〜1/16mm	−1〜4	砂 sand
1/16〜1/256mm	4〜8	シルト silt
1/256以下	8以上	粘土 clay

注：(1) φスケールとは、$\phi = -\log_2 d$（粒径dはmm）で表現したもの。
(2) 1 mmが0φで、粒径が半減するごとにφの値は1つずつ増える。
資料：公文富士夫（1996）「粒度階区分」地学団体研究会新版地学事典編集委員会編『新版地学事典』平凡社、1395頁をもとに筆者作成。

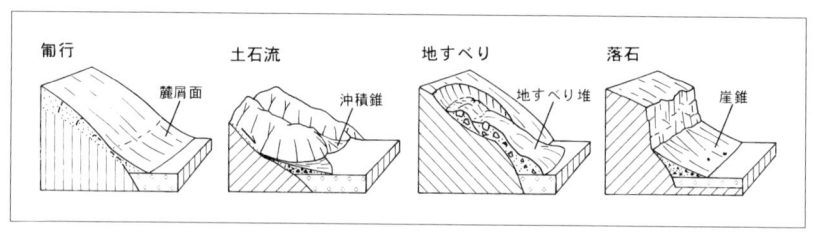

図2-1 マスムーブメントの模式図

資料：鈴木隆介（2000）『建設技術者のための地形図読図入門 第3巻 段丘・丘陵・山地』古今書院の図15.1.1。

表2-2 マスムーブメントの種類

移動様式	匍行（creep）	流動（flow）	滑動（slide）	落下（fall）
代表的な現象	岩屑匍行・土壌匍行など	土石流・岩屑流れなど	地すべり	落石・崖崩れ
予兆	認識しにくい	山鳴り、河川水の低下や濁り	亀裂の発生、地下水異常	浮石・転石
誘因	長雨、豪雨、融雪、地震			
発生域	緩傾斜地	急傾斜のV字谷、火山地域	緩傾斜地、地質条件	急崖、急傾斜地

資料：鈴木隆介（2000）『建設技術者のための地形読図入門 第3巻 段丘・丘陵・山地』古今書院の表15.1.1などをもとに筆者作成。

図 2-2　地すべり地の分布

資料：古谷尊彦（1996）『ランドスライド――地すべり災害の諸相』古今書院の図11。

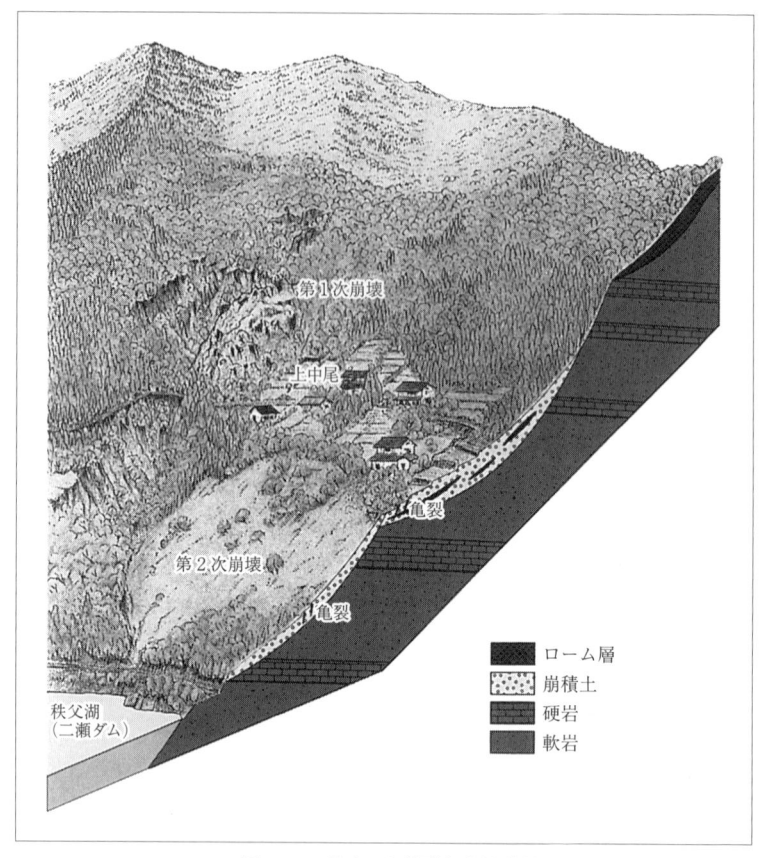

図 2-3　地すべり地形と土地利用

資料：大久保雅弘・堀口万吉（1988）「第5章　山と人間」大久保雅弘・堀口万吉・松本征夫編『日本の自然4　日本の山』平凡社の図5-1（原図は堀口万吉・海野芳聖による）．

生しやすく，地質条件と非常に深い関係がある．日本列島の地すべり地の主な分布（図2-2）は，①日本海側の秋田から石川までの各県や長野県など　②太平洋側の紀伊半島中央部や四国　③九州北西部　のようになっており，特に新潟県の丘陵部や石川県の能登半島，四国山地に集中している．東北地方の日本海側には，新第三紀に形成されたグリーンタフ（緑色凝灰岩．凝灰岩とは堆積した火山灰が固結したもの）が広く分布し，この軟らかく風化しやすいグリーンタフや泥岩などの分布域で発生する地すべりは第三紀層地すべりと呼ばれる．一方，日本最大の地質断層である中央構造線沿いには断層の活動で岩盤が脆くなった破砕帯が存在し，

紀伊半島や四国では破砕帯地すべりが発生している。また，火山地帯（東北日本や九州地方）では，岩石が熱水変質を受けて脆くなりやすく，脆くなった地質条件のところで温泉地すべりが発生する。

このように，マスムーブメントには特定の地質条件や急傾斜地など発生しやすい性質があり，そうした土地には地すべり地形や崩壊地形のように，過去のマスムーブメントが地形的痕跡として残っている。マスムーブメントはしばしば大災害を引き起こすが，豪雨時には早めに危険地域から避難するなど，被害を回避・軽減することが可能である。また，地すべり地形は緩斜面に地すべりの土砂が厚く堆積しているため，急傾斜地の多い山間部の中においては，農業や集落立地に適した貴重な土地である（図2-3）。

2 河川の形成する地形

（1） 河川による侵食と堆積

河川による地形変化は，地表物質の侵食・移動・堆積というプロセスで進む。この地形変化の原動力となっているのは，流水が低い所へと移動する運動エネルギーであり，河川水の最終的な到達点は湖や海のような静水域である。この静水域を侵食基準面と言い，河床縦断面曲線（図2-4，後述する図3-5も参照）を見ると，河川が侵食基準面にむけて指数曲線を描いていることが分かる。河川の地形変化を起こす流水の運動エネルギーは流速で表され，流速が大きいほど河川水による侵食や物質移動の力は大きいが，流速が低下すると物質を移動させる力（掃流力）が減少し，侵食よりも堆積が勝るようになる。このため，傾斜の大きな上流域で侵食が，傾斜が小さく川の流れが緩やかになる下流域で堆積が進んでいく。また，河床の堆積物は河床の掃流力の低下に比例して，上流から下流に向かって粒径が小さくなる。以上が河川流域の全体的な傾向であるが，実際の侵食・堆積は，河道の屈曲部などで局所的に異なったり，豪雨の増水で一時的に侵食あるいは堆積が強まったりと変化に富む上，流域の地質や長期的な地殻変動などに影響を受ける。

流水による侵食の様子は，身近なところでは宅地の造成現場で観察できる。植生がはぎ取られた裸地は侵食を受けやすく，流水によるガリー（雨裂）が発生しやすい。流水は地表面を下へ下へと削るため，不安定になった斜面ではマスムー

34　第Ⅰ部　地形学

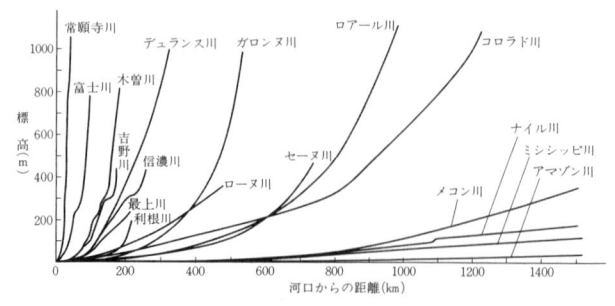

図2-4　日本と大陸の河川の縦断面曲線
注：大陸の河川と比べると，日本の河川は急勾配であり河川長が短い。
資料：阪口豊・高橋裕・大森博雄（1986）『日本の川』岩波書店の図6.7。

ブメントが発生し，その土砂が流水に巻き込まれて流下していく。こうして，雨の多い湿潤地帯ではＶ字谷が形成されていく。雨が少ない半乾燥地域では谷底だけが鋭く切れ込んで，黄土高原やグランドキャニオンのような大渓谷が形成される。

（２）　河川下流域の地形

　豪雨や長雨が続くと，山間部のマスムーブメントによってしばしば大量の土砂が谷に流れ込み，増水した谷の水とともに一気に流下することがある。これを土石流と呼ぶ。山間部で発生した土石流や，河床や河岸で侵食された土砂，斜面の地表流で流された土壌などは下流に運搬され，河川が開けた土地に出て流速が低下すると，堆積して平野を形成する。平野には扇状地・氾濫原・三角州の地形が発達する（図2-5）。また，これらのように現在でも河川による地形形成が進んでいる低地と，それより少し高い位置に平坦な地形面を持つ段丘が発達する平野もある。

　扇状地は，山地から出た河川の流速が急激に低下するため，比較的大きな砂礫が堆積している。砂礫が河道付近に堆積すると土地はその分周囲より高くなり，次の土石流や洪水は谷口から別の低い土地に向かって流れて行く。このような河道の移動を繰り返して，扇型の傾斜地が形成される。扇状地では土石流や洪水の被害を受けやすいため，人々は堤防を築いて河川の氾濫を防いできた。その結果，築堤によって固定された河道付近にのみ土砂が堆積するようになるため，扇状地

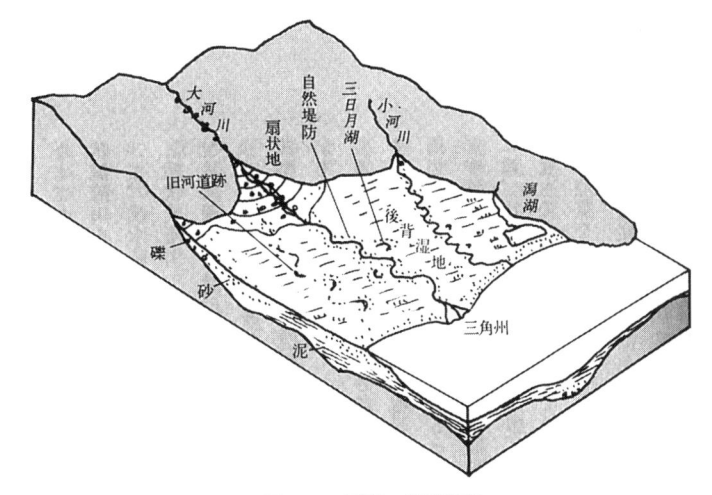

図 2-5 平野の地形配列

資料：貝塚爽平（1992）『平野と海岸を読む』岩波書店　第4章の図9。

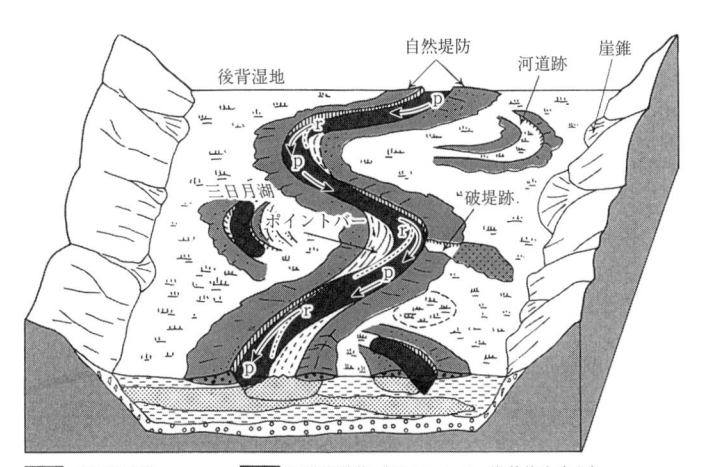

凡例：
- 旧河床砂礫
- 自然堤防堆積物
- 河道跡堆積物（三日月湖堆積物を含む）
- 崖錐堆積物（斜面堆積物を含む）
- 河道堆積物（ポイントバー堆積物を含む）
- 後背湿地堆積物

r：瀬，p：淵　rのそばの点線は砂礫堆の前縁

図 2-6 氾濫原の地形と土地利用

資料：貝塚爽平（1985）「第4章　川のつくる堆積地形」貝塚爽平・太田陽子・小疇尚・小池一之・野上道男・町田洋・米倉伸之編『写真と図でみる地形学』東京大学出版会　第4章の図4。

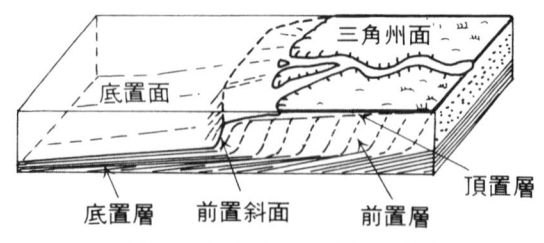

図2-7 三角州の模式的な地下構造

資料：貝塚爽平（1985）「第4章 川のつくる堆積地形」貝塚爽平・太田陽子・小疇尚・小池一之・野上道男・町田洋・米倉伸之編『写真と図でみる地形学』東京大学出版会48頁の図5。

河川は河床が周辺より高い天井川の形をなすことがある。

氾濫原は扇状地よりさらに勾配の緩い地形で，自然堤防の発達が特徴的なため自然堤防地帯とも呼ばれる。氾濫原には，**図2-6**のような微地形が発達する。堤防というと私達は人工的なものを思い浮かべがちであるが，自然堤防とは河川からあふれた洪水中のうち砂やシルトが土手状に堆積した自然地形である。自然堤防の背後には，細粒なシルトや粘土を含んだ氾濫水が流れ出て，洪水後も沼沢地や湿地の様相を呈する。これは後背湿地と呼ばれる。後背湿地は低湿で肥沃なために水田に利用される，自然堤防は氾濫があったとしても長期間浸水することがないので，宅地や畑に利用されてきた。

河川が最下流部で湖や内湾などの静水域に流れ込むと，河川水が運んで来た細粒な土砂が水中に拡散してから堆積し，水域を埋め立てて三角州を形成する。相対的に粒の粗い砂が河口近くの三角州前縁部に，細かい粘土がしばらく浮遊してゆっくりと水域の底に堆積する。前者を三角州の前置層，後者を底置層と呼び，前置層の陸上部分は河道からの氾濫がもたらした砂や粘土などの頂置層に覆われる（**図2-7**）。こうして河口付近で形成された三角州の陸上部分は，非常に勾配が小さく平坦である。河道近くに自然堤防が形成されたり，場合によっては自然堤防部分のみが水域に張り出したような鳥趾状三角州の形態をとったりすることもあるが，氾濫原と比べると地表の起伏は極めて小さい。

ここまでに述べたような扇状地・氾濫原・三角州の組みあわせが，すべての平野で見られるわけではない。天竜川や黒部川のように扇状地がそのまま海に面していたり，太田川下流の広島平野のように扇状地がほとんど発達しなかったりするように，河川によって下流の平野の地形的特徴は異なる。このような違いはな

ぜ生まれるのだろうか。

　扇状地の形成には，粒度の大きな土砂の流出と急激な流速の低下（言い換えれば河床勾配の急激な低下）が不可欠である。上流から供給される粒度が小さいと，土砂は河川からあふれても氾濫水とともに広範囲に流れ出て，扇状地より勾配の小さな氾濫原や三角州をつくる。日本列島で扇状地の発達が良いのは，標高が高く侵食が活発な山地の麓（東北日本や中部日本）や，火山噴出物起源の脆い地盤でできている火山地域の山麓である。一方，下流部で扇状地の発達が悪い河川は，中流域に盆地が存在して砂礫がそこでトラップされたり（矢作川など），花崗岩のように土砂の粒径が小さくなりやすい地質条件であったりする。

3　海岸で形成される地形

　日本列島を地図で見てみると，半島や岬，内湾といった海岸線の出入りに気づく。こうした大きな輪郭は，地殻変動に起因している。一方，海岸線をさらに細かく見ると，ごつごつした岩壁や海水浴場としてにぎわう砂浜など，その景観は様々である。ここでは，様々な海岸の地形的特徴とその成因について見てみよう。

（1）　砂質海岸と岩石海岸

　九十九里浜や弓ケ浜など，日本では「浜」の名称で親しまれてきたのが砂質海岸である。海岸に堆積している砂は，近隣の河川上流から河口に流されてきたり，近くの海岸を波浪が侵食したものが流されてきたりしたものである。砂質海岸に行くことがあれば，波うちぎわ（汀線）の水中をよく観察してみよう。水中に細かい砂がまき上がっているのが分かる。実は波浪は海岸に寄せる際には砂を陸側に運搬するが，引き波の際には海側に砂を持ち去っている。海岸線近くにはこうした寄せては返す波のほかに，海岸と平行する沿汀流という流れがあり，さらに海岸から遠ざかる離岸流がある（図2-8）。海岸の砂はこれらの流れに常に動かされている漂砂が打ち上がったものなのである。

　砂質海岸は上述のinputとoutputのバランスの上で，数千年かけて形成されてきた。汀線より陸側には，暴風時などに砂がうち上がって高まりをなした浜堤が形成され，過去の海水準や砂質海岸の成長の痕跡として，古い浜堤が平行して何列かあることもある。こうした浜堤列の間は，堤間湿地という凹地をなす。

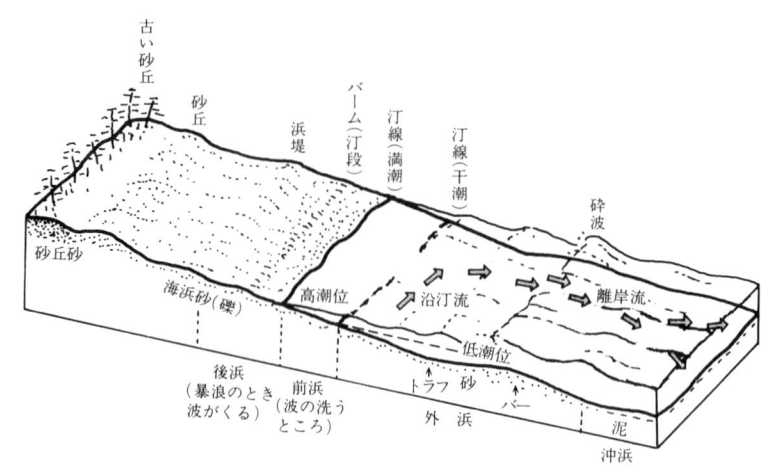

図2-8 砂浜海岸模式図
資料：貝塚爽平（1992）『平野と海岸を読む』岩波書店　第1章の図8。

　波浪や沿岸流など海の地形形成営力は，降水の季節変動・年々変動の影響を直に受ける河川とは異なって暴風雨などで荒れるものの，基本的には大変安定している。このため，砂浜海岸の砂は，粒度が均質でよく淘汰されている。場所によっては砂より礫径の大きな「礫浜」が発達する海岸もあるが，やはり礫径はそろっている。砂質海岸ではこのような海成堆積物の他に，風が運搬した風成堆積物がみられることもある。海面より上に露出している乾いた砂地に強風が吹きつけると，粒径の小さな砂が移動して再堆積する。風が運搬できるのは非常に細かい砂粒子だが，日本海沿岸などでは，数千年，数万年かけて高さ数十mの砂丘を形成するに至っている（図2-9）。
　砂質海岸の1つとして，「干潟」についてもここで説明しておこう。干潟は満潮時には水没し干潮時には姿を現す海岸地形である。干潟は沿岸に供給された土砂が，干満にともなう海水の動きによって拡散・堆積したもので，土地はならされたように平坦となる。干潮時には靴で歩けるくらいの締まった砂地の場合もあれば，有明海沿岸のように泥質でぬかるみのような状態の場合もある。砂質か泥質かの違いは，供給される土砂の性質や波浪・潮流の力の大きさによって決まる。
　以上の砂質海岸（浜）に対して，日本で「磯」と呼ばれてきたのは，岩盤が波浪によって侵食されてできた岩石海岸である（図2-10）。岩石海岸を形成する波

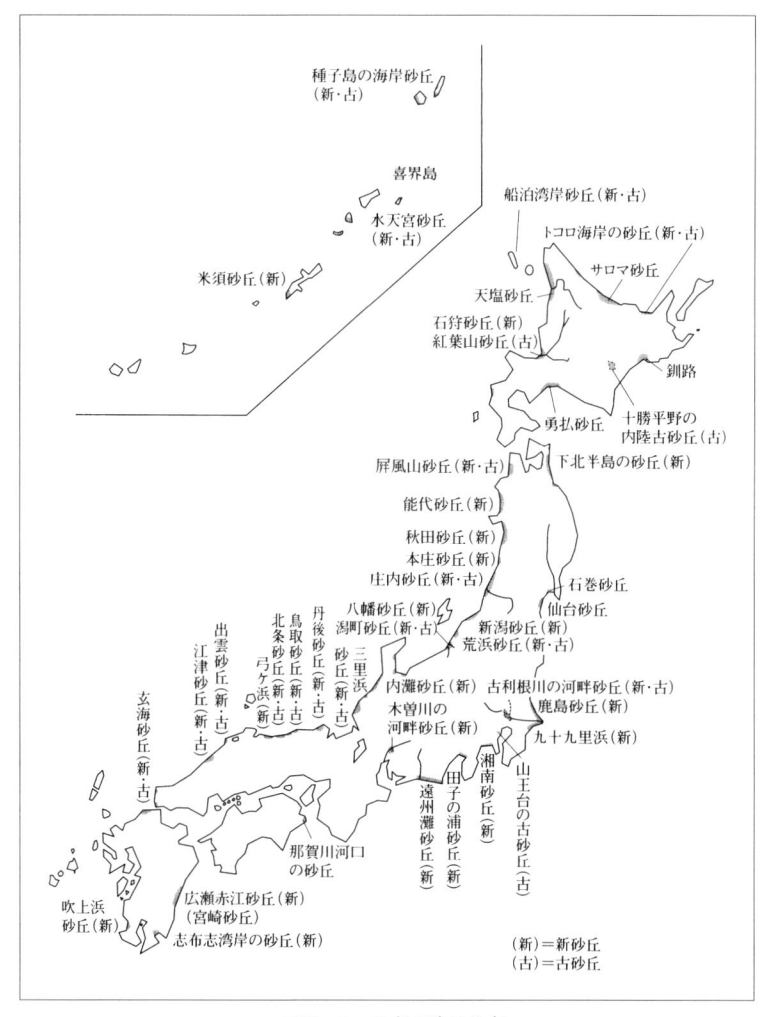

図2-9　日本の砂丘分布

資料：日本砂丘学会（2000）『世紀を拓く砂丘研究――砂丘から世界の砂漠へ』農林統計協会の図2-1-2。

の力は水平に挽かれるノコギリの歯に喩えられ，波が砕ける部分が特に侵食されていく。波の侵食力で形成された勾配の緩い平坦面を海食台と呼び，その中でも干潮時に海面から姿を現すような浅瀬を波食棚（ベンチ）と言う。波食棚の一番奥には，岩盤がとくに深くえぐり取られたノッチという小地形が形成されること

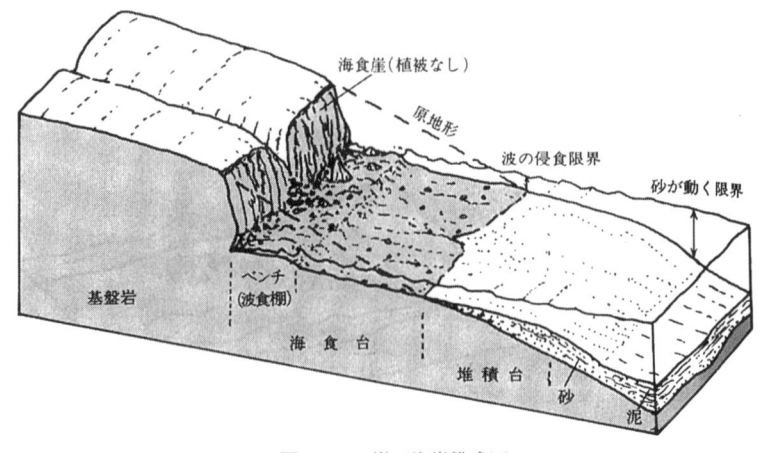

図 2-10　岩石海岸模式図
資料：貝塚爽平（1992）『平野と海岸を読む』岩波書店　第1章の図7。

がある。ノッチが深くなるとその上の岩盤が不安定となり，ついには崩落して海食崖は陸側に後退していく。

（2）　海岸生物と地形

外見上は岩石海岸とよく似ている海岸に，サンゴ礁海岸がある。サンゴ礁そのものは海の中に発達するが，地殻変動が活発な地域では，かつて形成されたサンゴ礁が隆起して海岸を構成しているところもある（**図 2-11**）。

サンゴはイソギンチャクの仲間の腔腸（こうちょう）動物で，宝飾品の原料となるサンゴと，サンゴ礁を形成する造礁サンゴがある。造礁サンゴの特徴は，極めて多数で微細な褐虫藻（かっちゅうそう）を体内に共生させていることである。褐虫藻はサンゴの放出したCO_2や窒素・リンなどの老廃物を利用して光合成を行い，サンゴは褐虫藻の放出した酸素や有機物を取り込んで成長する。また，褐虫藻の光合成でCO_2が少なくなるとサンゴの体液はアルカリ性になり，炭酸カルシウムの結晶はアルカリ性のほうが成長するため骨格の生成が促進される。したがって，サンゴ礁の成長は共生する褐虫藻の活動と大きな関係があり，サンゴ礁が分布するのは光合成に必要な日光が透過する水深数mから20mほどの浅瀬で，冬季海水温が20度以上の暖かい海である。

サンゴ礁の形成条件には水の透明度や水温のほかに，サンゴの生育を阻害する

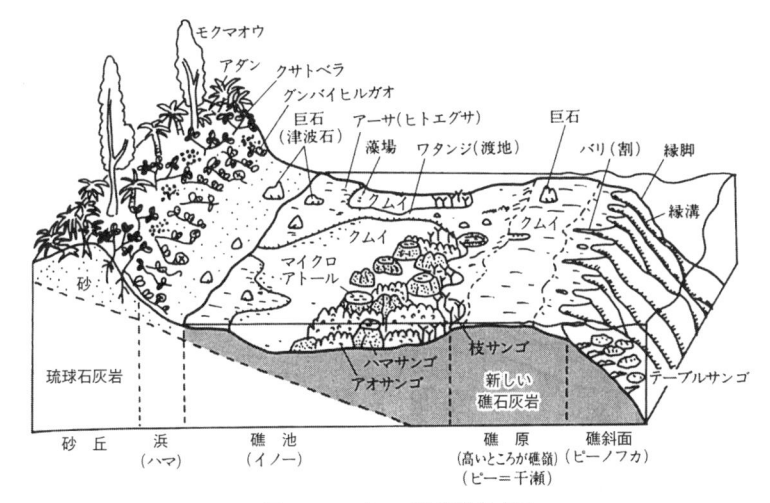

第2章　外的営力によってつくられた地形　41

図2-11　サンゴ礁海岸模式図

資料：貝塚爽平（1992）『平野と海岸を読む』岩波書店　第1章の図9（原図は目崎, 1988による）。

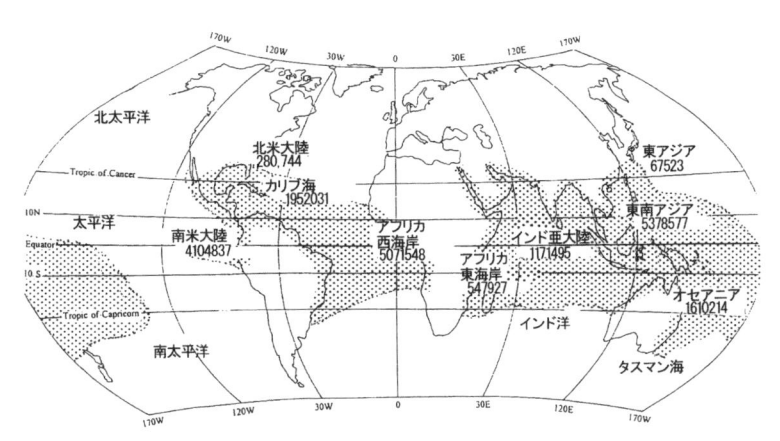

図2-12　世界のマングローブ林の分布

資料：宮城豊彦（2003）「第1章　マングローブとはなにか」宮城豊彦・安食和宏・藤本潔編『マングローブ——なりたち・人びと・みらい』古今書院の図1-1。

砂泥の流入がないことや，サンゴの着定が困難な急勾配ではないこと，などがある。サンゴ礁は海草や魚介類などの多様な生物の生育地である。また，沖永良部島や石垣島のように隆起サンゴ礁が島をなしている地域では，空隙の多い岩盤のために地表水や湧水が得にくく，石灰岩の風化・酸化した赤土が発達している。

　熱帯・亜熱帯地域では，マングローブと呼ばれる樹林帯が海岸を縁取っていることがある（**図2-12**）。マングローブとは，照葉樹林や針葉樹林のような森林帯の名称のひとつで，潮間帯の上半部（平均海面から高潮位の間）を中心に生育する。樹高40mに達するものや太さが2mを超えるものもあるが，森林帯の幅は数kmと限定的である。過剰な塩分と水分という多くの樹木が避ける環境に適応して，マングローブは浅く根を張って呼吸根という根を地上部に伸ばしている。オヒルギやメヒルギ，ニッパヤシなど，マングローブを構成する樹種は，その分布が潮位と密接な関係にある。マングローブ林は林床のマングローブ湿地に流入する土砂を絡み合った根で迅速に堆積させ，その樹木遺体はマングローブ泥炭として蓄積して土地を形成している。

　なお，サンゴ礁とマングローブについては，11章2節も参照されたい。

本章のまとめ

①地表を構成する岩石は風化によって脆くなり，重力・流水・風によって運搬されるうちに，粒径が細かくなり円磨していく。地層を構成する堆積物の粒径や円磨の程度から，その地層がどのような外的営力を受けてきたのか推察することができる。

②重力で土砂が移動する現象をマスムーブメントといい，地すべり・崖崩れ・土石流などがしばしば災害として発生している。このうち，地すべりは特に地質条件と深い関係があり，第三紀層地すべり・破砕帯地すべり・温泉地すべりのように区分される。

③日本のような湿潤地域では，河川による土砂の侵食・運搬・堆積作用によって山間部にV字谷，下流部では平野が形成される。平野には上流から，扇状地・氾濫原・三角州の地形が配列する。平野地形の特徴は，河川流域の地質条件や地形によって異なる。

④砂浜海岸は沿岸流や離岸流によって，常に漂砂が運搬されると同時に持ち去ら

れている。海岸線の背後には暴風雨の際に砂が打ち上げられて形成された浜堤や，浜の砂が強風で再移動してできた砂丘が発達することがある。

⑤岩石海岸は波が海岸の岩盤に直に接している海岸で，波が砕ける所では侵食作用が強い。侵食によって海側から，海食台，波食棚，ノッチ，海食崖のような地形が形成される。

⑥海岸近くに生育する生物が，熱帯・亜熱帯で特有の景観をつくることがある。造礁サンゴは褐虫藻と共生しながら成長し，形成されたサンゴ礁が隆起して陸地をなすことがある。マングローブは潮間帯に成立する森林で，マングローブ湿地では土砂とともにマングローブ泥炭が堆積する。

● 参考文献

大久保雅弘・堀口万吉（1988）「第5章　山と人間」　大久保雅弘・堀口万吉・松本征夫編『日本の自然4　日本の山』平凡社。

貝塚爽平（1985）「第4章　川のつくる堆積地形」　貝塚爽平・太田陽子・小疇尚・小池一之・野上道男・町田洋・米倉伸之編『写真と図でみる地形学』東京大学出版会。

貝塚爽平（1992）『平野と海岸を読む』岩波書店。

貝塚爽平・成瀬洋・太田陽子（1985）「2　平野と海岸の生い立ち」貝塚爽平・成瀬洋・太田陽子『日本の平野と海岸』岩波書店。

公文富士夫（1996）「粒度階区分」地学団体研究会新版地学事典編集委員会編『新版地学事典』平凡社。

阪口豊・高橋裕・大森博雄（1986）『日本の川』岩波書店。

鈴木隆介（2000）『建設技術者のための地形図読図入門　第3巻　段丘・丘陵・山地』古今書院。

日本砂丘学会（2000）『世紀を拓く砂丘研究——砂丘から世界の砂漠へ』農林統計協会。

古谷尊彦（1996）『ランドスライド——地すべり災害の諸相』古今書院。

宮城豊彦（2003）「第1章　マングローブとはなにか」　宮城豊彦・安食和宏・藤本潔編『マングローブ——なりたち・人びと・みらい』古今書院。

目崎茂和（1988）「日本のサンゴ礁・白保のサンゴ礁」　小橋川共男・目崎茂和『石垣島・白保サンゴ礁の海』高文研。

第3章

気候変動によってつくられた地形

川瀬久美子

地形が形成されてきた長い年月の間，自然環境は大きく変動しており，それは地形に痕跡として残っている。一方，ここ百年余りの私達人類による環境へのインパクトは，質・量ともにそれまでの環境変化を凌駕(りょうが)している。私達が自然と共存しながら生活を営むには，長期的な環境変化の中に現在を位置づける作業が不可欠である。そのことを，地形を切り口として考えてみよう。

1 氷期と寒冷地形

（1） 氷河地形

現在私達は，観測資料に基づいて気候の変化を論じることができるが，気象観測，中でも気温の連続観測がなされるようになったのはここ数百年のことである。数万年単位で変化する長期間の気候変化の解明は，気候変化に関わる地形学的な痕跡(こんせき)の探求が始まりだった。例えば，ヨーロッパでは，付近の岩石とは明らかに種類が違うが，どこからどのように運ばれてきたか分からない「迷子石」と呼ばれる岩石がある。検討の結果，これはかつて現在より広い範囲に拡がっていた氷河によって運搬されたものだと考えられるようになった。

氷河による土砂運搬の特徴は，まるでベルトコンベアーに載せて運ぶように氷河に巻き込まれた土砂がほとんど破砕されたり円磨されたりしないということにある。その一方で，氷河そのものは大きな堅いヘラのように，周囲の岩盤を面的に削り取っていく。山岳地域の山頂付近に出来る氷河を氷帽（Ice cap）と呼び，そこにはスプーンでくるりと挟(えぐ)り取ったようなカール（圏谷）という侵食地形が形成される。また，山岳氷河の流れる谷には，谷底は緩斜面だが谷壁は急なU字谷が形成される。氷河が削ってできた岩屑は氷河に巻き込まれて移動し，氷河が末端で融解すると，そこに堆積する。この堆積物は，舌状になった氷河の末端を

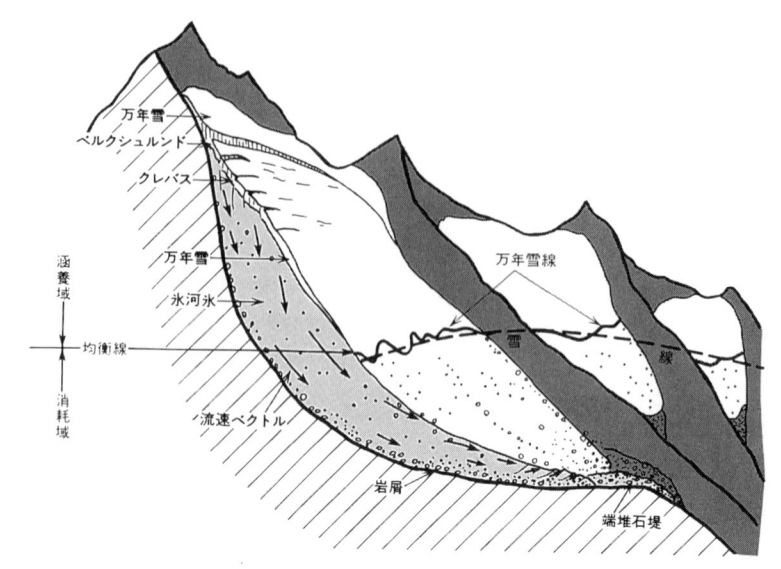

図 3-1　カール（圏谷）氷河の模式断面

資料：小疇尚（1985）「第 9 章　氷河地形」貝塚爽平・太田陽子・小疇尚・小池一之・野上道男・町田洋・米倉伸之編『写真と図でみる地形学』東京大学出版会　第 9 章の図 4。

取り巻くようなモレーン（端堆石堤）という地形を形成する（図 3-1）。

　以上のように，氷河によって形成されたとしか説明できないような地形が，現在氷河が存在しない場所でも確認されている。このことから，かつて氷河が拡大するような寒冷気候の時代があったと考えられるようになった。

（2）　氷河と氷期の環境

　それでは，氷河が現在より拡大する気候とはどのような気候だったのだろう。そもそも，氷河はどのような条件で形成されるのだろうか。氷河とは，毎年の降雪量が融雪量を上回って，年々，積雪の一部が圧密・融解・再凍結によって万年雪を経て氷河氷に変わったものである。氷河は重力によって年間数mから数十mの速さで低い場所へ移動していく。山岳地帯の場合，高度が低いほど気温が高いため，氷河は下流部で融解したり蒸発したりする。上流部では毎年積雪が蓄積され氷河が育っていく。このため，下流部を氷河の消耗域，上流部を涵養域と呼び，一年間の氷河の消耗量と涵養量が釣り合うところを雪線（Snow line，均衡線とも言う）と呼んでいる（図 3-1）。雪線は降雪量と融雪期の気温で決まり，低緯度地

方では高い高度に，高緯度地方では低い高度に存在する。氷期は，気温の低下によって雪線が下降あるいは南下した時代と言い換えることができる。なお，気温が低くても降雪の少ない乾燥地域では，氷河は形成されない。

現在は氷期と氷期の間の温暖期（間氷期）であり，いちばん最近の氷期を最終氷期と呼んでいる。最終氷期の最寒冷期（約2万年前）の地球全体の平均気温は7〜8℃以上低下したと推測されている。これは単純に計算すれば，現在の東京が札幌の年平均気温の状態にあるようなものである。最近，北アルプスの3つの雪渓の流動が確認され，氷河と認定された。現在より寒冷だった最終氷期には北海道や中部日本の山岳において，カールやモレーンを形成するほどの氷河が発達していた（図3-2）。また，ヨーロッパや北アメリカの高緯度地域では，広大な氷河が大陸や海洋を覆って氷床（Ice sheet）をなしていた（図3-3）。

気温の低下は，様々な形で地表の様子を変化させた。例えば，氷期には地球上の水が氷の形で陸上に蓄えられたため海水量が減少し（海水温も低下したが赤道付近を中心に蒸発は起こっていた），海水準が110m前後低下した。気候の変化に対応して，哺乳類や昆虫など動物は自分にあった生息域へ移動した。植物も世代交代しながら，植生帯を移動させた。また，氷期には地球全体が乾燥傾向にあったと言われている。

（3）周氷河環境と地形変化

残念ながら日本では現在氷河を見ることは大変困難であるが，氷河地形や寒冷地域で形成される特有の地表現象を観察することはできる。氷河の周辺域は，氷河が形成されるほどの積雪や低温ではないが，まとまった森林が成立できる気温には達していない，このような雪線と森林限界に挟まれた環境は，周氷河気候や周氷河環境と呼ばれる。周氷河環境の地表面は氷河や植生の覆いがないため，年周期・日周期の気温変化の影響を直接受けて，激しい凍結・融解を繰り返す。むき出しの岩石は凍結・破砕作用で壊され岩屑を生産し，土壌水分の凍結・膨張は，土壌の移動や地層の変形を引き起こす。そして，ゆっくりとした土壌の融解は土壌粒子を篩い分け，大小の粒径の規則正しい配列を生み出す。こうして，周氷河環境では，構造土やソリフラクションローブのような独特の周氷河地形が形成される（図3-4）。

48 第Ⅰ部 地形学

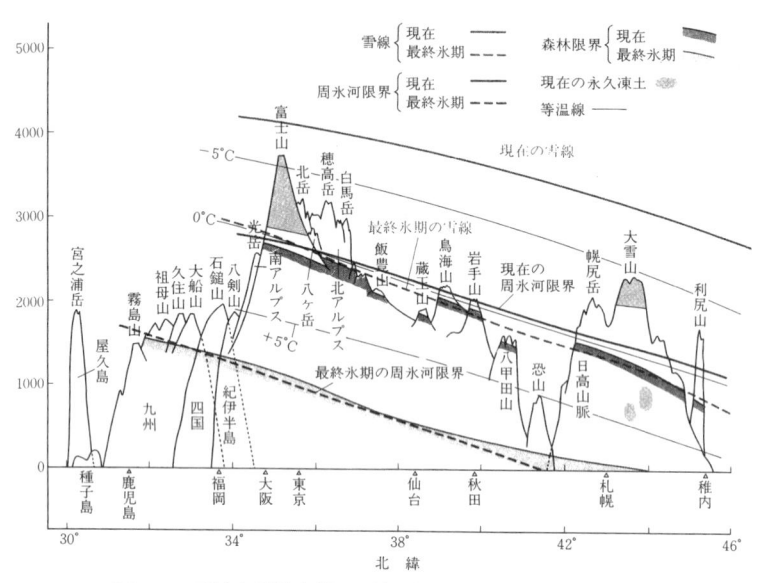

図3-2 現在と最終氷期の雪線，周氷河限界と永久凍土の分布
資料：貝塚爽平・鎮西清高編著（1986）『日本の山』岩波書店の図1.8（原図は小疇尚による）。

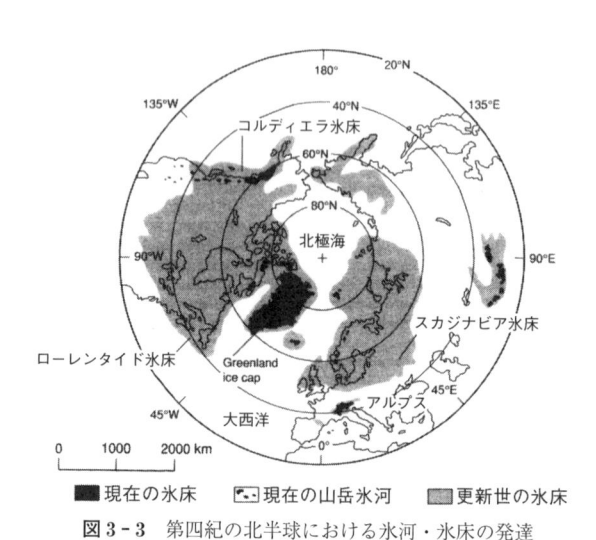

図3-3 第四紀の北半球における氷河・氷床の発達
資料：Smithson, P., Addison, K and Atkinson, K. (2008), *Fundamental of the Physical Environment* (Forth Edition), London: Routledge のFigure 15.1.

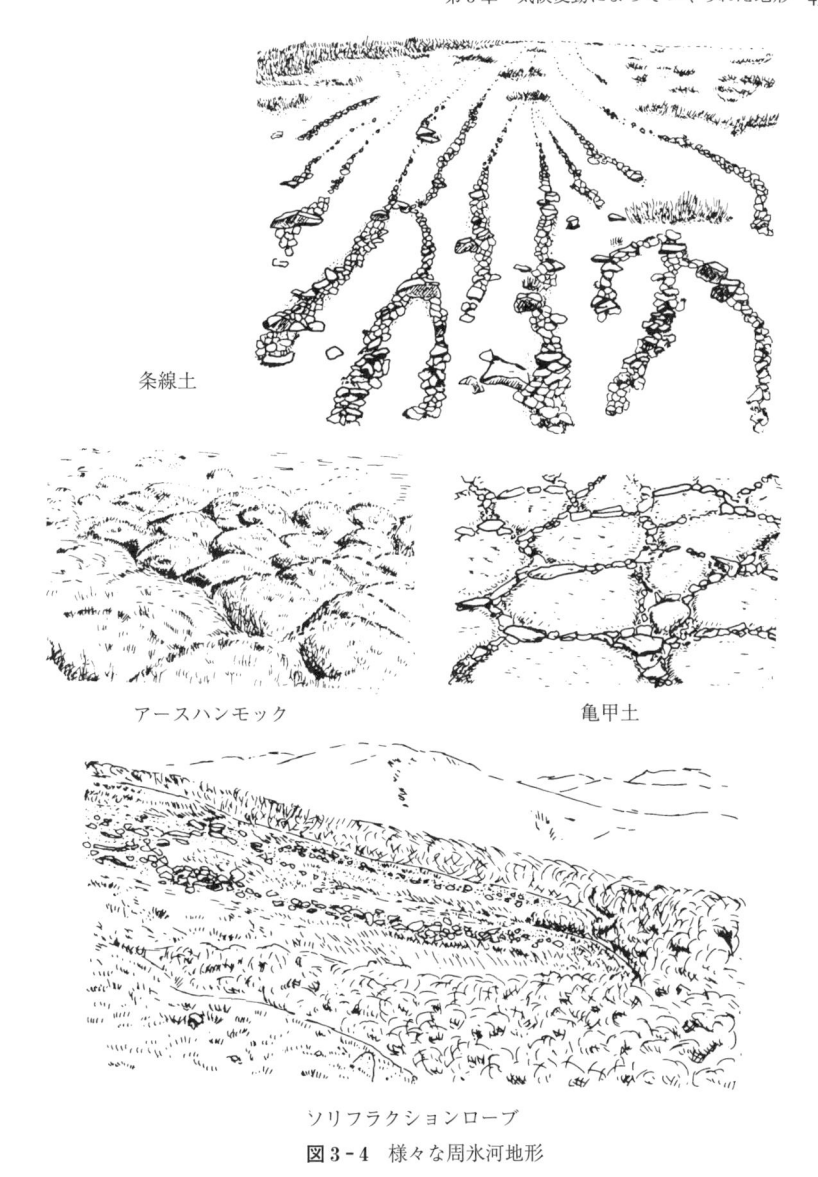

第 3 章 気候変動によってつくられた地形 49

条線土

アースハンモック　　　　　　亀甲土

ソリフラクションローブ
図 3-4　様々な周氷河地形
資料：小泉武栄（1993）『日本の山はなぜ美しい——山の自然学への招待』古今書院の図 4-2。

2　環境変化と地形

気候変化は全地球的な現象であり，氷河が発達する高緯度地域や高山だけでなく，様々な場所で地形変化を引き起こしてきた。

（1）気候変化と河川地形

気候変化は，河川にとっての侵食基準面である海水準の変化を引き起こす。また，雪線や森林限界の移動は地表の岩屑・土砂生産量の変化を引き起こす。これによって，湿潤地域の河川沿いではどのような地形が発達するのか，氷期，および氷期が終了した後の後氷期（または氷期と氷期の間の間氷期）に分けて整理しよう（**図3-5**）。

氷期には，上流の山岳地域では凍結・破砕作用で岩屑が生産されるが，流域は間氷期のときより小雨傾向にあるので，生産された岩屑は下流に流されずに中・上流域に残って堆積する。下流部では，低下した海水準に向かって河川が下方侵食を進めていく。

後氷期には，上流で植生が回復して凍結・破砕作用が弱まるが，温暖・多雨気候のために河川流量は増えて，侵食傾向になる。下流部では，海水準が上昇して安定した後は，河口に土砂が堆積していく。

このように，寒冷期と温暖期では河川による地形形成作用が上流と下流で異なる。あるときには土砂を堆積させ，あるときには侵食するという地形形成作用の変化は気候変化のほかに，上流の火山活動による火山噴出物の増加や，流域の地殻変動によっても発生する。このようにして，平坦な段丘面と急な段丘崖という階段状の河成段丘が形成される。なお，河川による平坦面の形成は必ずしも土砂の堆積によってだけ起こるのではなく，岩盤の侵食によっても平坦面は形成される。

（2）気候変化と低地地形

海岸付近では，気候変化によってどのような地形の変化が起こったのだろうか。

氷期に海水準が低下したときの日本列島の海岸線は，現在の水深110m前後の等深線を当時の海岸線と見なして復元することができる（**図3-6**）。すると，津

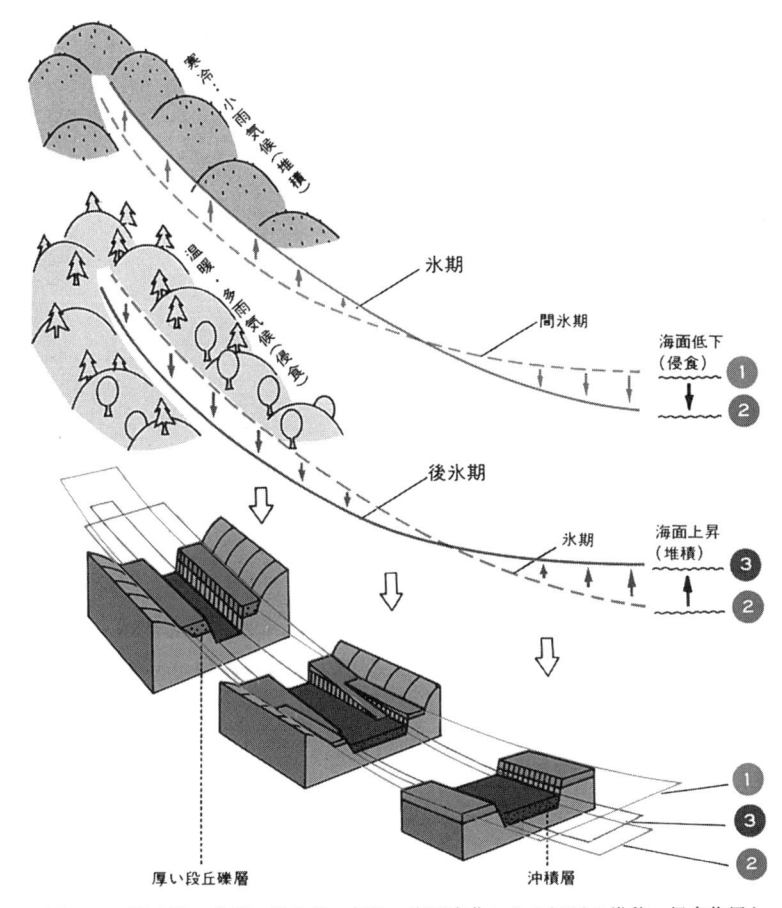

図3-5 間氷期─氷期─後氷期の気候・海面変化による河川の堆積・侵食作用と河岸段丘の形成
資料：貝塚爽平（1983）『空からみる日本の地形』岩波書店の51頁の図。

軽海峡は海水に浸かっているかいないかで狭まり，東京湾は消えて房総半島から三浦半島の間は凹んだ陸地となり，同様に瀬戸内海や関門海峡，対馬海峡からも海水が引いて連続した陸地となる。このように海水準が低下すると海側に海水が退いて海岸線が移動するので，海水準の低下は海退とも呼ばれる。このとき，陸から流れ出る河川の河口も海側へ移動し，前述したように下流部では下方侵食が進んで谷が刻まれる。

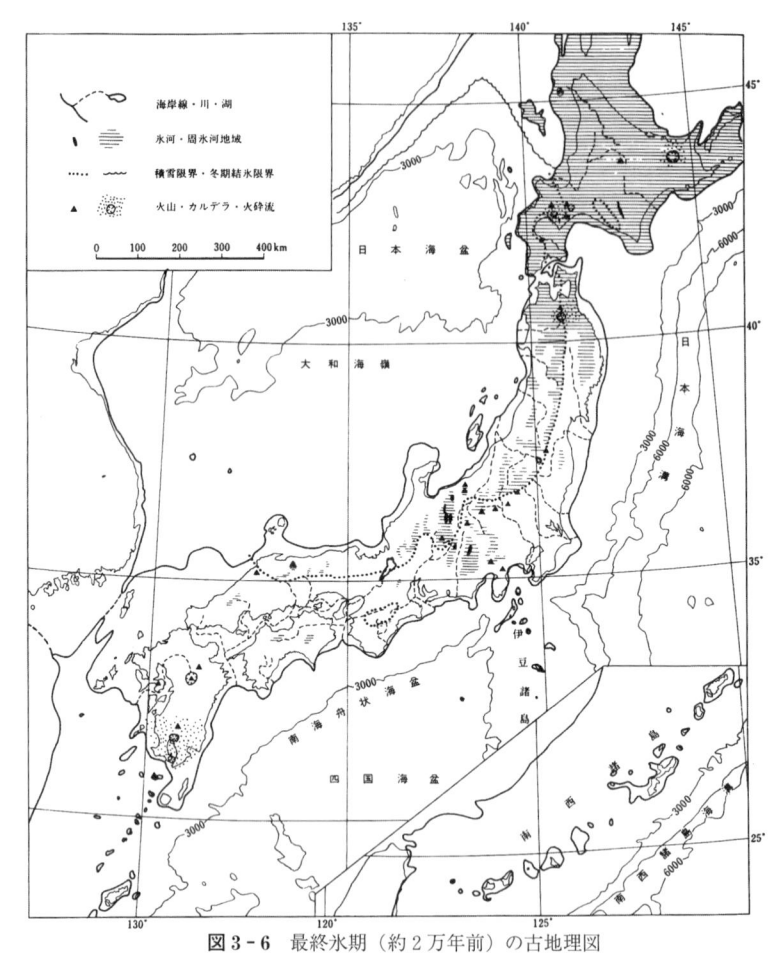

図3-6 最終氷期(約2万年前)の古地理図

資料:貝塚爽平・成瀬洋(1977)「古地理図5(約2万年前)」日本第四紀学会編『日本の第四紀研究――その発展と現状』東京大学出版会の付5-5。

　氷期から温暖な後氷期になるにしたがい,海水準は上昇し海水は海岸部に侵入した(図3-7)。現在平野が発達するような河川の下流部では侵食谷が沈水し,急激な海水準の上昇は河川地形の変化速度を上回って,今の海岸線よりも陸側にまで海水が侵入した。日本では海水準が最も内陸まで侵入したのが7000～6000年前の縄文時代早期であったため,この海水の侵入を縄文海進と呼んでいる。これは,縄文時代の人々が形成した貝塚が今の海岸線よりかなり内陸で発見され,旧

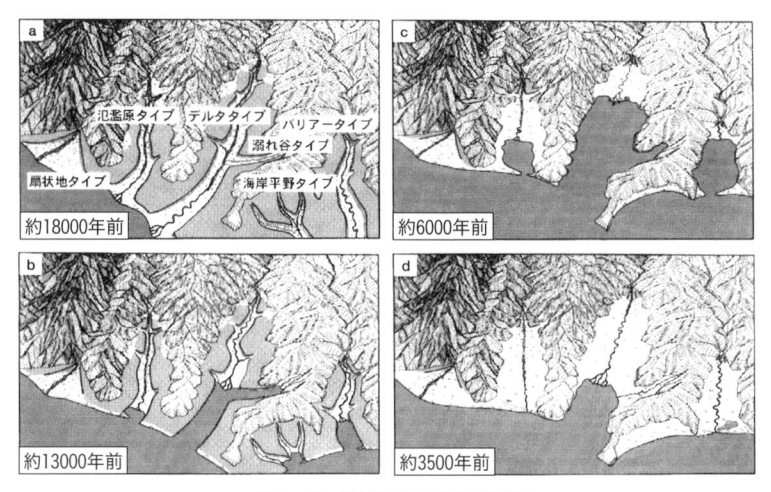

図3-7　沖積低地の発達模式図

資料：海津正倫（1994）『沖積低地の古環境学』古今書院の図10-7。

海岸線の復元につながったことに由来する。縄文海進で海水準は現在より数m高くまで到達した。その後は数mの幅で微変動したが、高さはほぼ安定していたといってよい。そして、内湾化した河口部には上流から運搬された土砂が堆積し、低地を形成した。

（3）　低地の地下に記録された環境変化

本章2節(2)に述べた地形変化の様子は、低地の地下の堆積物にも記録されている。

2章で三角州の模式的な地下構造を整理した（図2-7）。三角州の成長は、頂置層、前置層、底置層がそれぞれ添加して陸地化していくことにほかならない。日本の低地の地層（沖積層と呼ぶ）を調べてみると、図3-8のような層構造が確認できる。固い基底礫層（図3-8では上総層群）の上に、植物片・木片などを含む下部砂層、貝殻片を含む上部泥層、貝殻片や植物片・木片を含む上部砂層の順に堆積し、最上部は頂部砂泥層が覆っている。このような地層の特徴は、低地が経験してきた環境変化から理解できる。つまり、最終氷期の低海水準期に河川が侵食していたときの地層が基底礫層であり、海水準の上昇期に氾濫原の堆積物や三角州の前置層として堆積したのが下部砂層である。急激な海水準の上昇で内湾

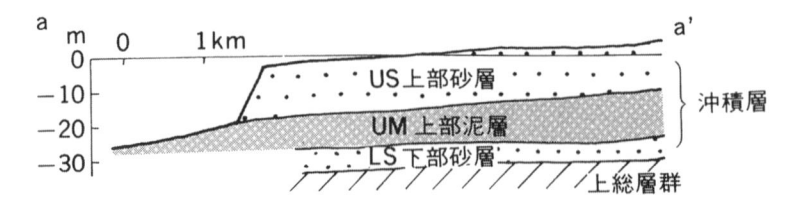

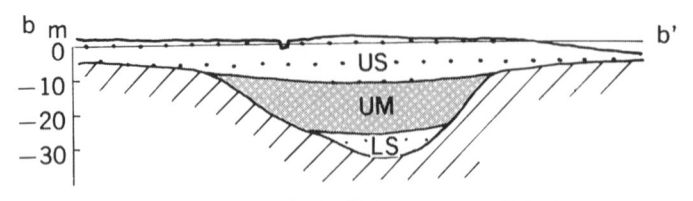

図3-8 三角州の構造を示す二つの模式断面図
資料：貝塚爽平（1985b）「第4章　川のつくる堆積地形」貝塚爽平・太田陽子・小疇尚・小池一之・野上道男・町田洋・米倉伸之編『写真と図でみる地形学』東京大学出版会 4-3節の図B．

化した海底では，三角州の底置層として上部泥層が堆積した。しかし，陸側から拡大してきた三角州の前置層が，底置層を覆うように堆積し陸地を形成していった。

　基本的に，地層は古いほど固く締まり，新しいほど柔らかい傾向にある。低地は地球の歴史の中でも最も新しい地層で成り立っており，特に沖積層の上部泥層は海底で堆積した粘土層のため非常に軟弱である。

（4）環境変化と平野の段丘地形

　日本の平野の中には，台地が特に発達しているものがある。一般的には台地と呼ばれることが多い階段状の地形は地形学では段丘と呼ぶ。2章で河成段丘について説明したように，段丘は，平坦な段丘面と急な段丘崖からなっている。例えば，関東平野（**図3-9**）には中川や荒川，多摩川の河川沿いに細長い低地があるが，下総台地や大宮台地，武蔵野段丘のように広い段丘が発達している。下末吉面，武蔵野面，という地形区分は，段丘の形成時期や連続性で整理されたものである。例えば，図中の段丘で最も形成時期が古くて標高が高いのは多摩丘陵や狭山丘陵に接する下末吉面（下末吉台地や所沢台地）で，同じ下末吉面に分類される荏原台や淀橋台などは，より低い武蔵野面の段丘から一段と高い島状の台地をな

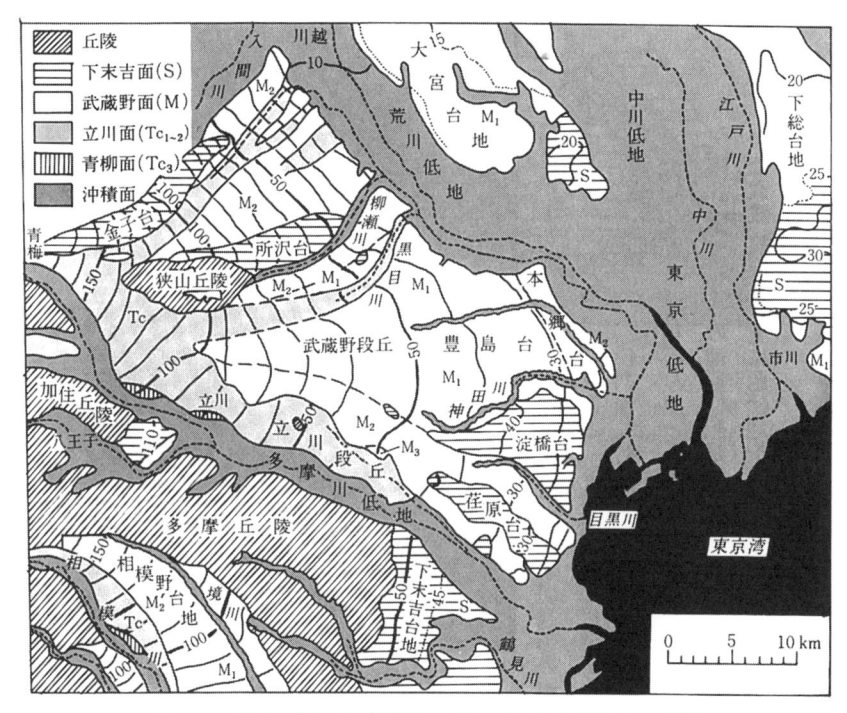

第3章　気候変動によってつくられた地形　55

図3-9　東京周辺の地形面区分と谷を埋めた等高線（10m間隔）
資料：貝塚爽平（1992）『平野と海岸を読む』岩波書店　第5章の図3。

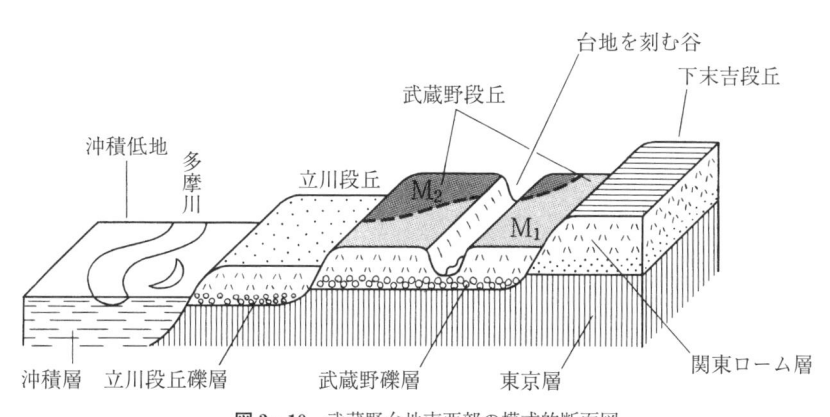

図3-10　武蔵野台地南西部の模式的断面図
資料：武内和彦（1994）「6　水が育てた豊かな台地　武蔵野の水と緑」中村和郎・小池一之・武内和彦編『日本の自然 地域編 3 関東』岩波書店の図6.1。

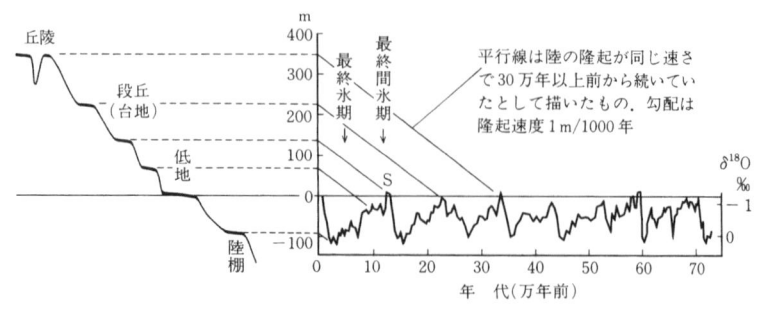

図3-11 海水準の変化と地殻変動によって形成された海岸段丘模式図
資料：貝塚爽平（1992）『平野と海岸を読む』岩波書店　第2章の図7。

している．武蔵野段丘は神田川や柳瀬川によって細長く侵食されているほか，多摩川や黒目川などによっても削られているが，神田川や柳瀬川の侵食した谷地形が現在の低地と連続するのに対し，多摩川や黒目川に添う谷地形では低地との途中に一段，立川面や青柳面という段丘面が発達している（図3-10）．このように，関東平野では何段もの段丘面が複雑に入り組んでいて，ひとつづきの段丘でも，武蔵野段丘の標高100mから20mのように段丘面はゆるく傾斜している．

　関東平野で何段もの段丘が発達するのは，河成段丘と同様にこの地域で侵食や堆積が繰り返されたためである．温暖な間氷期には河川下流部で低地が形成されることをすでに説明したが，かつて氷期－間氷期の繰り返しがあったということは，低地が形成される環境（間氷期）と低地が侵食される環境（氷期）が何度も繰り返されたということでもある．それでは，段丘面が現在の標高100mにあることは，地形形成の基準となる海水準が当時標高100m近くにまで達していたということなのだろうか．

　関東平野で段丘地形の研究が進むと，その形成年代は高位にある段丘ほど古く，低位にある段丘ほど新しいということがわかってきた．また，地形形成時には陸側から海側に高度を減じていたであろう段丘面の高度が現在では必ずしもそうなっていないことから，段丘は形成後に変形を受けていると解釈されるようになり，現在では以下のように考えられている（図3-11，図3-12）．

　海岸近くや河川下流部の段丘面は，間氷期の相対的に高い海水準に対応して形成された地形である．それは氾濫原や三角州のような河成地形であることもあれば，三角州前面の干潟や波食棚のような浅海底の海成地形のこともある（2章参

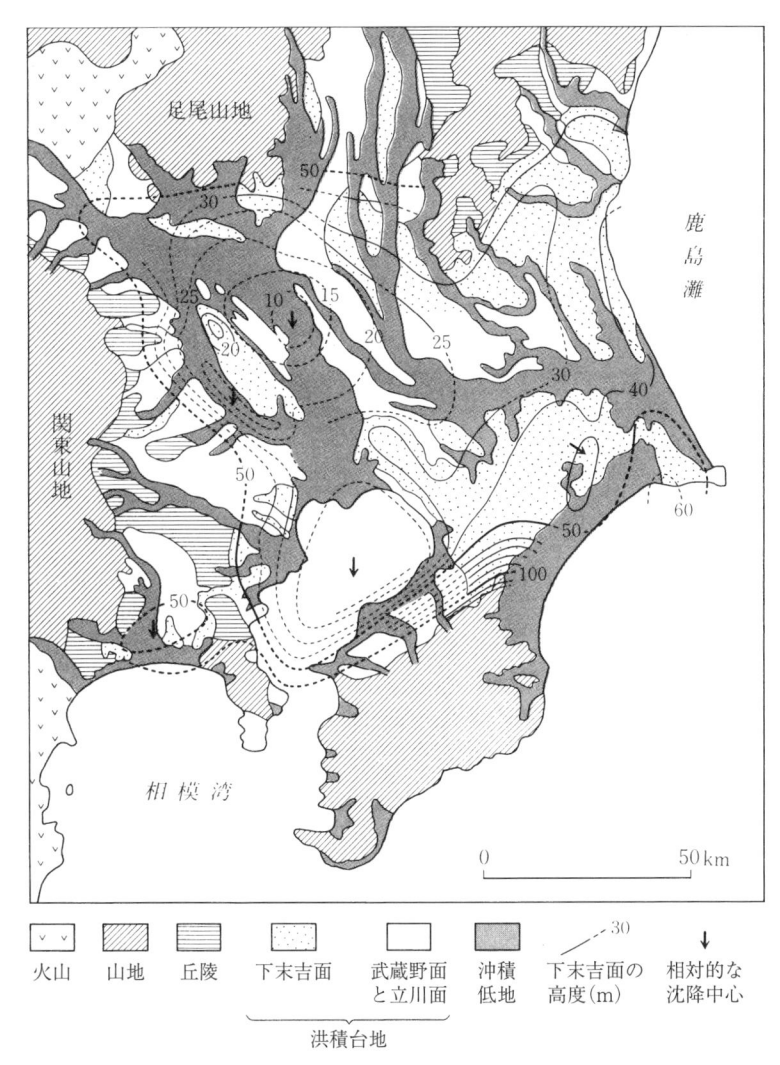

第3章 気候変動によってつくられた地形 57

図 3-12 関東平野に分布する地形の分類と関東造盆地運動の特色

資料:小池一之 (1994)「4 自然が封印した人間活動の歴史——浅間山麓から関東の低地へ」中村和郎・小池一之・武内和彦編『日本の自然 地域編 3 関東』岩波書店の図4.5。

照)。いずれにしろ，第四紀の間氷期の海水準は現在とほぼ同じか数m高い程度と推定されている。この海水準に対応して形成された平坦な地形面は，その後，地殻変動のために沈降あるいは隆起した。過去数十万年間の地殻変動の速度は，場所によっては間欠的だったとしても全体的・長期的には一定であり，地形の変形には累積性がある。このため，古くに形成された段丘ほど多くの地殻変動の影響を受けており，隆起地域では古い段丘ほど多く隆起して高度が高くなり，沈降地域では低くなって河川の侵食を受けたり土砂に埋没したりしていった。関東平野の地殻変動は関東造盆地運動と呼ばれるもので，東京湾北部と中川低地に沈降の中心を持ち，それを取り巻くように周辺部は隆起傾向にある(**図3-12**)。関東平野では，この地殻変動を受けていくつもの段丘面が発達しているのである。

以上のように，地殻変動が大きい日本列島では，気候変化によって引き起こされた海水準変動と地殻変動の両方が地形形成に関与して，複雑な地形が発達している。

③　人と地形の関わり

これまで述べてきたように，地形は長い年月をかけて，様々な要因や環境変化が複合的・重層的に絡み合って形成されてきた。しかし，近代技術の発達によって，私たちが地形を意識することは少なくなりつつある。ブルドーザーやショベルカーなどの大型重機によって地形の大規模改変は容易となり（もともとの地形が残存していない），住宅や高層建築物の立地によって景観として地形をとらえることは難しくなり（土地の高低ではなく建物の高低しか見えない），日常的に地形を体感できる良い機会だった「歩く」という行為（自転車ならさらに上り坂・下り坂として起伏を実感できる）も鉄道や自動車の利用によって減少している。

しかし，地形を単なる地表面の起伏としてとらえるだけでなく，地殻変動や土砂の堆積など様々な現象の結果としてとらえれば，地形の特徴から地下構造や地盤の強度を推定することが可能である。人と地形との関わりかたとして自然災害と地形改変について，いくつかの事例を紹介しよう。

（1）地形と災害

地殻変動は長期的な地形変化を指すことがほとんどだが，ほとんどの地震は突

発的に発生する。断層地形が確認される所では過去の断層運動による地表の変形があり，将来にも地震や地表の変形が起こることが予測できるが，その頻度は数百年～数万年に一度である。活断層の直上に大型構造物（高速道路の橋脚やダムなど）や学校・病院・発電所などの施設を建設することは避けるべきであるが，狭い日本の国土では完全に活断層を避けた土地利用をすることはなかなか困難である。

　むしろ，大地震は活断層の有無にかかわらず発生するので，地盤の強度に応じた構造物の耐震対策が現実的である。地盤は形成年代が古いほど固い傾向にあり（もちろん古い地質でも軟弱な性質のものはある），最近形成された低地や埋め立て地は軟弱地盤と考えられる。軟弱地盤ではその場所に伝わった地震動が増幅されることがあり，三角州や旧河道のように地下水面が浅い場所では液状化現象が発生することもある。

　河川沿岸では，土地の高い段丘面上は河川の氾濫時にも浸水することが少ないが，低地は現在でも河川の氾濫によって地形が形成されつつある場所であり，水害に遭いやすい。低地においても，自然堤防と後背湿地のようなわずかな高低差で，水害の程度が異なることがある。長くその土地に住んでいる人は「あそこは水に浸かりやすい」と経験的に知っており，昔からの集落は比較的安全な土地に立地している。ただし，最近では鉄道や道路敷設のための連続した盛り土が，もともとの起伏に沿った自然な洪水流を阻害することもあり注意が必要である。また，土地利用の変化によって都市型水害が頻発するようにもなっている。

（2）　海岸の地形変化と海岸管理

　起伏のある丘陵を盛り土・切り土して平坦な宅地を造成するなど，人為的に地形を変形させることを地形改変という。地形改変は地表の攪乱をともなうので，土壌の消失，地表の生態系の破壊，地下水系の変化などを付随する。このような変化は地形改変がなされた場所だけの現象にとどまらず，南西諸島の赤土の流出のように周辺地域にまで影響を及ぼす。

　地形改変の1つに海岸地形の改変がある。日本では古くは近世から，浅海に築造した堤防で海水を締め切り，浅海底や干潟を陸化させ干拓地として水田などに利用してきた。戦後も八郎潟や児島湾，諫早湾と大規模干拓事業が進められた。また，山間部などから削り取った土砂や人の廃棄物を海辺に投入し，埋立地の造

成も各地で進んだ。そして，海岸地域を高波や津波から守るため，コンクリート製の海岸堤防が建設されているところも多い。人の手が加わった海岸を人工海岸と呼び，全く手の加わっていない自然海岸と区別しているが，日本列島の海岸線総延長3万2799kmのうち，自然海岸は53.1％であり，半自然海岸が13.0％，人工海岸が33.0％（環境庁自然保護局，1998），河口部が約1％となっている。さらに，島嶼域に比べると本土域では人工海岸が41.0％と開発が進んでいる。

人工海岸というと，巨大なテトラポットが海岸に積み上げられているのを思い浮かべる人もいるだろう。テトラポットのような消波ブロックや離岸堤，突堤は，海岸地形そのものを守るために設置されたものであり（図3-13），多くの海岸地形はいま破壊の危機に面している。

海岸地形はもともと波浪による砂のinputとoutputのバランスによって，砂浜や岸壁が侵食されて陸地が後退するか，砂が堆積して陸地が拡大するか，バランスがとれて海岸線の位置が定まるかが決まってくる。美保の松原や天橋立のような砂州地形や砂浜海岸では，これまではinputのほうが若干多いため堆積地形が成立していた。しかし，砂の供給源である河川流域でダムが建設されたり，河床や近隣の海岸がコンクリート護岸に覆われたりすると，土砂の供給が減少する。砂の流入・堆積がなくとも，波浪や沿岸流は変わらずに砂を持ち去るため，次第に砂浜や砂州が侵食されていく。また，海岸に港湾を建設して防波堤を設置したり河口に導流堤を設置したりしても，漂砂の移動が阻害されて流れの下手側では侵食が始まる。

このような海岸侵食に対して，波浪や海流の勢いを弱め持ち去られた砂の堆積場を用意するのが消波ブロックや突堤・離岸堤である（図3-13）。また，海岸への人工的な砂の投入や，上流のダムから土砂（堆砂）のみを流出させる方法も試みられている。

海岸侵食は，海岸から離れた山地の地形改変や河川の人工改変が，まわり回って海岸の地形に影響を及ぼして起こっている。地形に限らず自然界の要素はシステムとして多くの要素とつながりながら存在しており，人と地形との関わりにもそのような視点が求められる。

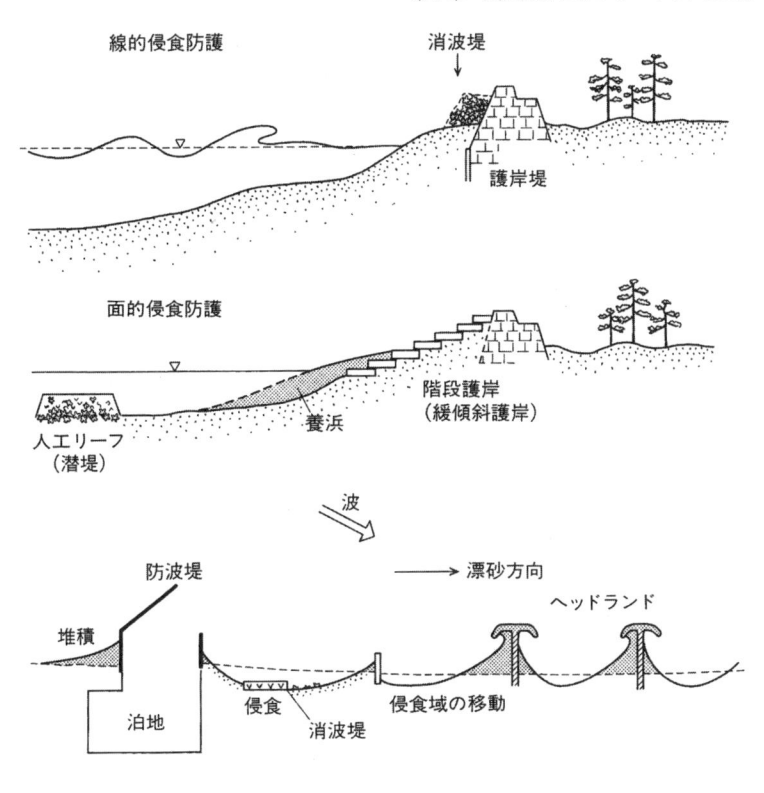

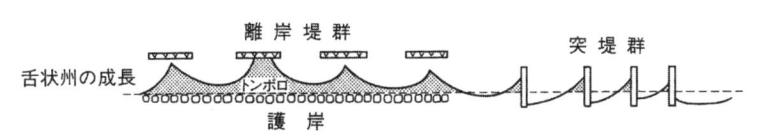

図 3-13 種々の海岸侵食防止施設の概観
資料：小池一之（1997）『海岸とつきあう』岩波書店の95頁の図7。

本章のまとめ

① 氷河の発達地域には，氷河による面的侵食や土砂の移動によって，U字谷やカール（圏谷），モレーン（端堆石堤），迷子石など特有の氷河地形が形成される。また，氷河の周辺や高山など寒冷にもかかわらず氷で被覆されていないような

場所では，岩石や土壌が凍結・融解を繰り返し，構造土や非対称山稜などの周氷河地形が形成される。

②氷河には涵養域と消耗域があり，年間の積雪量と融解量が釣り合っているところを雪線とよぶ。氷期には雪線が移動し，日本列島の一部の山岳地域でも氷河が形成された。また，高緯度地域では広大な氷床が発達した。氷期には気温の低下のほか，植生帯の移動や海水準の低下などが追随して発生した。

③雪線と森林限界に挟まれた地域は周氷河環境と言い，寒冷気候の影響を地表面が直接受けて周氷河地形が発達する。周氷河地形は，日周期・年周期の激しい凍結・融解の繰り返しによって形成される。

④気候変化によって河川の上流域と下流域では地形形成作用が変化し，土砂の堆積と侵食が繰り返されて河成段丘が発達した。気候変化のほかにも，火山活動による土砂生産や地殻変動も，河成段丘を形成する要因となる。

⑤河川の下流域では，気候変化にともなう海水準の変化に対応して，地形変化が起こった。最終氷期の低海水準期に形成された侵食谷は，後氷期の海水準の急激な上昇（縄文海進）によって沈水・内湾化し，海水準がほぼ今の高さで安定した後，内湾・三角州の堆積物がたまって平野と沖積層が形成された。

⑥地殻変動の激しい日本では，間氷期の高海水準期に形成された低地・海岸地形が隆起し，複数の段丘地形が発達している。関東平野では段丘地形の発達が良く，これは関東造盆地運動という地殻変動によって，古い段丘ほどより高位に隆起して残存しているためである。

⑦現在では地形を意識する機会は減少しつつあるが，地形は，地殻変動や土砂の堆積など様々な現象によって形成されたものであり，地形からそこで発生しうる災害の種類や程度を推測することが可能である。各地で大規模な地形改変が進んでいるが，地形が多くの要素のつながりあった自然システムの一要素であることを理解しておく必要がある。

●参考文献

海津正倫（1994）『沖積低地の古環境学』古今書院。
貝塚爽平（1983）『空からみる日本の地形』岩波書店。
貝塚爽平（1985a）「1　山と平野と海底と——平野と海岸序説」貝塚爽平・成瀬洋・太

田陽子『日本の平野と海岸』岩波書店。
貝塚爽平（1985b）「第4章　川のつくる堆積地形」貝塚爽平・太田陽子・小疇尚・小池一之・野上道男・町田洋・米倉伸之編『写真と図でみる地形学』東京大学出版会。
貝塚爽平（1992）『平野と海岸を読む』岩波書店。
貝塚爽平・鎮西清高編著（1986）『日本の山』岩波書店。
貝塚爽平・成瀬洋（1977）「古地理図5（約2万年前）」日本第四紀学会編『日本の第四紀研究——その発展と現状』東京大学出版会。
環境庁自然保護局（1998）『第5回自然環境保全基礎調査海辺調査データ編』環境庁自然保護局。
小疇尚（1985）「第9章　氷河地形」貝塚爽平・太田陽子・小疇尚・小池一之・野上道男・町田洋・米倉伸之編『写真と図でみる地形学』東京大学出版会。
小池一之（1994）「4　自然が封印した人間活動の歴史——浅間山麓から関東の低地へ」中村和郎・小池一之・武内和彦編『日本の自然　地域編　3　関東』岩波書店。
小池一之（1997）『海岸とつきあう』岩波書店。
小泉武栄（1993）『日本の山はなぜ美しい——山の自然学への招待』古今書院。
鈴木隆介（1997）『建設技術者のための地形図読図入門　第1巻　読図の基礎』古今書院。
武内和彦（1994）「6　水が育てた豊かな台地　武蔵野の水と緑」中村和郎・小池一之・武内和彦編『日本の自然　地域編　3　関東』岩波書店。
Smithson, P., Addison, K. and Atkinson, K. (2008), *Fundamental of Physical Environment Froth Edition.* London, Routledge.

第II部
気候学

第4章

世界の気候

松山　洋

1〜3章では，自然地理学の基幹科目の1つである地形学について学んだ。2章でも述べられていたように，降水や風などは，外的営力として地形形成にも寄与する。4〜6章では，そのような側面も含めて，別の基幹科目である気候学について学んでみよう。

1　気候とは何か

気候とは，それぞれの地域で1年の周期をもってくり返される大気の状態のことである（和達，1993）。東京周辺を例に挙げると，「冬は寒くて降水量が少なく夏は蒸し暑い。春と秋は暑くも寒くもなく，天気は周期的に変わる。梅雨中はしとしとと雨が降ることが多いが，梅雨明け直後は晴れの日が続く。一方，夏の終わり頃や秋霖（しゅうりん）の時期には台風がやってきて大雨になることがある。冬は乾燥した北西の風が，夏は湿った南東の風がそれぞれ吹き，季節によって風向の逆転がみられる。」といった感じである。

気候と似て非なるものに気象という用語がある。気象とは，大気中に生じる様々な自然現象のことである（和達，1993）。また，我々は気象現象という言葉を耳にすることがあるが，気象の象は現象の象なので，気象現象という用語は厳密には誤りである（根本，1993；鈴木，2008）。このような場合には，気象現象ではなく大気現象という用語を用いるのがよい。

気候を表現する方法の1つに，30年以上の観測値を平均した気候要素（気温，降水量など）を用いる方法がある。30年間の気候要素を平均したものは平年値と呼ばれる。平年値は10年ごとに改訂され，2001〜10年の間は，1971〜2000年の30年間のデータが平年値の計算に用いられる。

2001〜10年の平年値として用いられるデータは，近年刊行されている『理科年

表4-1 東京における1961〜90年と1971〜2000年の月別平年気温（℃）および月別平年降水量（mm）

月	月別平年気温（℃）			月別平年降水量（mm）		
	1961〜1990年	1971〜2000年	後者－前者	1961〜1990年	1971〜2000年	後者－前者
1	5.2	5.8	0.6	45.1	48.6	3.5
2	5.6	6.1	0.5	60.4	60.2	-0.2
3	8.5	8.9	0.4	99.5	114.5	15.0
4	14.1	14.4	0.3	125.0	130.3	5.3
5	18.6	18.7	0.1	138.0	128.0	-10.0
6	21.7	21.8	0.1	185.2	164.9	-20.3
7	25.2	25.4	0.2	126.1	161.5	35.4
8	27.1	27.1	0.0	147.5	155.1	7.6
9	23.2	23.5	0.3	179.8	208.5	28.7
10	17.6	18.2	0.6	164.1	163.1	-1.0
11	12.6	13.0	0.4	89.1	92.5	3.4
12	7.9	8.4	0.5	45.7	39.6	-6.1
年	15.6	15.9	0.3	1405.3	1466.7	61.4

資料：国立天文台編（1999, 2003）『理科年表　第72冊』『理科年表　第76冊』丸善をもとに筆者作成。

表』（例えば国立天文台，2003）に載っている。一方，日本も世界も温暖化が顕著なので，平年値も10年ごとに大きく変わる。1961〜90年の平年値については，その当時の『理科年表』（例えば国立天文台，1999）に載っている。**表4-1**は，東京における1961〜90年と1971〜2000年の月別平年気温と，それぞれの期間の月別平年降水量（mm）を示したものである。1961〜90年と比べると，1971〜2000年ではすべての月で気温が上昇しており，その傾向は夏よりも秋〜冬に顕著である。これは，地球温暖化の影響と都市化の影響の両方が現れていると考えられる（6章）。一方，降水量については，すべての月で系統的に変化しているということはないが，1961〜90年と比べると，1971〜2000年では3月，7月，9月の降水量が大きく増加している。8月の降水量も増加していることを考えると，東京では夏に多雨傾向になっていると言える。なお，同じ太平洋側に位置する仙台では，1961〜90年と比べて1971〜2000年では，冬は高温・少雨・多照，夏は多雨・日照不足になっているという（竹谷，2000a, b）。冬の高温傾向や夏の多雨傾向は東京と仙台で共通している。

　読者の皆さんも，自分が住んでいる町（もしくは『理科年表』中に載っている最も

近い気象観測地点）の気候要素の平年値が，1961～90年と1971～2000年でどのように変化したかを，自分でまとめてみるとよい。1961～90年の平年値が載っている『理科年表』を書店で見つけるのは難しいだろうが，おそらく図書館には備えつけられているだろう。自分で作業してみることが，気候学を理解するための早道である。

2　地球の気温はどう決まるか

（1）放射平衡温度

　人工衛星から日本付近を見ると，図4-1のように見える。これは，2008年1月1日12時（日本時間）に静止気象衛星ひまわり6号（MTSAT-1R）によって観測された可視画像のうち日本付近を表示したものであり，図中で白く見えるのが雲である。雲は可視域（波長約0.4～0.7μm（マイクロメートル），1μm＝10^{-6}m）での反射率が高いため，図4-1では白く見える。

　波長とは，波のピークからピークまでの長さであり，私たちは太陽からの放射のうち可視域の波を識別して色を判別している。具体的には，波長0.4μm付近が紫色，波長0.7μm付近が赤色になり，この間は波長が長くなるにつれて虹の並び（紫，藍，青，緑，黄，橙，赤）で色が変わる。光の三原色（青，緑，赤）を混ぜると白色になるため，可視域全体での反射率が高い雲は白く見える。

　このように，地球に入射してきた太陽放射の一部は，大気中の気体分子や雲などによって反射したり散乱したりする（図4-2）。また，地表面に達した太陽放射の一部も反射して宇宙空間に戻る。つまり，地球に入射してきた太陽放射の一部は反射して宇宙空間に戻るわけであり，宇宙空間から見たときの地球の反射率は約30％になる。ここでいう地球とは，宇宙から見たときの地球であり，地球大気と固体地球を合わせたものになる。このことを地球－大気系という。

　地球自身によって30％が反射された残り70％の太陽放射を受けて，地球は暖まっている。その一方，地球自身も宇宙空間に放射して熱を失っている（図4-3）。具体的には，「絶対零度でない物質は，絶対温度の4乗に比例した熱を放射する」というステファン・ボルツマンの法則にしたがう。ここで，絶対温度はK（ケルビン）という単位で表され，絶対温度（K）と摂氏（℃）の関係は式(4.1)のようになる。

$$T(\mathrm{K}) = T - 273.15 \,(\text{℃}) \tag{4.1}$$

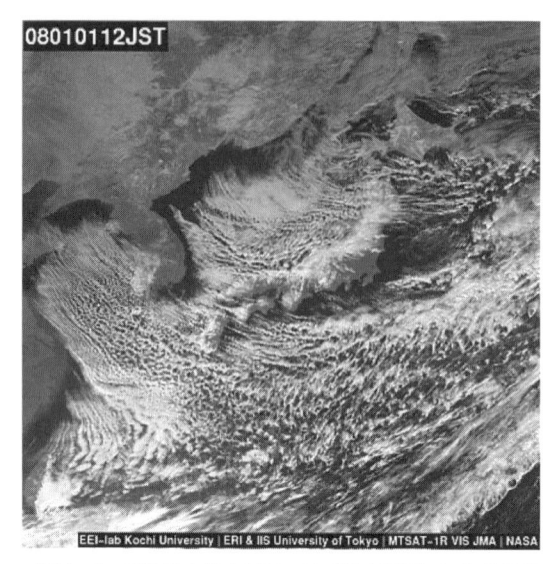

図4-1 2008年1月1日12：00（日本時間）における静止気象衛星ひまわり6号（MTSAT-1R）による日本付近の可視画像

資料：高知大学気象衛星頁（http://weather.is.kochi-u.ac.jp/sat/JPN/2008/01/01/jpn.08010112.jpg，2008年7月8日確認）による。

一方，ステファン・ボルツマンの法則は，式（4.2）で表される。

$$\mathrm{lw} = \sigma T^4 \tag{4.2}$$

ここで，lwは絶対零度でない物体からの放射量（W/m²），σはステファン・ボルツマン定数（5.67×10^{-8} W/m²/K⁴），Tは絶対温度（K）である。W（ワット）は仕事率の単位であり，1W＝J/sになる（J：ジュール）。

地球－大気系が宇宙空間に放射する熱量は，地球－大気系が受け取る太陽放射に等しくなる（**図4-3**）。太陽からの放射量は約1.38×10^3 W/m²であり，その30％が地球によって反射されること，太陽からの放射量は地球の断面積で受けることを考慮すると（**図4-3**），地球－大気系が受け取る太陽放射量（S）は式（4.3）のようになる。

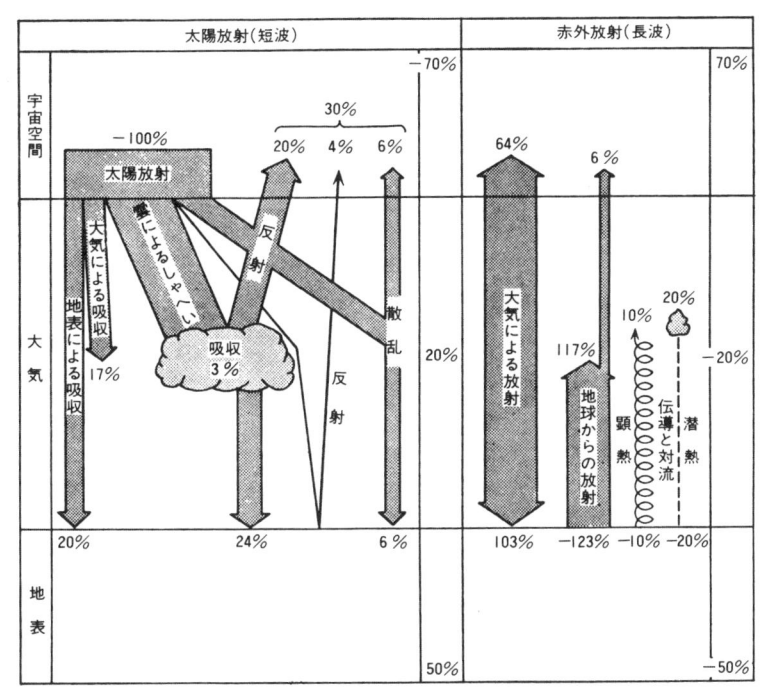

図 4-2　大気と地球の放射収支

注：大気上端（宇宙空間と大気の境界）に入射してくる太陽放射量を100％とした場合に，各項の割合を百分率で示す。

資料：J. R. Eagleman, *Meteorology: The Atomosphere in Action,* Van Nostrand Reinhold Co., 1980. より作成。

$$S = (1 - 0.3) \times 1.38 \times 10^3 \times \pi \times r_e^2 \tag{4.3}$$

ここで，πは円周率，r_eは地球の半径である。なお，地球は完全な球であるとし，太陽は黒体であるとする。黒体とは，全ての波長においてその温度で理論的に可能な最大の放射エネルギーを表すような物質のことである。

一方，地球－大気系が宇宙空間に放出する熱量（L）は，**図4-3**より，地球の表面積が$4\pi r_e^2$で表されることを考慮すると以下のようになる。

$$L = 4\pi r_e^2 \times \sigma T^4 \tag{4.4}$$

ここで，地球も黒体であるとする。

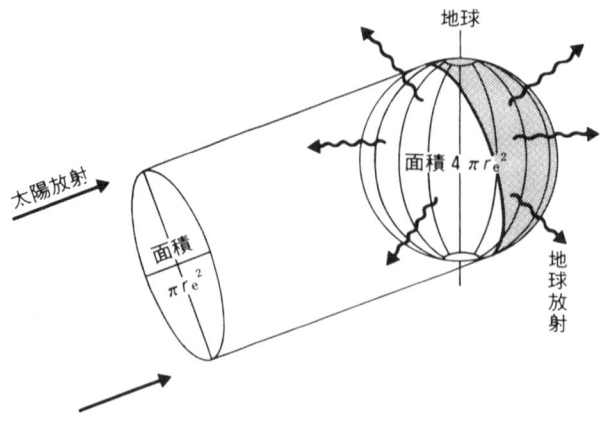

図4-3 地球の放射平衡

注：πは円周率，r_eは地球の半径である。
資料：小倉義光（1999）『一般気象学 第2版』東京大学出版会の図5.7。

　読者の皆さんは，式（4.3）と式（4.4）が等しくなる時の温度 T を，電卓片手に求めてみるとよい。σが5.67×10^{-8}W/m^2/K^{4}であること，Tは4乗根として求められることに注意すると，$T=255.47$K が得られたであろう。

　この時得られる $T=255.47$K のことを放射平衡温度という。$T=255.47$Kということは，式（4.1）より，地球の放射平衡温度は-17.68℃ということになる。しかしながら，地球の地上気温の年平均値は約15℃であり，これと放射平衡温度との間には大きな隔たりがある。現実の地球では，大気中に水蒸気や二酸化炭素などの温室効果ガスがあり，これらによって，地球が宇宙空間に放出する熱の一部が遮られているのである（6章）。そのため，地上気温の年平均値は放射平衡温度よりも30 ℃以上高くなっている。昨今，温室効果ガスが大気中に増加することにともなう地球温暖化が顕著になっているが，温室効果ガスが存在するからこそ，人間を含む生物が地球上に存在できるとも言える。

　もう1つ，物体からの放射は，温度に応じてピークとなる波長が異なることに言及しておかなければならない（**図4-4**）。温度が高い物質ほどピークが表れる波長が短くなるのである。具体的には，太陽の表面温度は約5780Kであり，この温度の放射に対するピークの波長は約0.5μmになる。一方，地球の放射平衡温度約255Kに対するピークの波長は約15μmとなる。そのため，太陽放射は短波放射，地球から宇宙空間へ出ていく放射のことは長波放射と，それぞれ呼ばれる。長波

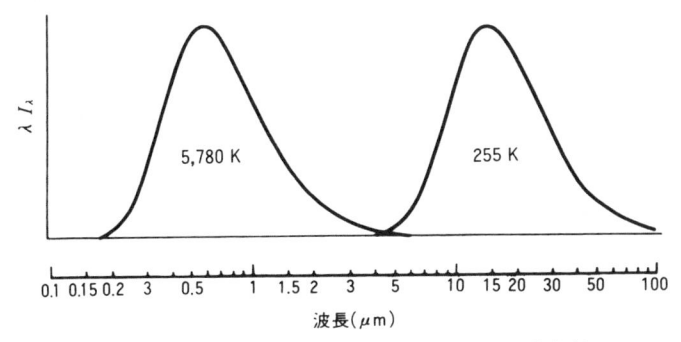

図 4-4　太陽（左図）と地球（右図）からの黒体放射
注：左図と右図で曲線の下の面積が等しくなるように，縦軸（黒体放射）のスケールは図ごとに変えられている。
資料：小倉義光（1999）『一般気象学　第2版』東京大学出版会の図5.8。

放射は，地球放射，赤外放射と呼ばれる場合もある。

　注目すべきは，短波放射と長波放射は4μm付近で重なるものの，両者の波長帯はほぼ独立していることである（**図4-4**）。この考え方は非常に重要で，簡単に言うと，「地球は太陽から短波放射を受け取り，宇宙空間に長波放射を返している」ということになる。

（2）　地球－大気系における放射収支

　前項では，放射平衡温度を求めるために，地球－大気系における放射収支の地理的分布を考えなかった。しかしながら，実際には低緯度ほど太陽放射をよく受容し，高緯度ほど受容する太陽放射が少なくなる傾向にある。そこで，ここではまず，大気上端で受容する太陽放射について考える。大気上端とは**図4-2**中の宇宙空間と大気との境界のことである。

　地球は，1日に1回自転しながら，1年かけて太陽のまわりを公転している。そして，地球の地軸は23.5°傾いているため（**図4-5**），冬至（12月22日頃）には北極圏（北緯66.5°より高緯度地域）では1日中太陽が昇らない極夜になる。このとき，南極圏（南緯66.5°より高緯度地域）では1日中太陽が沈まない白夜になる。反対に，夏至（6月22日頃）には北極圏では白夜，南極圏では極夜になる。春分（3月21日頃）と秋分（9月23日頃）には，北極から南極にかけてのすべての緯度帯で，大気上端における日照時間が12時間になる。

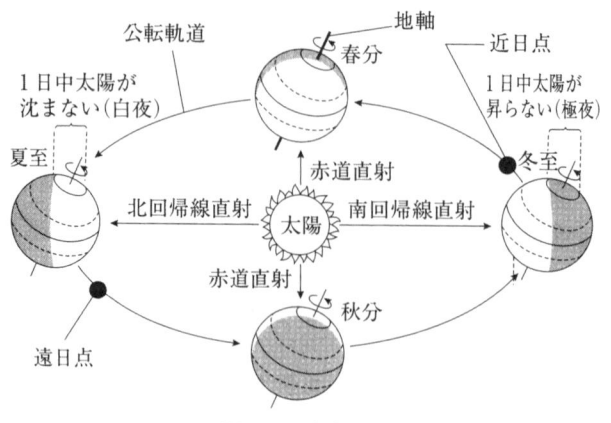

図 4-5　地球の運動

注：季節は北半球のものを示す。
資料：原芳生（2008）「惑星としての地球」高橋日出男・小泉武栄編『自然地理学概論』朝倉書店の図1.1。

　これは，太陽から見たときの地球の1年であるが，逆に地球から太陽を見ると，太陽は北回帰線（北緯23.5°）と南回帰線（南緯23.5°）の間を周期的に行ったり来たりしているように見える。そのため，年平均値を求めると，低緯度は高緯度と比べて太陽放射量が多い。白夜の時の北極圏や南極圏では太陽が沈まないため，この時期の太陽放射量は低緯度と同じくらい多い。しかしながら，これらの地域では極夜もあるため，年平均値を求めると低緯度の方が高緯度よりも太陽放射量が多くなる。

　一方，地球－大気系から宇宙空間へ放出される長波放射量は絶対温度の4乗に比例する（式4.2）。このため，長波放射量は，太陽放射量ほど緯度による違いが大きくない（後ほど示す**図4-7**）。放射収支は太陽から受容するエネルギーと宇宙空間へ放出するエネルギーの差として定義され，その全球分布を示したものが**図4-6**である。この図は，地球－大気系における年間の放射収支の分布であり，全球で平均すると0になる。しかしながら，その分布には地域差があり，低緯度で放射収支が正，高緯度で放射収支が負になり，**図4-6**では等値線が緯度にほぼ平行に引かれている。

　図4-6で注目したいのは，0 W/m²の等値線が日本付近を通っていることである。**表4-1**で，東京の年平均気温の平年値が約15℃であることを見たが，こ

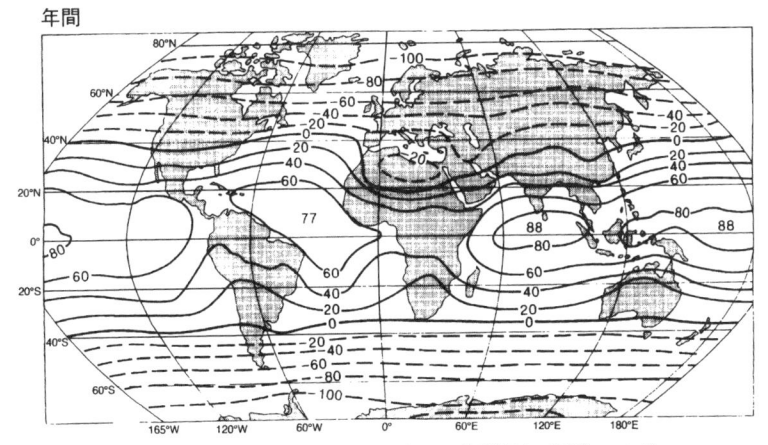

図4-6 地球－大気系における年間の放射収支（単位:W/m²）
資料：仁科淳司（2007）『やさしい気候学 増補版』古今書院の図2-12（原図はBarry and Chorley, 2003）。

のことと**図4-6**の等値線が日本付近を通っていることは無関係ではない。すなわち，東京の年平均気温が地球の年平均気温約15℃とほぼ等しくなるのは，東京付近の年間の放射収支がほぼ0 W/m²であるからだと言える。もっとも厳密には，地球－大気系における放射収支と，地表面における放射収支は異なるため，次項で述べるように地表面における放射収支を考えなければならないが，地球－大気系の放射収支がほぼ0 W/m²であるということは，地表面における放射収支もそれに近い値ということになる。なお，北半球の夏には**図4-6**の0 W/m²の等値線は北上し，冬には南下するが，低緯度で放射収支が正，高緯度で放射収支が負であるという，**図4-6**に見られる特徴は変わらない。

図4-6では地球－大気系の放射収支のみが示されているが，**図4-7**では，地球－大気系で吸収された太陽放射量（短波放射）と地球放射量（長波放射）が別々に示されている。この図からは，**図4-6**に見られる特徴，すなわち，低緯度では吸収された太陽放射量が地球放射量よりも大きく，日本付近の緯度帯で両者が等しくなること，そして，これよりも高緯度では逆に吸収された太陽放射量が地球放射量よりも小さくなることが示されている。前項で見たように，地球－大気系全体として吸収された太陽放射量と地球放射量は等しくなるから，低緯度で余った熱は高緯度に運ばれなければならない（**図4-7**）。これこそがまさに大気大

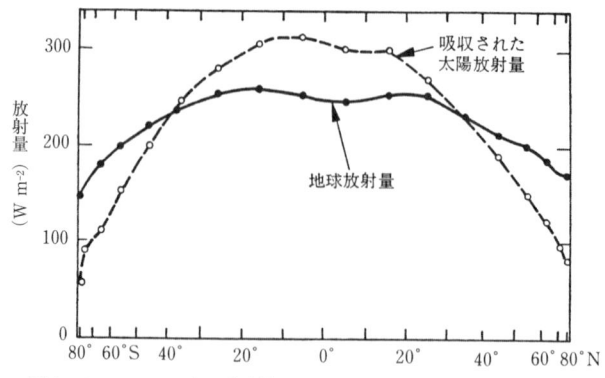

図4-7 1962〜66年の衛星観測に基づく経度方向に平均した放射収支の緯度分布

資料：Vonder Haar and V. Suomi, 1971: *J. Atmos. Sci.*, 28, 305-314.より作成。

循環なのである。

（3） 地表面における放射収支と世界の気温分布

　これまでに述べてきたことは，地球−大気系に関する放射収支であった。ここでは，地表面における放射収支と世界の気温分布との関係について考えよう。

　図4-2に戻ると，この図は地球−大気系の放射収支について示したものである。ここでは，まず図の左側の太陽放射（短波）に注目する。大気上端における太陽放射を100％とすると，大気による吸収や散乱，雲による遮蔽・吸収・反射，地表面による反射などがあって，地表面で吸収される太陽放射量は，大気上端の50％しかない。この，様々な経路を経て地表面に到達する太陽放射量のことを全天日射量という。

　図4-2右側の赤外放射（長波）に注目すると，地表面が吸収した太陽放射のうち，一部は絶対温度の4乗に比例した長波放射（**図4-2**中の地球からの放射）として失われる。失われた地球放射の一部は大気中の温室効果ガスなどによって捕捉され，再び下向きの長波放射（**図4-2**中の大気による放射）として地球が受け取る。二酸化炭素などの温室効果ガスが増えると，この大気からの下向き長波放射が増えて地表面付近の温度が上がる。これが，地球温暖化問題の基本原理である（6章）。

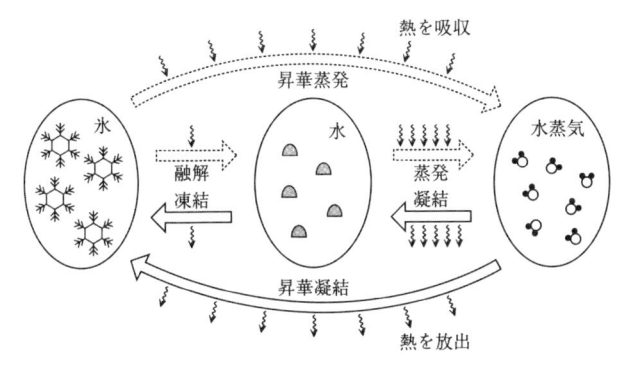

図 4 - 8　氷－水－水蒸気の三態変化
資料：青木孝（2003）『いのちを守る気象学』岩波書店の93頁の図。

　地表面から失われる熱のうち，長波放射以外に顕熱と潜熱というものがある。顕熱とは，地表面と大気との温度差に比例して地表面から大気へ輸送される熱のことであり，地表面の方が大気よりも冷たい場合には，下向きに顕熱が輸送される。太陽放射はまず地表面に到達し，顕熱として大気が暖められる。太陽放射が直接大気を暖めるのではない。また，潜熱とは，地表面から水が蒸発したり，氷が昇華したりして水蒸気になる時に大気から奪われて水蒸気に与えられる熱のことである（**図 4 - 8**）。潜熱は，水蒸気が再び水や氷になる時に大気に与えられるため，そのときまでは大気が暖められることはない。

　なお，**図 4 - 2** 右側の赤外放射（長波）では省略されているが，地中伝導熱（地表面から地中に伝わっていく熱）というものもある。しかしながら，地中伝導熱は年平均値を求めるとほとんど 0 W/m² になるため，**図 4 - 2** では省略されている。

　図 4 - 2 では地表面と大気における鉛直方向の熱交換についてのみ記されている。実際には，日中に相対的に低温な海洋から相対的に高温な陸地に向かって風が吹くと陸地の気温が下がるように，気温は鉛直方向の熱交換だけで決まっているわけではない。しかしながら，**図 4 - 9** を見ると分かるように，世界の年平均気温も，低緯度で高く高緯度で低いというほぼ帯状の分布になっている。これは，**図 4 - 6** に見られる，地球－大気系の年間の放射収支の特徴を反映していると言える。

　地表面が太陽から受容するエネルギーが同じであっても，大陸と海洋とでは比熱が異なるため，気温の上昇の様子が異なる。比熱とは，物体の温度を 1 ℃上げ

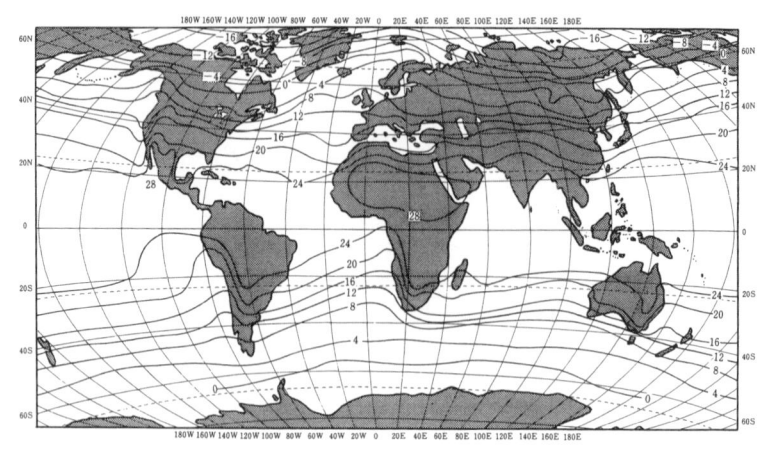

図4-9 地表面における年平均気温（単位：℃）
資料：篠田雅人（2002）『砂漠と気候』成山堂書店の図2.16（原図は福井ほか，1985）。

るのに必要な熱量のことであり，大陸と海洋とでは海洋の比熱の方が大きい。そのため，海洋は暖まりにくく冷えにくい。一方，大陸は暖まりやすく冷えやすいという性質を持つ。その結果，北半球の夏と冬とでは，気温分布の様子が異なる。大陸の面積が広い北半球の夏には大陸内部では高温になり，逆に北半球の冬には大陸内部で低温となる（**図4-10，図4-11**）。北半球の夏には最も高温となるところが北半球側に，また，北半球の冬には最も高温となるところが南半球側に，それぞれ移動するが，低緯度で高温，高緯度で低温という基本的な特徴は変わらない。ただし，大陸と海洋の比熱の違いを反映して，局地的には等値線が込み入ったところが見られるようになる。

③ 世界の風はどう吹くか

（1） 気圧とは何か

前項の最後で，大陸と海洋の比熱の違いが気温に与える影響について述べたが，比熱の違いは気温だけでなく風の吹き方にも影響する。その前に，風の吹き方にとって重要な気圧とは何か説明しておこう。

気圧とは，その点を中心とする単位面積上で鉛直にとった気柱内の空気の重さを意味し，平地においては1 cm^2 あたり約1 kg程度である（和達，1993）。気圧の

第 4 章　世界の気候　79

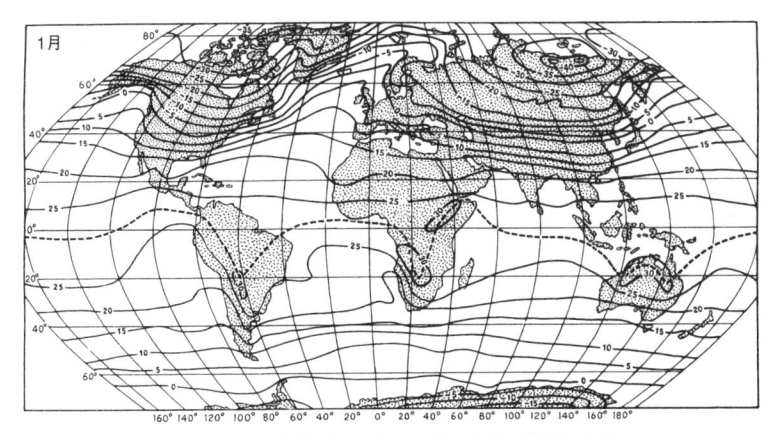

図 4 - 10　地表面における 1 月の気温（単位：℃）

注：図中の点線は，最も高温のところを結んだものである。
資料：仁科淳司（2007）『やさしい気候学　増補版』古今書院の図 6 - 13（原図は Barry and Chorley, 2003）。

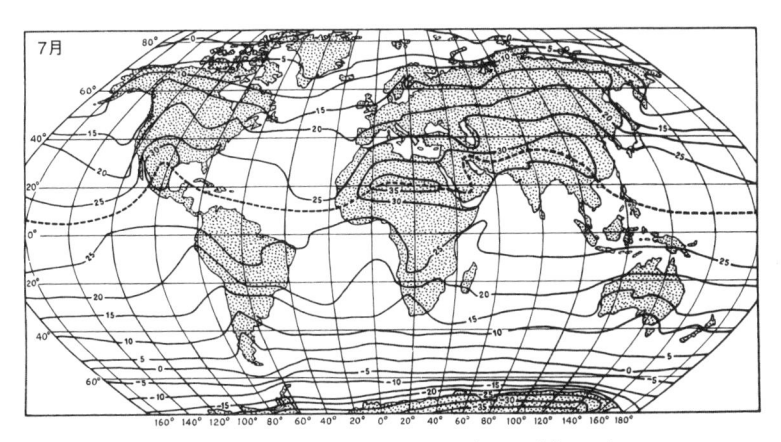

図 4 - 11　地表面における 7 月の気温（単位：℃）

注：点線の意味は**図 4 - 10** と同じ。
資料：仁科淳司（2007）『やさしい気候学　増補版』古今書院の図 6 - 13（原図は Barry and Chorley, 2003）。

測定には古くから水銀気圧計が用いられてきた。これは，大気の重さにつりあう水銀柱の長さを測定することによって気圧を表現するもので，水銀柱が0.760mの高さに相当する気圧が1気圧（1013.25hPa，ヘクトパスカル）と定義された（和達，1993）。

　気圧が高いということは単位面積上に鉛直にとった気柱内の空気が重いこと，すなわち，気柱内の空気が多いことを意味する。気圧が低いということは，逆に，気柱内の空気が少ないことを意味する。今，気圧が異なる気柱を並べたときに空気がどのように移動するかを考えてみると，空気が多い方から少ない方へと移動して，両者が平滑化する方向に進むことが容易に想像できる。空気が多い方から少ない方へ移動するということは，この方向に風が吹く，すなわち，気圧が高い方から低い方へ風が吹くということと同義である。この気圧差によって風を生じさせる力のことを気圧傾度力と言う。

　次に，大陸と海洋が隣接している状況を考える。夏の大陸と海洋について考えると，大陸の方が海洋よりも比熱が小さいため，夏は大陸の方が暖まりやすい。すなわち，大陸上の空気の方が相対的に暖かく軽くなって，気圧が低くなる。この時，海洋上の空気は大陸上の空気と比べて相対的に冷たく重くなるため，気圧が高くなる。結果的に，海洋から大陸に向かって風が吹く。一方，大陸の方が海洋よりも冷えやすいので，冬は大陸から海洋に向かって風が吹く。

　風の吹き方は，基本的に上述したように説明できるが，このような思考実験に関する記述は仁科（2007）に詳しい。興味ある読者の皆さんはぜひ参照して下さい。

（2）　コリオリの力

　風は，基本的に気圧の高い方から低い方に向かって吹く。これに地球の自転と地表面摩擦の影響（次項参照）が加わって風向・風速が決まる。ここではまず，地球の自転の影響について考える。

　地球は1日に1回自転しながら，太陽の周りを公転している（図4-5）。この地球の自転にともなって風に直交する方向に働く力のことをコリオリの力（f）という。コリオリの力は式（4.5）で表される。

$$f = 2\Omega u \sin\theta \tag{4.5}$$

ここで，Ω は地球の自転速度（1秒間に自転する角度），u は風速（m/s），θ は緯度（°）である。コリオリの力は，北半球では進行方向に対し直角右向きにかかり，南半球では進行方向に対し直角左向きにかかる。注意してほしいのは，「コリオリの力は風向を変えるが，風速は変えない」ということである。

式（4.5）からは，風速（u）が大きいほどコリオリの力も大きいことが分かる。また，高緯度ほど（θ が大きいほど）コリオリの力が大きいことも分かる。なお，地球の自転速度が大きいほど（Ω が大きいほど）コリオリの力も大きくなるが，この影響についてはここでは考えない。注目すべきは，赤道上（$\theta=0°$）では，コリオリの力が働かないということである。

気圧傾度力とコリオリの力を考慮すると，北半球では，風が高気圧から時計まわりに吹き出して，低気圧に反時計まわりに吹き込むように吹く。一方，南半球では，風が高気圧から反時計まわりに吹き出して，低気圧に時計まわりに吹きこむように吹く。なお，筆者がブラジルのサンパウロ州（南緯23.5°付近）で自炊していた時，台所の流しの水が時計まわりに吸い込まれたことがあった。これを見た筆者は，「コリオリの力がかかる向きが北半球と違う！」と感動したのだが，これは早とちりであった。コリオリの力がかかるのは約10kmよりも大きい空間スケールの時なので，ブラジルで水が時計まわりに吸い込まれたのは，全くの偶然であろう。

（3） ジェット気流

気圧傾度力とコリオリの力に加えて，南北の熱交換が盛んな中緯度では，ジェット気流（狭い領域に集中して吹く強い気流）が吹走していることを述べておきたい。ここでいうジェット気流とは，中緯度の上空5000～1万2000mを吹く強い偏西風帯のことを指す（和達，1993）。

ジェット気流は，地球の自転と赤道～極間の温度差によって生じる風である（図4-12）。ジェット気流は，赤道～極間の温度差が大きくなる冬に風速が強くなり，低いところを吹くようになる。このため，日本からアメリカ大陸に向かう飛行機の方が，逆方向に飛ぶ飛行機よりも所要時間が短くなり，両者の違いは特に冬に大きくなる。また，ジェット気流が冬に日本付近で蛇行すれば寒冬になり，日本の梅雨明け前後にジェット気流の経路が変化するなど，ジェット気流は日本の気候と密接な関係がある。

前項で見たように，風は気圧傾度力によって生じ，その方向はコリオリの力に

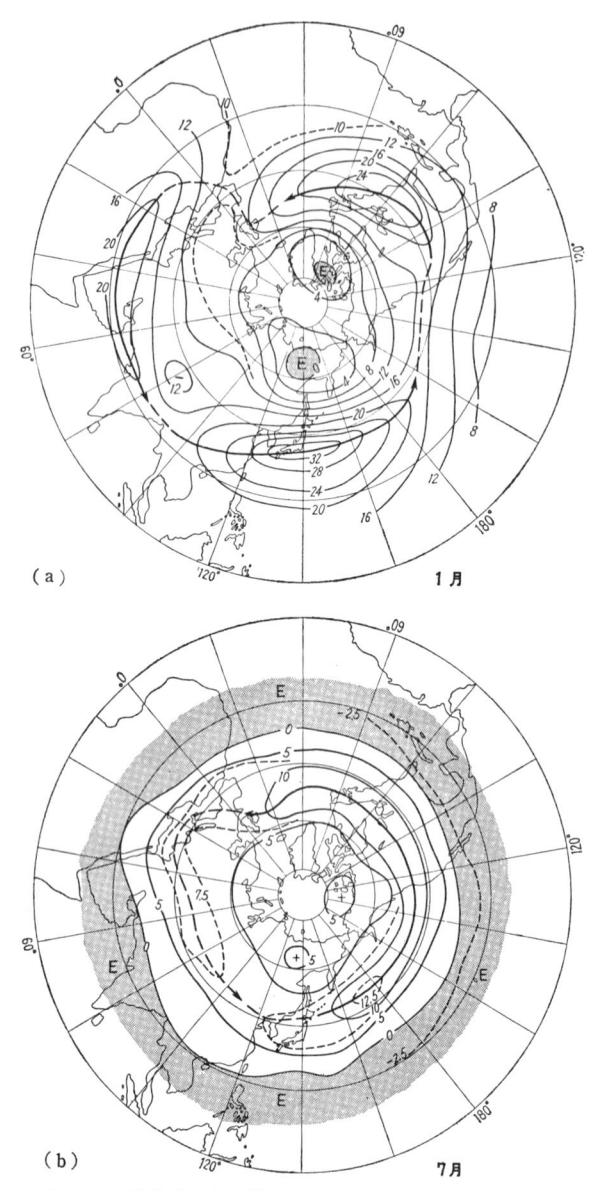

図4-12 北半球の高度約5500mにおける(a) 1月と(b) 7月の地衡風の東西成分

注：(1)太い実線は強風軸を示す。
　　(2)陰影をかけた部分は東風の領域である。
資料：吉野正敏（1968）『気候学』地人書館の図2.4。

よって変えられる。さらに，地表面に近いところを吹く風は，地表面摩擦の影響を受ける。地表面摩擦は風向と風速の両方に影響を与え，例えば，凹凸の激しい建物の多い都市では地表面付近の風速が一般的には弱められる（局地的にはビル風といった強風が吹くところもある）。しかしながら，ジェット気流のように上空5000～1万2000mを吹いている風では，地表面摩擦の影響は考えなくてよい。このように，気圧傾度力とコリオリの力が釣り合う方向に吹く風のことを地衡風という。

図4-12は，1月と7月の北半球における高度約5500mの地衡風の東西成分の分布図である。この図より，中緯度を吹走するジェット気流が地球を取り巻いていることが分かる。ジェット気流の風速は，日本付近と北アメリカ東部で強くなっており，特に日本付近は世界の中で最もジェット気流が強い。これは，日本付近が，チベット・ヒマラヤ山塊の風下に位置していることが影響している。チベット・ヒマラヤ山塊は標高が5000m以上あり，ジェット気流の障害物として立ちはだかっている。そのためジェット気流は，チベット・ヒマラヤ山塊の南側を吹走する亜熱帯ジェットと北側を吹走する寒帯前線ジェットに分流することがある。両者が合流するところが日本上空であり，地表付近でも温帯低気圧が日本付近を周期的に通過する。そのため，日本付近は降水量が多くなっている（5章）。

（4） 世界の気圧と地上風の季節変化

これまでに述べてきたことを考慮して，世界の気圧と地上風の分布を見てみよう。まず7月に注目すると（**図4-13a**），北半球の海洋上には高気圧が発達し，大陸では低気圧が発達している。これは，この時期には北半球の方が高温になり，しかも北半球の方が陸地の面積が広いからである（比熱の違いにより，大陸の方が暖まりやすい）。これらの亜熱帯高気圧から吹き出す風が，進行方向に対し直角右向きにかかるコリオリの力を受け，低緯度に向けて吹きこむ。これを貿易風という。貿易風は南半球にも見られ，両半球の貿易風が収束するところを熱帯収束帯という。熱帯収束帯では，高温・多湿なところに風が収束するわけであるから，上昇気流が生じて雲が立ちやすく，降水量も多くなる（5章）。また，インド亜大陸の低圧部に吹きこむ風も，5000m級のチベット・ヒマラヤ山塊で強制上昇し，多くの降水が生じる（5章）。

一方，1月の気圧と地上風の分布について見てみると（**図4-13b**），7月に比べて1月には熱帯収束帯や低圧帯，高圧帯，地上風系が全体的に南下していること

(a) 7月の平均

(b) 1月の平均

図 4-13 (a) 7月と(b) 1月における月平均海面気圧の分布と地表の風系

注：(1)気圧分布において10は1010hPaを，95は995hPaを表わす。
　　(2)赤道付近をほぼ東西に延びる太い曲線は熱帯収束帯の位置を示す。
資料：小倉義光（1984）『一般気象学』東京大学出版会の図7.7。

とが分かる。この時期には，比熱の関係で大陸の方が冷えやすく，ユーラシア大陸や北アメリカ大陸で高気圧が発達し，アリューシャン列島からアラスカ付近にかけて低気圧が発達していることが分かる。また，アイスランド付近にも低気圧が見られ，これらの地域ではこの時期，低気圧が定常的に発生・発達する（日本付近の冬の天気図を思い浮かべてみてください）。なお，ユーラシア大陸の高気圧は地表面からの放射冷却によって熱を失い，冷気が溜まることによってできる高気

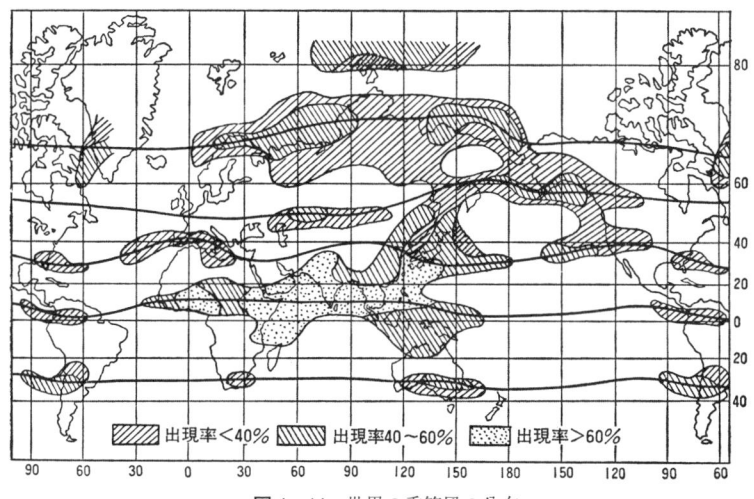

図 4-14　世界の季節風の分布
資料：吉野正敏（1978）『気候学』大明堂の図3.14（原図はフロモフによる）。

圧である。そのため，5000m級のチベット・ヒマラヤ山塊が冷気の南下を妨げる障壁となり，高気圧の発達を促している。

このように，世界の風系は気温の季節変化と対応して，北半球の夏に北上し，冬に南下するという特徴がある。すると，季節によって風向が逆転する地域が，世界の中にはあることになる（図4-14）。このような，季節によって風向が反転する風のことをモンスーンといい，倉嶋（1972）では，1月と7月に卓越する風向のなす角が120°～180°の領域がモンスーン地域として選び出されている（図4-14）。この図では，1月と7月の卓越風の出現度数の平均をモンスーンの出現度数とし，40％未満，40～60％，60％を超える場合に分けて，別の記号で陰影がほどこされている。

モンスーンは，多くの場合風向の逆転だけでなく，雨季・乾季の入り・明けといった形でも現れる。そこで，次節では，世界の降水量について学ぶことにしよう。

本章のまとめ

①気候とは，それぞれの地域で1年の周期をもってくり返される大気の状態のこ

とである。気候の表現方法の1つに平年値を用いる方法があり，2001～10年の期間は，1971～2000年の平均値を平年値とする。

② 地球の放射平衡温度は約255K（-18℃）になる。大気中に温室効果ガスがあり，地球からの上向き長波放射の一部を吸収して下向きに射出している。このため，地球の年平均気温は約15℃（288K）になる。

③ 地球－大気系（宇宙から見た時の地球のこと）における放射収支は，低緯度で正，高緯度で負になり，緯度と平行する帯状の分布になる。低緯度で余剰となった熱が高緯度に運ばれるため，大気の循環が起こる。放射収支が0 W/m²となる等値線が日本付近を通るため，東京の年平均気温は地球の年平均気温とほぼ等しくなる。

④ 地表面での放射収支によって，基本的に世界の気温分布が得られる。気温は，鉛直一次元的な顕熱（地表面と大気との温度差による熱の移動）と，水平方向の熱輸送によって決まるが，おおむね地表面における放射収支が正のところほど年平均気温も高い。

⑤ 比熱とは，物体の温度を1℃上げるのに必要な熱量のことである。大陸と海洋とでは海洋の比熱の方が大きい。そのため，海洋の方が暖まりにくく，大陸の方が暖まりやすい。比熱の違いを反映して，夏は大陸が海洋よりも高温に，冬は海洋が大陸よりも高温になる。

⑥ 風は気圧が高い方から低い方に向けて吹く。夏は海洋から大陸に向けて風が吹く。冬はこの逆である。これにコリオリの力と地表面摩擦が加わるため，北半球では高気圧から時計まわりに風が吹き出し低気圧に反時計まわりに吹き込む。南半球ではこの逆になる。

⑦ 南北両半球の亜熱帯高気圧からの貿易風がぶつかるところに熱帯収束帯が形成される。そして，世界の風系は夏に北上，冬に南下するため，場所によっては季節によって風向が反転する風（モンスーン）が生じる。

●参考文献

青木孝（2003）『いのちを守る気象学』岩波書店。
小倉義光（1984）『一般気象学』東京大学出版会。
小倉義光（1999）『一般気象学　第2版』東京大学出版会。
倉嶋厚（1972）『モンスーン　季節をはこぶ風』河出書房新社。
国立天文台編（1999）『理科年表　第72冊』丸善。
国立天文台編（2003）『理科年表　第76冊』丸善。
篠田雅人（2002）『砂漠と気候』成山堂書店。
鈴木啓助（2008）「『気象現象』をやめて『大気現象』を使いませんか？」『天気』第55巻第5号。
竹谷良一（2000a）「『『気候が変わると……』──2000年統計から」『気象』第44巻第6号。
竹谷良一（2000b）「『気候が変わると……』─ Part 2─　──2000年統計から」『気象』第44巻第11号。
仁科淳司（2007）『やさしい気候学　増補版』古今書院。
根本順吉（1993）「"気象現象"という表現について」『天気』第40巻第8号。
原芳生（2008）「惑星としての地球」高橋日出男・小泉武栄編『自然地理学概論』朝倉書店。
廣田勇（1999）『気象解析学』東京大学出版会。
福井英一郎・浅井辰郎・新井正・河村武・西沢利栄・水越允治・吉野正敏編（1985）『日本・世界の気候図』東京堂出版。
吉野正敏（1968）『気候学』地人書館。
吉野正敏（1978）『気候学』大明堂。
和達清夫監修（1993）『最新・気象の事典』東京堂出版。
Barry, R. G. and Chorley, R. J. (2003), *Atmosphere, Weather, and Climate (Eighth Edition),* London: Routledge.（未見，仁科，2007で引用）
Eagleman, J. R. (1980), *Meteorology: The Atmosphere in Action*, New York: Van Nostrand Reinhold Co.（未見，小倉，1984で引用）
Vonder Haar, T. and Suomi, V. (1971), "Measurements of the Earth's Radiation Budget from Satellites during a Five-year Period", *Journal of the Atmospheric Sciences*, Vol. 25, No. 3.

第5章

世界の降水量と日本の気候

松 山 　 洋

　前章では，世界の気温と風の分布について学んだ。本章では，世界の降水量について説明を加えた上で，日本の気候について学習することにしよう。

1　世界の降水量

（1）　世界の水蒸気量分布と飽和水蒸気圧

　降水とは，大気中を落下し，かつ地表面に達する液体または固体の水物質の総称である（和達，1993）。降水が生じるためには，大気中の水蒸気が液体か固体になる必要がある（これを相変化という。図4-8）。ここでは，このような水の相変化について調べる前に，まず水蒸気量の分布について見てみよう。

　図5-1は，世界の水蒸気量の年平均値の分布を示したものである（沖，1995）。これは，地表面から大気上端（図4-2の大気と宇宙空間の境界）までに含まれる水蒸気量の合計を示したものであり，日々の天気予報の副産物として得られた気象データから計算されている。図5-1を見ると，低緯度ほど水蒸気量が多いことが分かる。ユーラシア大陸中央部など，等値線が緯度に平行でないところもあるが，水蒸気量は高緯度に向かっておおむね帯状に減少していることが図5-1から読み取れる。

　図5-1の水蒸気量の年平均値の分布は，全球の年平均気温の分布（図4-9）と似ている。似ているのも当然で，大気中に含みうる水蒸気量の最大値は気温に依存するからである（図5-2）。大気中の水蒸気量の表現方法には何通りかあり（近藤，1994に詳しい），図5-2では気温と飽和水蒸気圧（単位 hPa）との関係が示されている。飽和水蒸気圧とは，同じ温度の純粋な水または氷の面と平衡状態にある水蒸気の圧力のことであり（和達，1993），図5-2の飽和水蒸気圧曲線の下側が水蒸気でいられる領域，曲線の上側が水蒸気でいられない領域（液体や固

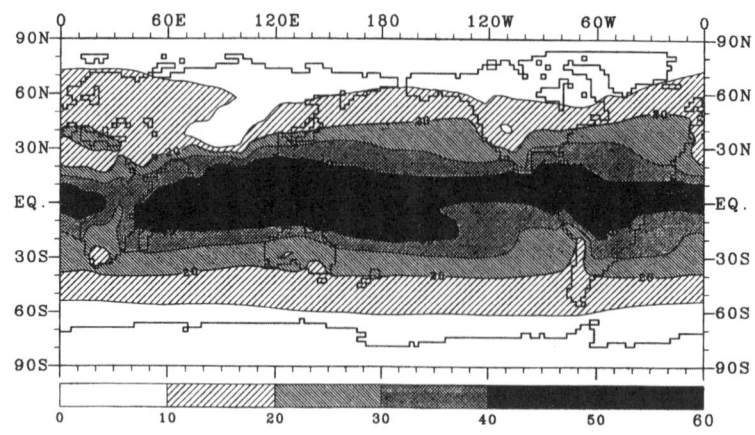

図 5-1 地表面から大気上端まで含まれる水蒸気量の年平均値（単位：mm）

資料：沖大幹（1995）「グローバルな水循環」『水利科学』第39巻第4号の図4(a)。一部修正。

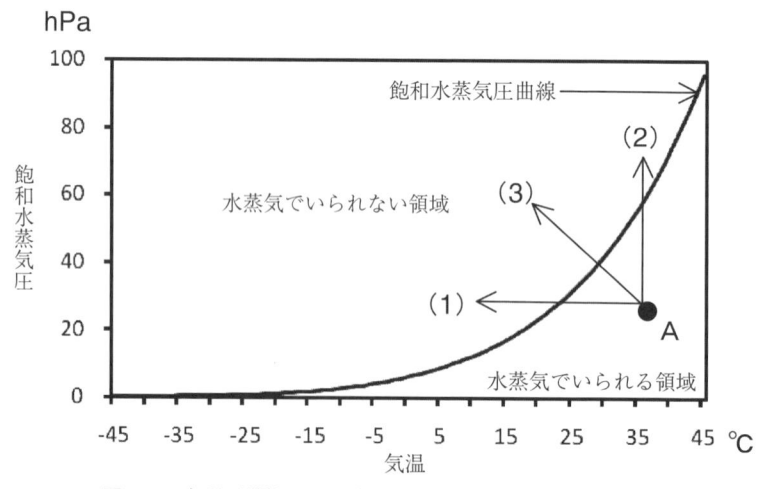

図 5-2 気温（単位：℃）と飽和水蒸気圧（単位：hPa）との関係

注：(1) 0℃以下は、氷に対する飽和水蒸気圧が示されている。
　　(2) 図中の(1)〜(3)については本文を参照のこと。
資料：近藤純正（2000）『地表面に近い大気の科学』東京大学出版会の付録A 水の飽和水蒸気圧表をもとに筆者作成。

体になる領域）になっている。この図より，気温が高くなるほど飽和水蒸気圧は指数関数的に増加することが分かる。すなわち，1年のうちで気温の季節変化が明瞭な地域では，気温の高い夏ほどたくさんの水蒸気を含みうる（蒸し暑い日本の夏を想定してみて下さい）。

　ここで，**図5-2**中のA点の状態の水蒸気が液体や固体になるための条件について考える。A点の状態の水蒸気はまだ飽和していないため，この水蒸気が飽和水蒸気圧曲線の上側にいくためには，(1)水蒸気圧を変えずに気温を下げる，(2)気温を変えずに水蒸気圧を増加させる，(3)(1)と(2)を組み合わせる，の3通りの方法がある。(1)を実現するには，気温の低いところに水蒸気を持っていけばよい。気温の低いところとは，その場所の上空と，その場所よりも高緯度側の2カ所が考えられる。また(2)の例としては，日本の梅雨の時期，梅雨前線の南側に台風が存在し，台風から梅雨前線に絶え間なく水蒸気が供給される状況が挙げられる。梅雨については，日本の気候に関連して本章2節で述べる。

（2）　気温を下げるにはどうすればよいか

　水蒸気圧を変えずに気温を下げることについてもう少し詳しく考えてみよう。湿った空気を低温な上空に持っていくためには上昇気流が生じればよい。上昇気流が生じるための条件はいくつか考えられるが，そのうちの1つに，日射によって地表面が暖められたところの上空に冷たい空気が流入する場合が挙げられる（梅雨明け後の午後に起こる雷雨を想定してみて下さい）。これは，大気の下層が日射によって暖められて軽くなり，上層に冷たく重い空気が流入することによって大気が不安定になり，不安定を解消するために上昇気流が生じるものである。

　上昇気流は山を乗り越えるときにも生じる。**図5-3**は，冬型の気圧配置のときにおける西日本の日降水量分布を示したものである。冬型の気圧配置とは，ユーラシア大陸に高気圧，アリューシャン列島付近に低気圧がある気圧配置のことを指し，**図5-3**からは，主として日本海側の地域に降水が見られることが分かる。これは，日本海側と太平洋側を分ける脊梁山脈で上昇気流が生じて降雪が生じるためである。なお，**図5-3**中の実線の矢印は，太平洋側で降水が見られる地域を示している。これらの地域では，日本海側と太平洋側を分ける脊梁山脈の標高が低いため，日本海側だけでは降水を落としきらず，太平洋側でも降水が見られる場合がある。一方，**図5-3**中の点線の矢印は新潟市付近を指してお

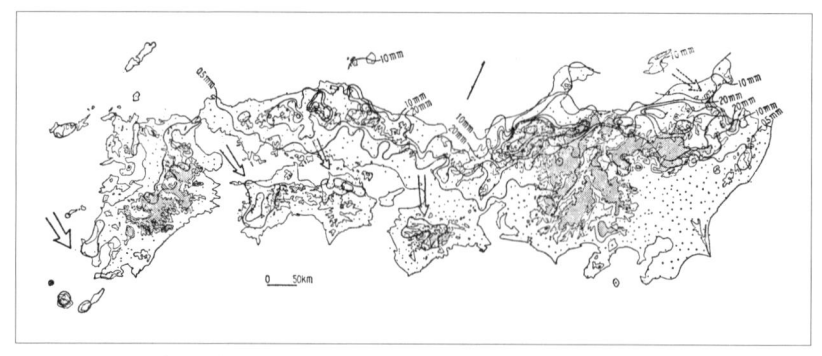

図5-3 冬型の気圧配置の時における西日本の日降水量分布（1955年1月16日）
注：(1)実線の矢印は、太平洋側で降水がみられる地域を示している。
　　(2)点線の矢印は、佐渡島の蔭に入り、降水量が少なくなる地域を示している。
資料：鈴木秀夫（1975）『風土の構造』大明堂の第23図（原図は鈴木，1961）。

り，この地域は佐渡島の蔭に入るため，冬型の気圧配置の時に降水量が少なくなる。

　上昇気流は，風向の異なる風がぶつかって収束することによっても生じる。**図4-13**で，南北両半球からの貿易風がぶつかるところに熱帯収束帯ができることを見たが，ここでも上昇気流が生じている。**図5-4**は1987～88年の年降水量を示したものであり，赤道付近に多雨域が見られることが分かる。これが熱帯収束帯である。**図5-4**は1987～88年という限られた2年間のデータであるが，この図に見られる降水量分布の特徴は，平年値を用いてもほぼ同じである。なお，熱帯収束帯は北半球の夏に北上し，北半球の冬に南下する。そのため，多雨域も季節的に南北に移動する（**図5-5**，**図5-6**）。これは，4章で見た通りである。

　水蒸気圧を変えずに気温を下げるもう1つの方法として，水蒸気をその場所よりも低温な高緯度側に持っていくことが挙げられる。そのためには，亜熱帯高気圧から吹き出す偏西風に乗せて水蒸気を高緯度側へ運べばよい（**図4-13**）。**図5-4**をよく見ると，北半球の中緯度（日本付近）とアメリカ合衆国東岸に，周囲に比べて降水量が多いところが見られる。これは，北極の高気圧から吹き出す東風と偏西風が収束することによって生じる多雨域である（これを極前線帯という）。同様に，南半球でも中緯度に多雨域が見られるが，こちらは低緯度との関係が強い。詳細については次項で述べる。

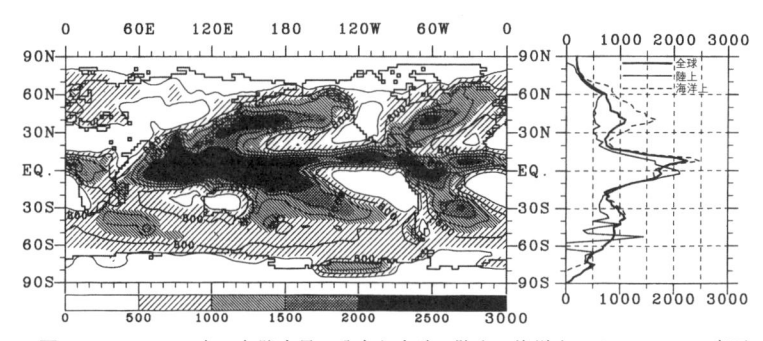

第5章 世界の降水量と日本の気候　93

図5-4　1987～88年の年降水量の分布と全球，陸上，海洋上のみについての東西平均値（単位：mm/year）

資料：沖大幹（1995）「グローバルな水循環」『水利科学』第39巻第4号の図7(a)。一部修正。

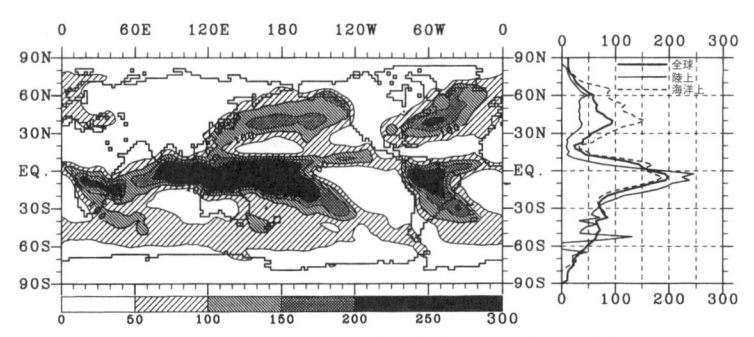

図5-5　1987～88年の12～2月の降水量の分布と全球，陸上，海洋上のみについての東西平均値（単位：mm/month）

資料：沖大幹（1995）「グローバルな水循環」『水利科学』第39巻第4号の図7(b)。一部修正。

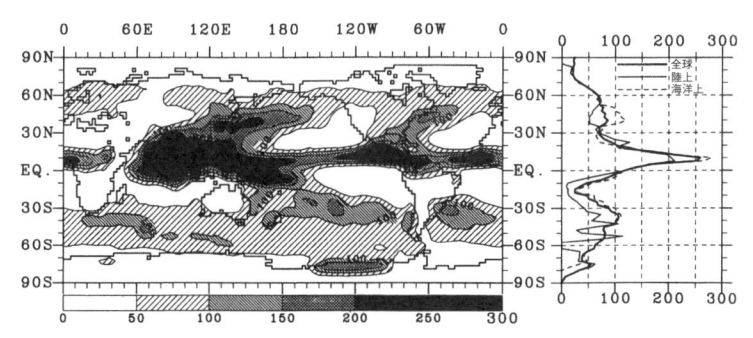

図5-6　1987～88年の6～8月の降水量の分布と全球，陸上，海洋上のみについての東西平均値（単位：mm/month）

資料：沖大幹（1995）「グローバルな水循環」『水利科学』第39巻第4号の図7(c)。一部修正。

(3) 降水量とその他の気候要素との関連

ここでは，図5-4～図5-6をもう少し丁寧に見てみよう。

図5-4～図5-6の右側には，全球，陸上，海洋について，降水量の東西平均値を求めたものがプロットされている。全球，陸上，海洋のどれを見てもおおむね，降水量は熱帯収束帯で多いこと，亜熱帯高気圧のある緯度帯では少なくなること，極前線帯でまた多くなること，さらに両極に向かって少なくなることが示されている。そして，図5-5と図5-6を比較すると，北半球の夏には熱帯収束帯が北上し，冬には熱帯収束帯が南下することが分かる。

図5-5と図5-6の比較から，北半球の夏には南アジアから東アジアにかけての広い範囲が多雨域になっていることが分かる（図5-6）。このとき，これらの地域では南～南西風が吹いている（図4-13a）。これらの暖かく湿った風に対して，5000m級のチベット・ヒマラヤ山塊が地形的障壁としてたちはだかっている。そのため，インド亜大陸では上昇気流が生じて降水量が多くなる（図5-6）。一方1月には，これらの地域では北～北東風が卓越し（図4-13b），ユーラシア大陸上では多降水域がほとんど見られなくなる（図5-5）。4章の最後で述べたモンスーンは，このように，風向の反転だけでなく雨季・乾季の入り・明けも含むものである。

もう1つ，図5-4と図5-5には，熱帯収束帯から中緯度に伸びる多降水域が，南太平洋上と南アメリカ大陸に見られる。前者は南太平洋収束帯，後者は南大西洋収束帯と呼ばれる。これに北半球の梅雨前線帯を加えたものを亜熱帯収束帯と言う（Kodama, 1992, 1993）。Kodama（1992, 1993）では，亜熱帯収束帯に共通して見られる特徴や，熱帯収束帯や極前線帯と亜熱帯収束帯との違いについて議論されている。また，南大西洋収束帯で生じた激しい大気現象の例が松山（2007）で紹介されている。

ここまで，気候要素に関する様々な分布図（気温，気圧，風，降水など）を見てきた読者の皆さんは，気候要素が独立に変化しているのではなく，相互に関連していることが理解できたであろう。世界の気候に関する話はとりあえずここまでにし，次節では，世界の気候と比較しながら，日本の気候の特徴について見ていくことにしよう。

2　日本の気候

（1）　日本の四季と気温の季節変化・日変化

　東京では地球－大気系の放射収支がほぼ 0 W/m²になるために，年平均気温が世界のそれとほぼ等しくなることを 4 章で見た（図 4 - 6，図 4 - 9）。それに加えて，日本の気候の特徴として四季が明瞭であることと，日本列島が南西諸島から北海道まで南北約2000kmと細長いため，同じ月であっても北海道と東京，沖縄とでは四季の風景が大きく異なることが挙げられる（図 5 - 7）。

　2 月の旭川（北緯43°46′，東経142°22′）は一面の銀世界であるが，東京（北緯35°41′，東経139°46′）では時おり雪が降り，那覇（北緯26°14′，東経127°41′）ではヒガンザクラが咲いている。5 月には，旭川では桜やカタクリの開花が始まる美しい季節である。この時，東京では春の花が咲き，梅雨入りして暑い那覇では海水浴が始まる。8 月の旭川は山野が緑に覆われて快適なシーズンである。その一方，東京や那覇では連日厳しい暑さが続く。11月の旭川では早くも積雪が見られ，日増しに寒くなる。東京では木の葉が落ちるものの，那覇は暑さもやわらぎ快適な季節である（図 5 - 7）。

　このように日本は四季が明瞭であるが，世界の中には日本とほぼ同じ緯度であっても日本ほど気温の季節変化が明瞭でないところもある。例としてアメリカ西海岸に位置するサンフランシスコ（北緯37°37′，西経122°23′）を挙げる（図 5 - 8）。東京とサンフランシスコはほぼ同じ緯度に位置しているが，サンフランシスコの 1 年間の気温変化は小さく，東京の春の気温の幅にほぼ収まっている。これは，アメリカの西海岸沖を寒流が流れており，大気が安定であること，夏でも北太平洋の高気圧から冷たい北風が吹走することが挙げられる。東京もサンフランシスコも海のそばに位置するのは共通している。しかしながら東京の場合，夏は高温多湿な空気に覆われる。そして，冬は日本海側に降雪をもたらした風が関東平野を吹き下りてくるために，寒冷乾燥した空気に覆われる。このため，サンフランシスコよりも東京では気温の季節変化が大きくなっている。

　このように，気温の季節変化が大きな日本で暮らしていると，それが当たり前だと思ってしまうが，世界には気温の年較差よりも日較差の方が大きい地域もある（図 5 - 9）。ここで，年較差とは最暖月の月平均気温と最寒月の月平均気温と

図5-7 日本のなかでもこんなに違う四季の風景
資料：朝日新聞社出版本部事典編集部編／高橋伸夫・井田仁康・菊地俊夫・志村喬・田部俊充・松山洋 文と監修（2005）『朝日ジュニアブック 日本の地理 21世紀』朝日新聞社の25頁の図。

の差のことを指す。また，日較差とは日最高気温と日最低気温との差のことである（和達，1993）。**図5-9**より，赤道を中心とした熱帯の多くでは，日較差の方が年較差よりも大きいことが分かる。

そのような事例として，ここではブラジル南東部のサンパウロ州における気温の季節変化と日変化を，東京と比較する形で示す（松山，2000）。サンパウロ州は南回帰線（南緯23.5°）のほぼ直下に位置しており，**図5-10**に示したINPE/COMA（ブラジル国立宇宙研究所／大気観測計量センター）の日最高気温の月平均値は年間を通じて25℃前後である。また，日最低気温の月平均値は12～18℃となり，日最高気温，日最低気温ともに北半球の冬（サンパウロ州の雨季）に高くなる。ここでは，年較差は約5℃，日較差は約10℃であり，日較差は乾季である北半球の

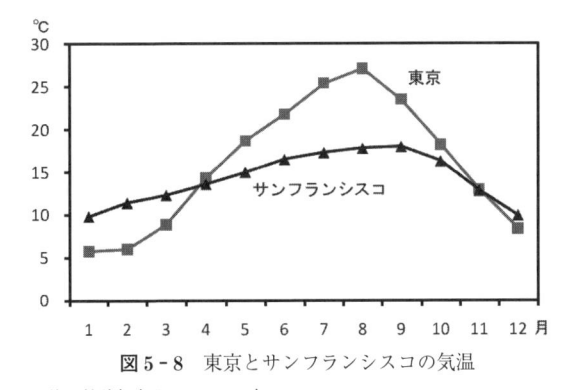

第5章　世界の降水量と日本の気候　97

図5-8　東京とサンフランシスコの気温

注：統計年次は1971～2000年。
資料：国立天文台編（2004）『理科年表　第77冊』丸善の世界の気温の月別平均値（℃）をもとに筆者作成。

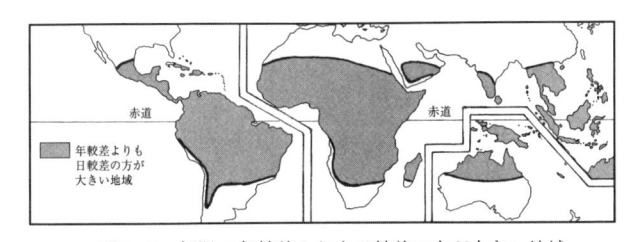

図5-9　気温の年較差よりも日較差の方が大きい地域

資料：仁科淳司（2007）『やさしい気候学　増補版』古今書院の図2-15
　　　（原図はBarry and Chorley, 2003）。

夏に大きくなる。これが，「サンパウロには一日の中に四季がある」（サンパウロ／リオデジャネイロに暮らす編集委員会，1994）と言われるゆえんである。一方，東京では，上述した通り，気温の季節変化は大きく，日変化は小さい（**図5-11**）。そのため年較差は約20℃，日較差は約8℃となっている。

　もう1つ，日本の気候を特徴づけているのは，夏の湿度であると筆者は思う。**図5-12**の実線と点線は，INPE/COMAと東京の相対湿度を示したものである。相対湿度とは，ある時点における水蒸気圧を飽和水蒸気圧（**図5-2**）で割ったものを百分率で表したものである。東京の夏には相対湿度が75％に達するのに対し，INPE/COMAでは通年55～60％程度である。そのため，北半球の冬（サンパウロ州の雨季）でもサンパウロ州では空気が乾燥しており，それほど蒸し暑く感じない。そして，木陰や建物の中に入ると涼しく感じたものである（蒸し暑い日本の夏

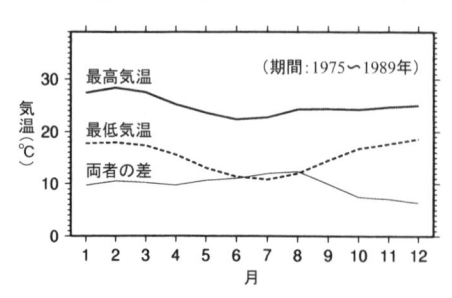

(a) INPE/COMA (22°41'19"S, 45°00'22"W, 574 m)

図5-10 INPE/COMA（ブラジル国立宇宙研究所／大気観測計量センター）における日最高気温・日最低気温と日較差の月平均値の季節変化
注：太実線は最高気温，点線は最低気温，細実線は日較差を表す。
資料：松山洋（2000）「ブラジルからの手紙(2) SACZの下で暮らしてみれば」『天気』第47巻第2号の第4図(a)。一部修正。

(b) Tokyo (35°41'N, 139°46'E, 5.3 m)

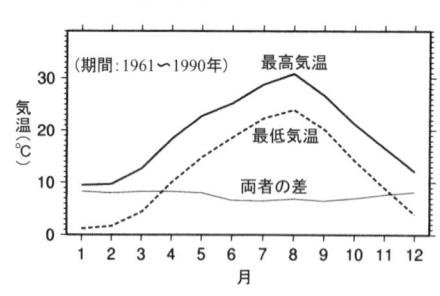

図5-11 東京における日最高気温・日最低気温と日較差の月平均値の季節変化
注：凡例は図5-10と同じ。
資料：松山洋（2000）「ブラジルからの手紙(2) SACZの下で暮らしてみれば」『天気』第47巻第2号の第4図(b)。一部修正。

だとこうはいかない）。また，筆者は，これとは別の機会に中国の新疆ウイグル自治区を旅行した時，大気が乾燥していたために体調を崩したことがあったが，東京と似た高温多湿の北京に戻ってくると，体調不良がピタッと治まったこともあった。このとき，「人間は環境の産物である」とつくづく感じたものである。

（2） 日本の降水量と降水をもたらす要因

日本の年降水量は約1700〜1800mmである。これには地域差があり，北海道のオホーツク海側や瀬戸内海沿岸などではこれよりも少なくなっているし，西南日本の太平洋側の山地に面したところではこれよりも多くなっている。重要なのは，日本の年降水量は世界の年平均値（約1000mm）の約2倍であるということである。この原因として，周期的に通過する温帯低気圧，梅雨，台風，秋霖，冬の季節風と，日本には1年を通じて目立った乾季がないことが挙げられる。

もう1つ，日本の降水の特徴として，6時間〜1日程度の降水量が世界のトップクラスであることが挙げられる（**図5-13**）。この図は，集計期間を変えた時の世界各地と日本・中国での降水量の最高記録を比較したものである。**図5-13**より，熱帯は1日以上のほとんどすべての記録を持っており，中緯度は1時間以下の記録を持っていることが分かる。そして日本や中国は，6時間〜1日程度にお

第5章　世界の降水量と日本の気候　99

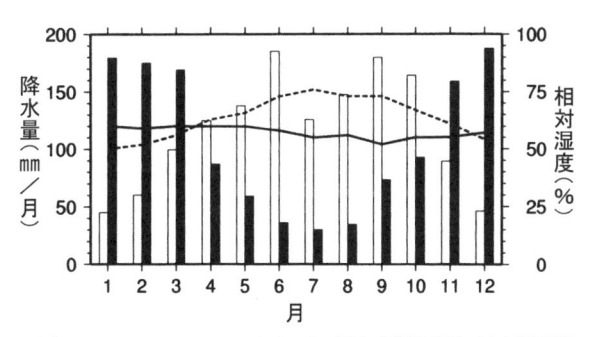

図5-12 INPE/COMA（ブラジル国立宇宙研究所／大気観測計量センター）と東京における降水量と相対湿度の季節変化

注：(1)INPE/COMAの降水量は黒色，東京の降水量は白色の棒グラフ。
　　(2)INPE/COMAの相対湿度は実線で，東京の相対湿度は点線でそれぞれ示されている。
資料：松山洋（2000）「ブラジルからの手紙(2)　SACZの下で暮らしてみれば」『天気』第47巻第2号の第2図。一部修正。

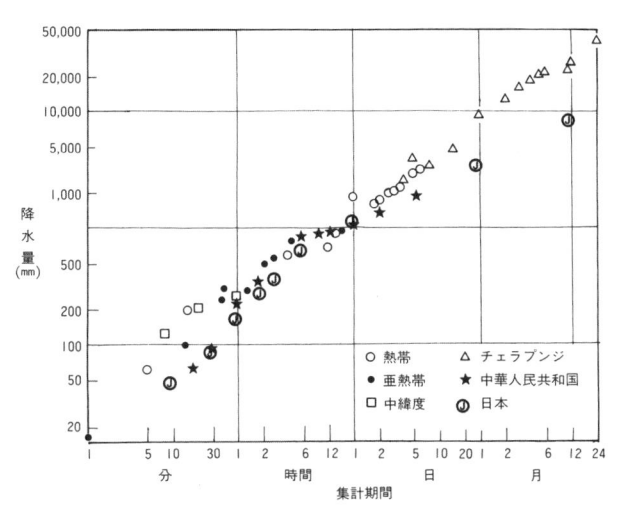

図5-13 集計時間単位別の世界各地と日本・中華人民共和国の降水量の最高記録

資料：杉谷隆・平井幸弘・松本淳（2005）『風景のなかの自然地理　改訂版』古今書院の図8-3。

ける降水量の最高記録を持っている。つまり，日本や中国を含む東アジアは，6時間～1日程度の時間スケールでは，世界で最も強い降水が見られる地域であると言える。この理由として，梅雨前線や台風に水蒸気が継続して供給される場合があることや，日本の地形が山がちであり上昇気流が生じやすいことなどが挙げられる。

日本に降水をもたらす要因について順に説明すると，まずは春に周期的に通過する温帯低気圧が挙げられる。これは，日本の上空をジェット気流が吹走しており（図4-12），寒冷な大気と温暖な大気が混ざりやすい状況にあることが原因の1つである。このため，前線（性質の異なる大気が接した時に形成される不連続線）をともなった温帯低気圧が日本付近を通過しやすい。

温帯低気圧の発生・通過には，チベット・ヒマラヤ山塊の影響も大きい。夏のチベット・ヒマラヤ山塊は偏西風の障害物としてジェット気流にたちはだかり，チベット・ヒマラヤ山塊の高緯度側を回ってきたジェット気流と低緯度側を回ってきたジェット気流が日本付近で合流する。そのため，日本付近で温帯低気圧が発生・発達しやすく，降水量が多くなる。また，5000m級のチベット・ヒマラヤ山塊は，地表面が5000m付近にあるため上層の空気の加熱役としても機能しており，次で述べる冷たいオホーツク海との間に大きな温度差を生じさせている。

次に，梅雨であるが，これには日本付近における気団の分布が大きく影響している。気団とは，気温や湿度などの空気の性質が，水平方向に広い範囲にわたってほぼ一様な空気のかたまりのことを言う（和達，1993）。日本付近では寒冷な大気と温暖な大気が混ざりやすい状況にあることを反映して，日本付近では4つの気団がせめぎあっている（図5-14）。このうち，寒冷・湿潤なオホーツク海気団（オホーツク海高気圧）と温暖・湿潤な小笠原気団（小笠原高気圧）との間に形成されるのが梅雨前線である。この時期には，全国的に降水量が多くなり，日照時間が少なくなる。そして，梅雨の時期にオホーツク海高気圧の勢力が強いと，ヤマセと呼ばれる北東気流が太平洋側を吹走し，冷害の要因となる。なお，図5-14の小笠原気団がオホーツク海気団を北に追いやって，広く日本列島を覆うと梅雨明けとなって盛夏となる。

台風とは，北太平洋西部や南シナ海で発生・発達する熱帯低気圧のうち，最大風速が17.2m/s以上のものをいう（和達，1993）。台風は，海面水温が高く赤道からやや離れた海域で発生し，小笠原高気圧の西側のへりを回って日本付近にやっ

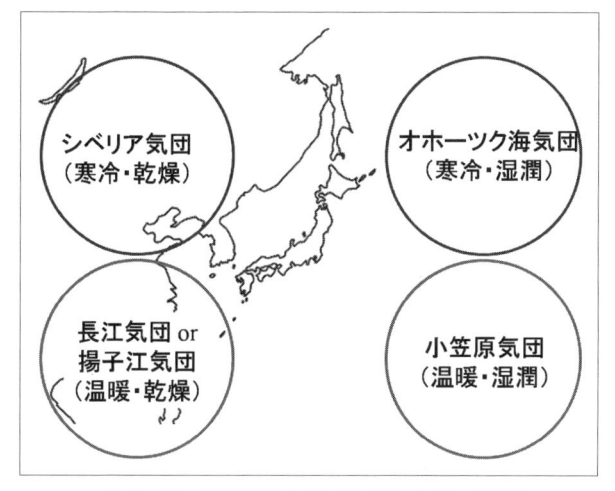

図 5-14 日本付近における気団の分布の模式図
資料：筆者作成。

てくる。1年間に発生する台風は年平均27個であり，全体の70％が7～10月に発生する。そして，日本の海岸線から300km以内に接近する台風は年平均11個，上陸する台風は年平均3個である（杉谷ほか，2005）。しかしながら，2004年には観測史上最高の10個の台風が上陸した（**図5-15**）。これらは崖崩れや土石流，河川の氾濫を生じさせ，特に2004年の台風23号が上陸した際には，死者・行方不明者が約100名生じるという大災害になった（植村，2005）。

秋になると再び日本列島付近に前線が停滞するようになり，秋霖となる。これまでに述べてきたように，梅雨前線や秋雨前線の背後に台風がある場合には水蒸気が絶え間なく供給されるため，大雨に注意が必要である。

その後，再び，温帯低気圧が周期的に通過する季節が過ぎると，北西の季節風が卓越する冬になる（**図4-1**）。この時，ユーラシア大陸には高気圧，日本の東海上では低気圧が発達し，北西の季節風が日本列島を越える時に上昇気流が起こって，主として日本海側に降水が生じる（**図5-16**）。ユーラシア大陸に発達する高気圧は寒冷・乾燥であるが（**図5-14**），北西の季節風が日本海上を吹走するうちに日本海を流れる温暖な対馬暖流から熱と水蒸気の供給を受けて雲が発達し（**図5-16**），日本列島に達する頃には寒冷・湿潤な気団に変質している。図4-1には，日本海を渡る際に気団が変質している様子が，筋状の雲として表現され

102　第Ⅱ部　気候学

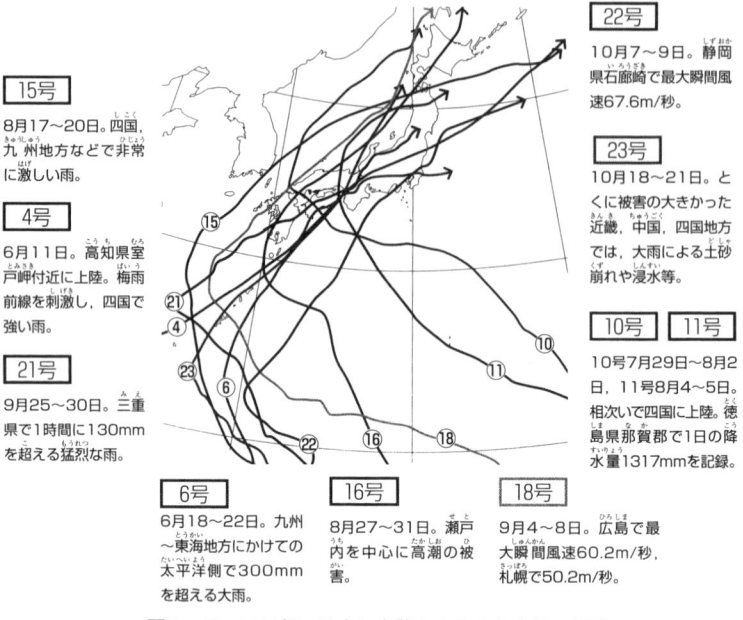

15号
8月17〜20日。四国、九州地方などで非常に激しい雨。

4号
6月11日。高知県室戸岬付近に上陸。梅雨前線を刺激し、四国で強い雨。

21号
9月25〜30日。三重県で1時間に130mmを超える猛烈な雨。

22号
10月7〜9日。静岡県石廊崎で最大瞬間風速67.6m/秒。

23号
10月18〜21日。とくに被害の大きかった近畿、中国、四国地方では、大雨による土砂崩れや浸水等。

10号　11号
10号7月29日〜8月2日、11号8月4〜5日。相次いで四国に上陸。徳島県那賀郡で1日の降水量1317mmを記録。

6号
6月18〜22日。九州〜東海地方にかけての太平洋側で300mmを超える大雨。

16号
8月27〜31日。瀬戸内を中心に高潮の被害。

18号
9月4〜8日。広島で最大瞬間風速60.2m/秒、札幌で50.2m/秒。

図5-15　2004年に日本に上陸したおもな台風の経路

資料：朝日新聞社出版本部事典編集部編／髙橋伸夫・井田仁康・菊地俊夫・志村喬・田部俊充・松山洋　文と監修（2005）『朝日ジュニアブック　日本の地理　21世紀』朝日新聞社の29頁の図。

ている。この図では、主として脊梁山脈で降水をもたらした季節風が関東平野を吹き下りて、再び太平洋に出ると熱と水蒸気の供給を受けている様子が示されている。そして、その様子が**図5-16**でも模式的に示されている。なお、冬のチベット高原も、ジェット気流に対して障害物として立ちはだかると同時に、寒気の南下を阻止する形でシベリア高気圧の強化に寄与している。

このように、日本付近に降水をもたらす要因として、温帯低気圧、梅雨、台風、秋霖、冬の季節風が挙げられ、日本には1年を通じて目立った乾季がない。逆に言うと、これらの季節にまとまった雨が見られないと、それらに引き続く季節に渇水の危機が生じるということである。降水が多すぎても土砂災害になる場合があり、降水が少なすぎても水不足となる場合があるわけで、ここに日本の気候の難しさと学問的な面白さがある。

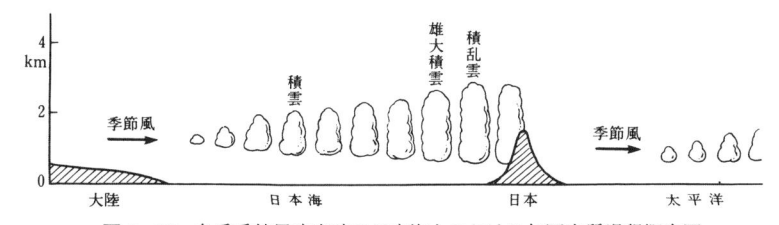

図 5 - 16　冬季季節風吹走時の日本海上における気団変質過程概念図
資料：浅井冨雄（1996）『ローカル気象学』東京大学出版会の図 7 - 1 (a)。

本章のまとめ

① 降水とは，大気中を落下し，かつ地表面に達する液体または固体の水物質の総称である。降水の源となる水蒸気に関しては，気温が高いほど水蒸気を多く含むことができるため，水蒸気量は低緯度ほど多い。また，大陸と海洋とでは，海洋の方が一般に水蒸気量は多い。

② 湿った空気の温度を下げるか，さらに水蒸気を加えれば，降水が生じうる。気温を下げるには，その場所の上空か，その場所よりも高緯度側に大気を運べばよい。さらに水蒸気を追加する例としては，台風から梅雨前線や秋雨前線に水蒸気が供給される場合が挙げられる。

③ 湿った空気の温度を下げるには上昇気流が生じればよい。上昇気流が生じる例として，大気が不安定になること，山越え気流が生じること，風向の異なる風が収束することなどが挙げられる。また，湿った大気を偏西風に乗せて高緯度に運ぶことによっても温度は下がり，中・高緯度の前線帯で降水が生じうる。

④ 世界の降水量の緯度平均値は，熱帯収束帯のある低緯度で多く，亜熱帯高気圧のある緯度帯で少なく，中・高緯度で多く，さらに両極に向かって少なくなる。この全体的な形状は季節によっても大きく変わらず，北半球の夏に北上し，北半球の冬に南下する。

⑤ 気候要素はお互いに関連している。モンスーンは風向の変化によって定義されるが，南アジアから東アジアにかけては，風向の反転だけでなく雨季・乾季の入り・明けをも含むものである。

⑥ 東京の年平均気温は世界の平均値とほぼ等しい。また気温の季節変化が明瞭なのも日本の気候の特徴である。その一方，世界には気温の季節変化よりも日変

化の方が顕著な地域もある。

⑦日本の年降水量は世界の平均値の約2倍である。そして，日本における6時間〜1日程度の降水量は世界のトップクラスである。このように，日本の降水量は世界的に見ても多い方である。

⑧日本の天気の変化は激しく，多くの気圧配置型と気団の影響を受ける。降水は，温帯低気圧，梅雨，秋雨・台風，冬の季節風などによって生じ，目立った乾季がないのも日本の気候の特徴である。

● 参考文献

浅井冨雄（1996）『ローカル気象学』東京大学出版会．
朝日新聞社出版本部事典編集部編／高橋伸夫・井田仁康・菊地俊夫・志村喬・田部俊充・松山洋 文と監修（2005）『朝日ジュニアブック 日本の地理 21世紀』朝日新聞社．
植村善博（2005）『台風23号災害と水害環境——2004年京都府丹後地方の事例』海青社．
沖大幹（1995）「グローバルな水循環」『水利科学』第39巻第4号．
国立天文台編（2004）『理科年表 第77冊』丸善．
近藤純正編著（1994）『水環境の気象学——地表面の水収支・熱収支』朝倉書店．
近藤純正（2000）『地表面に近い大気の科学』東京大学出版会．
サンパウロ／リオデジャネイロに暮らす編集委員会（1994）『サンパウロ／リオデジャネイロに暮らす』日本貿易振興会（ジェトロ）．
杉谷隆・平井幸弘・松本淳（2005）『風景のなかの自然地理 改訂版』古今書院．
鈴木秀夫（1961）「冬型降水の及ぶ範囲について」『地理学評論』第34巻第6号．
鈴木秀夫（1975）『風土の構造』大明堂．
仁科淳司（2007）『やさしい気候学 増補版』古今書院．
松山洋（2000）「ブラジルからの手紙(2) SACZの下で暮らしてみれば」『天気』第47巻第2号．
松山洋（2007）「ブラジルにもある亜熱帯収束帯——背中合わせの野火と豪雨」漆原和子・藤塚吉浩・松山洋・大西宏治編『図説 世界の地域問題』ナカニシヤ出版．
和達清夫監修（1993）『最新・気象の事典』東京堂出版．
Barry, R. G. and Chorley, R. J. (2003), *Atmosphere, Weather, and Climate (Eighth Edition)*, London: Routledge.（未見，仁科，2007で引用）
Kodama, Y. (1992), "Large-scale Common Features of Subtropical Precipitation

Zones (the Baiu Frontal Zone, the SPCZ, and the SACZ), Part I: Characteristics of Subtropical Frontal Zones", *Journal of the Meteorological Society of Japan,* Vol. 70, No. 4.

Kodama, Y. (1993), "Large-scale Common Features of Sub-tropical Precipitation Zones (the Baiu Frontal Zone, the SPCZ, and the SACZ), Part II: Conditions of the Circulations for Generating the STCZs", *Journal of the Meteorological Society of Japan,* Vol. 71, No. 5.

第6章

気候システム

松山　洋

4章と5章では，主として平年値に基づいた気候について議論してきた。しかしながら，地球温暖化を例に挙げるまでもなく，「気候は変わるものである」という認識が最近定着しつつある。本章ではそのような考え方（気候システム）について学ぶことにしよう。

1　気候システムとは何か

図6-1に示すように，気候は様々な要素から成り立っている。それらは，大気と海洋・雪氷・陸面状態などであり，図6-1では陽に描かれていないが，人間活動も気候を構成する要素の1つとして挙げられる。これらの要素は相互作用しており，相互作用の一部を変化させれば気候も変わるということが，最近の研究によって明らかになってきた。このように，大気とそれを取り巻く要素から構成される，地球表面の環境を決めるもの全体のことを気候システムという。そして，気候システムによって規定された大気の平均的な状態が気候であるとも言える。

気候システムによって説明される現象として，エルニーニョ現象，地球温暖化，ヒートアイランドなどがある。本章では，これらについて具体的に説明していこう。

2　エルニーニョ現象

（1）P-Jパターン

西部熱帯太平洋は，海面水温の年平均値が28℃以上と非常に高温である（図6-2）。このようなところでは，対流活動が特に活発になることが知られており

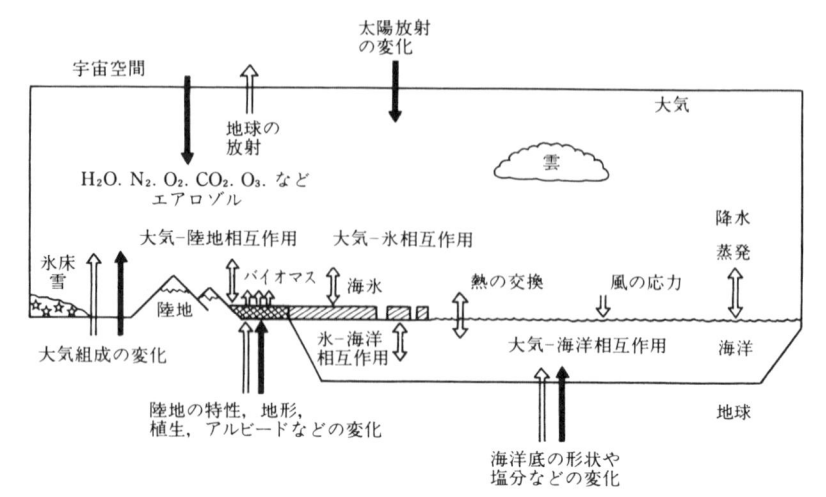

図 6-1　大気－海洋－雪氷－陸地の相互作用のある気候システムの模式図

注：白い矢印は気候システム内部の相互作用で気候を変える要因，黒い矢印は気候システムの外から作用して気候を変える要因である。
資料：竹内清秀（1997）『風の気象学』東京大学出版会の図1-3。

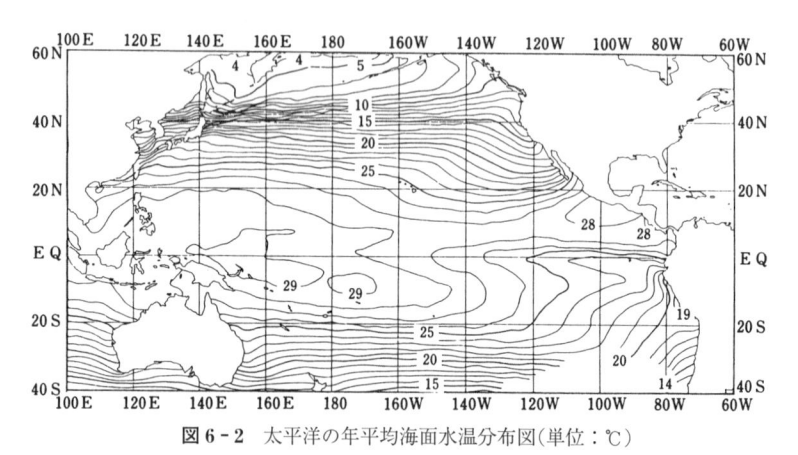

図 6-2　太平洋の年平均海面水温分布図（単位：℃）

資料：気象庁（1989）『異常気象レポート'89』大蔵省印刷局の第Ⅳ-6図。

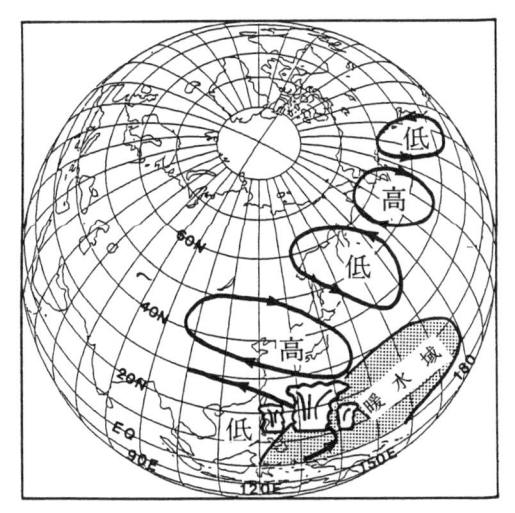

図6-3 西部熱帯太平洋の海面水温が高い年の夏の
　　　　対流活動と大気の応答の模式図

資料：気象庁（1989）『異常気象レポート'89』大蔵省印刷局
　　　の第4-2-37図（原図はNitta, 1987）。

（雲が立ちやすく降水量も多くなる），西部熱帯太平洋は地球上で対流活動が最も活発な地域の1つであると言える。

　水蒸気が雲（＝水や氷）になる時に，水蒸気が持っていた潜熱が大気に与えられる（**図4-8**）。つまり，水が相変化する時に大気が暖められるわけであり，**図6-2**で言えば，このような時に西部熱帯太平洋を熱源とする大気の運動が生じる（**図6-3**）。特に，北半球の夏にこの地域で対流活動が活発になると，熱帯で低気圧性の循環，日本付近で高気圧性の循環，さらに高緯度で低気圧性の循環という形で，低気圧性の循環と高気圧性の循環を繰り返しながら，波が高緯度に伝播していく（**図6-3**）。つまり，北半球の夏に西部熱帯太平洋で対流活動が活発になると，日本付近は高気圧に覆われて猛暑になるわけである。これをP-Jパターンという（Nitta, 1987）。西部熱帯太平洋での大気現象が，遠く離れた日本に影響を与えるという意味で，P-Jパターン自体，気候システムの一側面を見ていると言える。

　西部熱帯太平洋で海水温が高くなることは，**図6-4**上図（通常の年）のように説明される。4章で見たように，熱帯太平洋では亜熱帯高気圧から吹き出す貿易

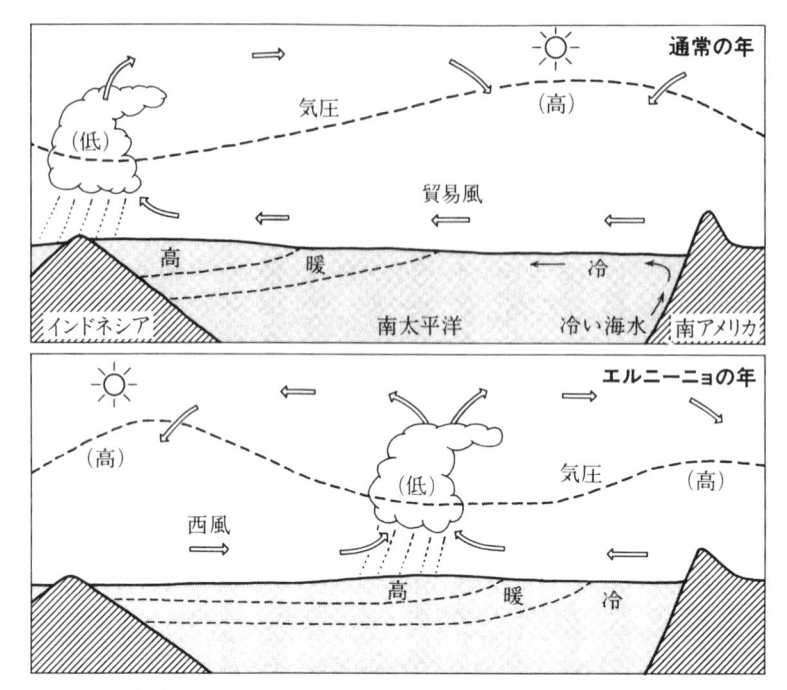

図 6-4 海洋のエルニーニョ現象と大気の南方振動を合わせて理解する ENSO の模式図

資料：住明正（1993）『地球の気候はどう決まるか？』岩波書店の図21。

風が卓越している（**図4-13**）。そのため，暖かい海水がインドネシア近海に吹き寄せられ，そこでは対流活動が活発になる。このとき，南アメリカ近海では，西部熱帯太平洋に運ばれた暖水を補うように，深層から冷たい水が湧き上がってくる。**図6-2**の海面水温の分布には，ここで述べたような，海洋循環の特徴が反映されている。

（2） エルニーニョ現象と南方振動

一方，何らかの原因で貿易風が弱くなると，**図6-4**下図（エルニーニョの年）のような状態になる。この時，平年だとインドネシア近海に吹き寄せられる暖水塊が，エルニーニョの年には東方へ広がる。このように，中部～東部熱帯太平洋で海水の温度が高い状態が半年～1年半ぐらい続くことが，数年に一度起こる。これをエルニーニョ現象という（**図6-5**）。この図に見られるように，エルニー

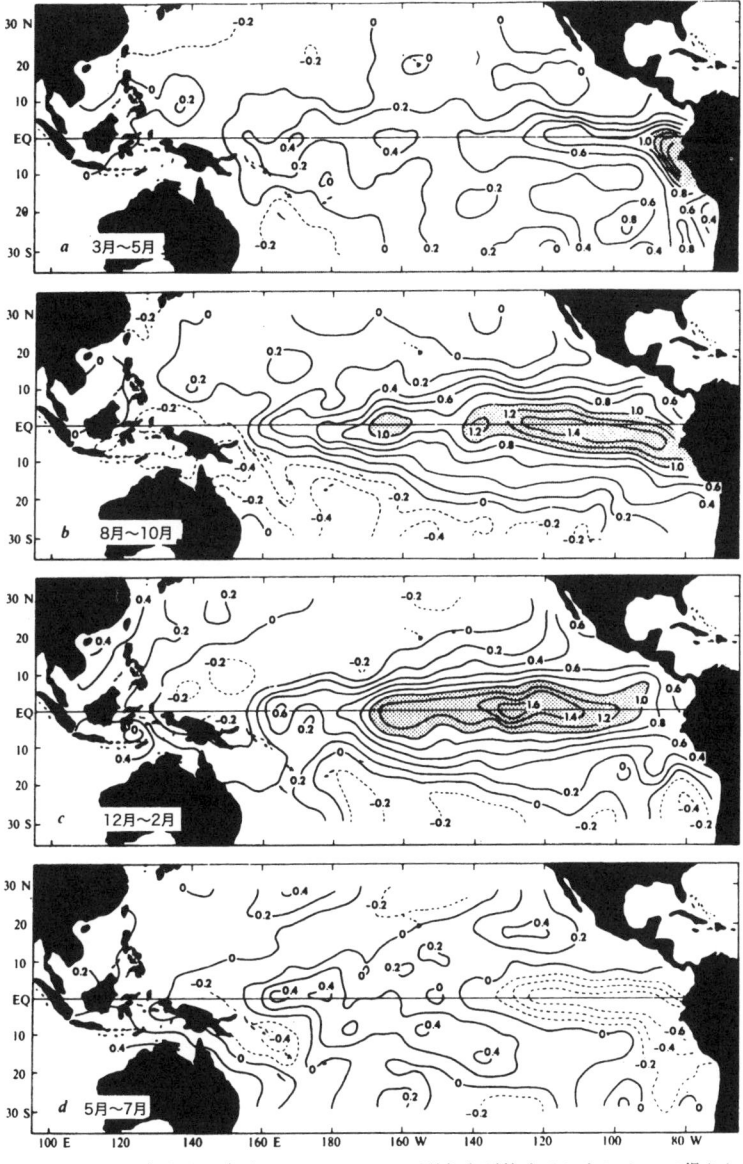

図 6-5 1950年から73年までのエルニーニョ現象を平均することによって得られた，エルニーニョ現象における典型的な海面水温偏差分布(単位：℃)

注：上から，(a)高温期間の開始後の3～5月の値，(b)8～10月の値，(c)さらにその後の12～2月の値，(d)開始から1年以上経った減衰期である5～7月の値が示されている。

資料：バローズ，W.J. 著・松野太郎監訳・大淵済・谷本陽一・向川均訳 (2003)『気候変動　多角的視点から』シュプリンガー・フェアラーク東京の図3.16（原図は Burroughs, 1994）。

ニョ現象は北半球の春から秋にかけて発達していき，冬に最盛期を迎える。

エルニーニョ現象と似て非なる用語に，「現象」のつかないエルニーニョがある。鈴木 (1975) によると，毎年12月頃になると降水域が南下し（図5-5，図5-6），北半球の夏には降水の見られないペルー最北部のグワヤキル湾でも降水が生じるようになる。この時，川の水が増水し，湾の南部に沿って塩分の少ない小暖流が発達する。この海流には暖流系の魚が豊富なので，これをクリスマスの贈り物と見て，エルニーニョ海流と呼んだ。エルニーニョとは，スペイン語で子供，すなわち「幼子キリスト」のことである。

このエルニーニョは小規模なものであり，通常は雨季の終了とともに解消する。しかしながら，上述したように数年に一度，この海域の海水温が上昇し続けることがある。これがエルニーニョ現象である。エルニーニョ現象が起こると，中部～東部熱帯太平洋で対流活動が活発になり降水が生じる（図6-4）。この地域で対流活動が活発になるということは，熱帯太平洋における対流活動の中心が東にずれ，図6-3で示したような大気の運動も東にずれるということである。すなわち，バランスの崩れた状態が全世界に伝わることになり，各地で異常気象が起こることになる（図6-6）。例えば，インドネシアやオーストラリアでは少雨となり干ばつや森林火災が発生することがある。図6-6では言及されていないが，最近では日本でも，冷夏，暖冬，梅雨明けの遅れなどが生じることが指摘されている。

エルニーニョ現象は海洋で生じる水温異常であるが，エルニーニョ現象発生時には，中部～東部熱帯太平洋で対流活動が活発になるわけであるから，この地域の気圧は相対的に低くなる（図6-4）。このとき，西部熱帯太平洋では対流活動が不活発になるわけであるから，この地域の気圧は相対的に高くなる。このように，中部～東部熱帯太平洋と西部熱帯太平洋とでは，海面気圧に負の相関関係が見られ（図6-7），気圧が振動しているように見えるので，これを南方振動 (Southern Oscillation) と言う。そして，エルニーニョ現象と南方振動は独立に起こるのではなく，大気と海洋が相互作用して起こる現象であることから，これらをまとめて ENSO（エンソ, El Niño–Southern Oscillation）という。

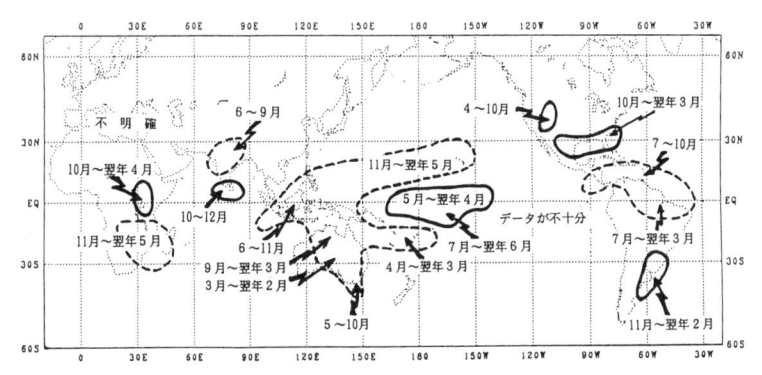

図6-6 エルニーニョ現象にともなって降水量の変化が顕著に現れる地域

注:実線は多雨,破線は少雨を表し,期間はエルニーニョ現象が発生した年を基準にしている。

資料:気象庁(1994)『近年における世界の異常気象と気候変動——その実態と見通し(V)』大蔵省印刷局の図Ⅱ-5 (原図はRopelewski and Halpert, 1987)。

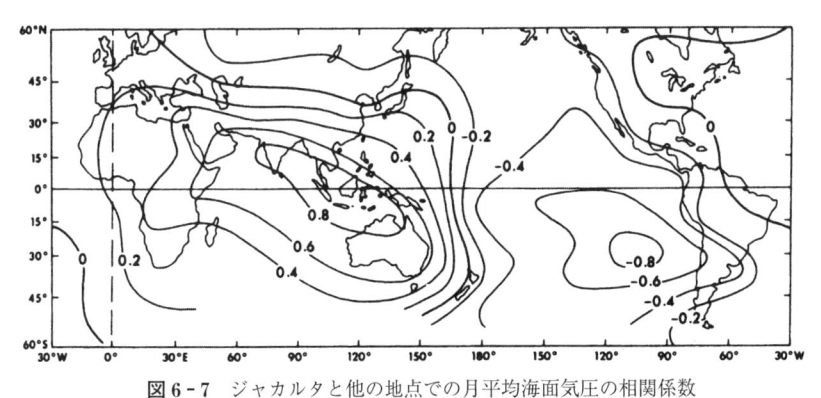

図6-7 ジャカルタと他の地点での月平均海面気圧の相関係数

資料:バローズ,W.J.著・松野太郎監訳・大淵済・谷本陽一・向川均訳(2003)『気候変動 多角的視点から』シュプリンガー・フェアラーク東京の図3.15 (原図はBurroughs, 1994)。

(3) エルニーニョ現象,ユーラシア大陸の積雪とインドの南西モンスーンとの関係

前項で,エルニーニョ現象が起こると世界各地で異常気象が起こりうることを説明したが(図6-6),それらの中にインドの南西モンスーンがある。南西モンスーンとわざわざ断るのは,図4-13に示したように,北半球の夏と冬とでは,インド付近を吹走する風向が逆転するからである。以下では,特に断らない限り,

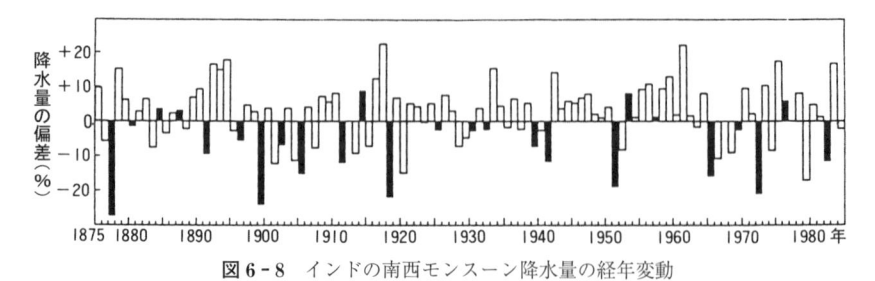

図6-8 インドの南西モンスーン降水量の経年変動

注：(1)平年からの偏差で示す。
　　(2)黒で示したのはエルニーニョ現象が起こっている年である。
資料：Mooley and Shukla, 1987: *Mon, Wea. Rev.*, 115, 695-703. より。

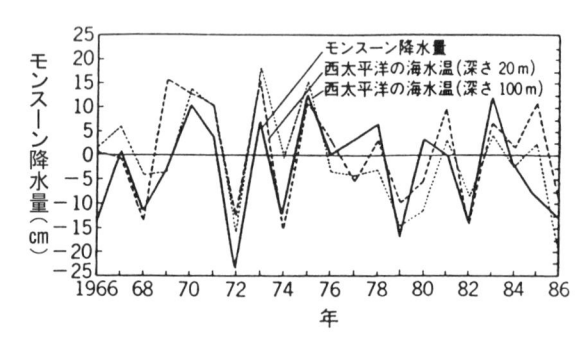

図6-9 インドの南西モンスーン降水量（左軸）と，翌年
　　　1月の西部熱帯太平洋における深さ20mと100mの
　　　海水温の経年変動（右軸）

注：(1)海水温は東経137°，北緯2°～10°の範囲の平均値。
　　(2)海水温の単位は深さ20mと100mで異なるが，図の上側ほど平均より温度が高くなるようにとってある。
資料：安成哲三（1995）「湿潤熱帯における降雨変動の特性」田村俊和・島田周平・門村浩・海津正倫編『湿潤熱帯環境』朝倉書店の図1.10（原図は Yasunari, 1990）。

インドの南西モンスーンのことをインドモンスーンと記述する。
　エルニーニョ現象が起こる時，インドモンスーン降水量（6～9月の積算降水量）は少なくなる傾向がある（**図6-6，図6-8**）。これは，前項で見たように，中部～東部熱帯太平洋で対流活動が活発になることが，熱帯の東西循環を通じてインドモンスーンにも影響を与えるためである。その一方，インドモンスーン降水量と西太平洋の海水温との間にも正の相関関係がある。**図6-9**は，インドモンスーン降水量の偏差と，インドモンスーンの直後の冬における西太平洋の海水

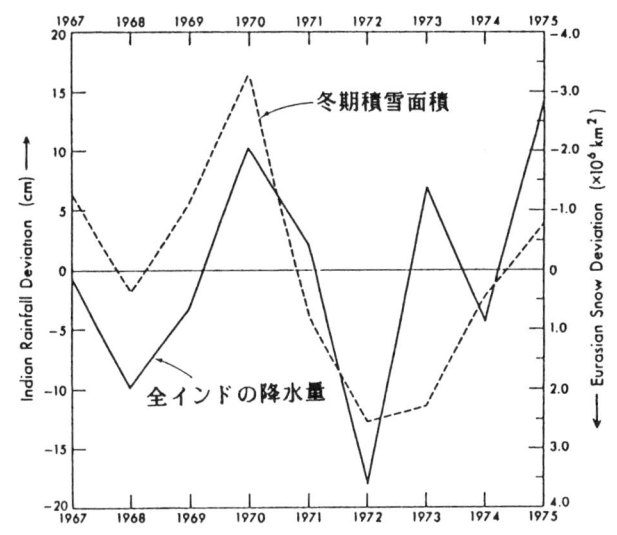

図 6-10 北緯52°以南のユーラシア大陸の冬季積雪面積偏差と半年後のインドの南西モンスーン降水量偏差との関係

注：降水量の目盛は図の上側ほど平均より多くなるように，積雪面積の目盛は図の下側ほど平均より多くなるように，それぞれとってある。

資料：近藤純正編著（1994）『水環境の気象学——地表面の水収支・熱収支』朝倉書店の図1.5（原図は Hahn and Shukla, 1976）。

温の偏差との関係を示したものである。この図より，インドモンスーン降水量が多い年の直後の冬の海水温は高く，少ない年の直後の冬の海水温は低いことが分かる。インドモンスーンが先，海水温が後という両者の前後関係より，インドモンスーン自体がエルニーニョ現象のシグナルを作り出しているとも言える。

さらに，インドモンスーンは，ユーラシア大陸の積雪とも関係している。図6-10は，北緯52°以南のユーラシア大陸の積雪面積と，引き続くインドモンスーン降水量との関係を示したものである。この図より，ユーラシア大陸で積雪面積が広い年には，その夏のインドモンスーン降水量が少なくなることが分かる。逆に，積雪面積が狭い年にはインドモンスーン降水量は多くなる。これは，(1)雪は白いため，雪があると太陽放射を反射して大気が暖まりにくいという効果と，(2)雪が多いと融雪水が土壌に浸透するため，積雪が見られなくなった後でも顕熱と潜熱（図4-2）の割合が変わることで大気が暖まりにくいという，2つの効果によって説明できる。

積雪がなくなると(1)の効果は見られなくなるが，積雪がなくなった後でも(2)の

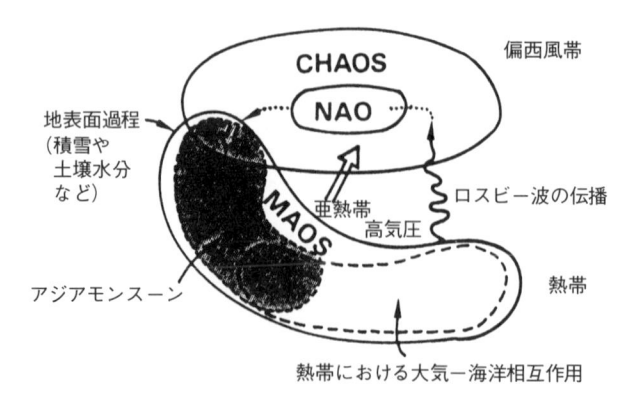

図6-11 MAOS (Monsoon and the Coupled Atmosphere /Ocean System) とカオス的な中緯度偏西風帯との相互作用を示す概念図

注：ロスビー波とは，大陸と海洋の温度差や，地形の高度差などによって大気中に生じる波のことである。

資料：Yasunari, T. and Seki, Y. (1992), "Role of the Asian Monsoon on the Interannual Variability of the Global Climate System", *Journal of the Meteorological Society of Japan*, Vol. 70, No. 1 の Fig.16. 一部修正。

効果は継続する。すなわち，ユーラシア大陸の積雪面積が広い年は融雪水が多く，土壌水分量が多いために，春から夏にかけて潜熱の方が顕熱よりも多くなる。このため，大気が暖まりにくく，インド洋とユーラシア大陸の温度差によって駆動されるインドモンスーンが弱くなる。その結果，インドモンスーン降水量も少なくなるというものである。

このように，インドモンスーンを軸にした大気―海洋―陸面状態がグローバルな気候に影響を与えていることを，Yasunari and Seki（1992）は MAOS（マオス：Monsoon and the Coupled Atmosphere /Ocean System）と呼んだ（図6-11）。図6-11では，熱帯の影響は大気の運動を通じて中緯度に伝播する。中緯度に見られる NAO（エヌエーオー）とは North Atlantic Oscillation の略であり，北大西洋における低緯度と高緯度の気圧の関係を示したものである。この NAO の経年変化は ENSO の経年変化とは無関係であり，図6-11ではそのことが Chaos（カオス：混沌，無秩序のこと）として表現されている。そして，中緯度から低緯度への影響は，積雪や土壌水分を通じた陸面過程として伝播される。

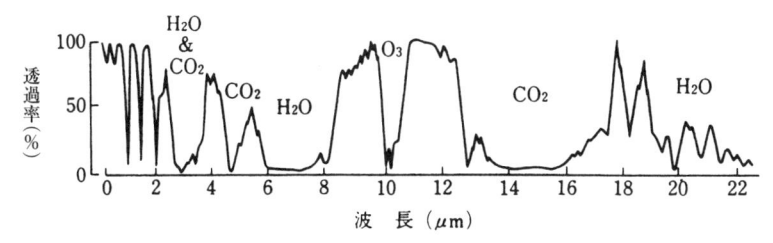

図 6 - 12　大気の分光透過特性

資料：日本リモートセンシング研究会編（2004）『改訂版 図解リモートセンシング』日本測量
　　　協会の図 1.11.1（原図は Estes and Senger, 1974）．

このように，MAOS は気候システムそのものの一例であると言える。

3　地球温暖化

（1）　温室効果ガスとしての二酸化炭素

　地球温暖化とは，二酸化炭素，フロン，メタン，一酸化二窒素などの温室効果ガスが，人間によって大気中に放出されることによって長波放射収支が変化し，地球表面の気温が上昇する現象のことを言う。温室効果ガス自体は重要な存在であり，これらがないと地球の年平均気温が約15℃にならないことは 4 章で見た通りである。

　温室効果ガスのうち，ここでは二酸化炭素だけを考えることにする。二酸化炭素に注目する理由として，地球放射は$15\mu m$付近にピークを持つこと（図 4 - 4），二酸化炭素は$15\mu m$付近の温室効果が顕著であること（図 6 - 12），および温室効果ガスの中で二酸化炭素が量的にも多いことによる。

　図 6 - 12 は，大気の分光透過特性を示したものである。分光透過特性とは，太陽放射や地球放射を，大気がどの程度透過するかを波長別に示したものである。同時に**図 6 - 12** では，透過率が非常に低い波長帯に関しては，吸収体となる物質名も示されている。この図より，$8 \sim 13\mu m$付近には地球放射の透過率が非常に高い波長帯があることが分かる（$10\mu m$付近に見られる O_3 （オゾン）の吸収帯を除く）。この波長帯は「大気の窓」と呼ばれ，人工衛星などによる地球放射の観測に広く利用されている。

　図 6 - 12 からは，波長$0.5\mu m$にピークを持つ太陽放射（**図 4 - 4**）に対する大気の透過率はおおむね高いことが分かる。すなわち，大気は太陽放射に対しては透

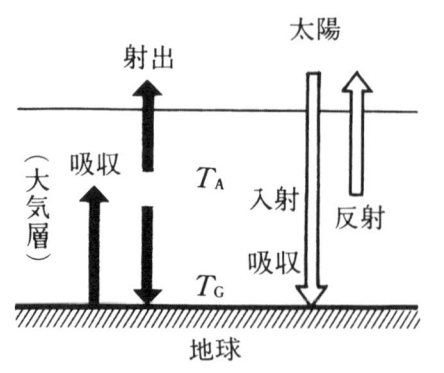

図6-13 大気が赤外放射を吸収・射出することにより生じる「温室効果」の模式図

注：白線が太陽放射、黒線が地球放射を表す。
資料：廣田勇（1992）『グローバル気象学』東京大学出版会の図2-5。

明であり、太陽放射のかなりの部分が地表面で吸収されると言える（「かなり」と言っても、大気上端における太陽放射の50％程度である。**図4-2**）。一方、太陽放射を吸収した地表面は地球放射を出す（**図4-4**）。地球放射は波長15μm付近にピークを持ち、この波長帯は二酸化炭素による吸収が顕著な波長帯に相当している（**図6-12**）。つまり、大気中の二酸化炭素は地球放射をよく吸収して再放射する。放射は上方にも下方にもおよび、その結果地表面と下層大気が暖められる（**図6-13**）。これが温室効果である。人間活動によって二酸化炭素を含む温室効果ガスが大気中に排出されると、温室効果が加速度的に進行することになる。

（2）　二酸化炭素倍増時の気候

　図6-14は、ハワイ島で観測された二酸化炭素濃度の経年変化と全球の年平均気温偏差を示したものである。短周期の変動がより顕著な方が全球の年平均気温偏差である。**図6-14**には見られないが、植物、特に陸地の面積が広い北半球の植物の光合成の影響で、一年周期の変化を繰り返しながら大気中の二酸化炭素濃度は上昇している。産業革命前には280ppm（ppm：100万分の1）程度であった二酸化炭素濃度は21世紀初頭には380ppmに迫ろうという状態である。

　今後、二酸化炭素濃度が継続的に上昇していき、現在のほぼ2倍の濃度になる日がくると予想される。しかしながら、そのような時の気候がどのようになるのか、観測データから明らかにすることはできない（過去の地質時代には、二酸化炭素濃度が現在よりも高かった時代があったことも知られているので、そのような時代の地質学的証拠から当時の気候を推定することは可能であるが）。そこで行われるのが、計算機上で動く大気大循環モデルを用いて二酸化炭素濃度が現在の2倍になった時の気候を調べる数値実験である。大気大循環モデルとは、日々の天気予報に用い

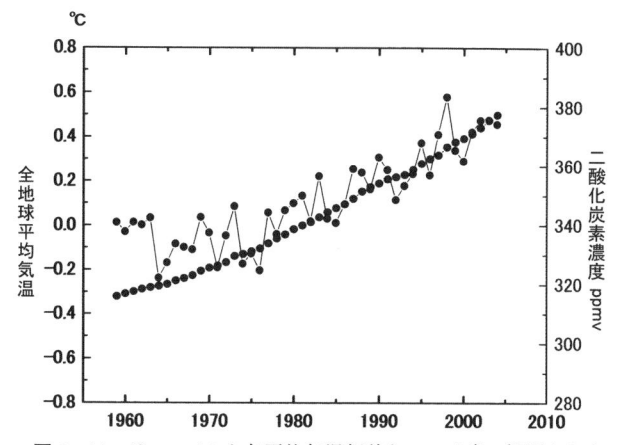

図6-14 グローバルな年平均気温偏差とハワイ島で観測された大気中の二酸化炭素濃度の経年変動

注：短周期の変動が顕著な方が年平均気温偏差である。
資料：三上岳彦（2006）「文書記録と観測データから読みとる気候変動」野上道男編『環境理学』古今書院の131頁の図8。

られるコンピュータプログラムを，気候研究用に改良したものである。

図6-15は，二酸化炭素濃度が現在の2倍になった時の地球の気温を現在との気温差として示したものである。(a)〜(c)は，それぞれ世界各国の異なる研究機関による異なるモデルを用いた計算結果であるが，いずれも高緯度で昇温が著しいこと，特に北半球高緯度で気温の上昇量が大きいことが共通して示されている。場所によっては，現在より10℃以上の気温上昇が予想されていることも図6-15から読み取れる。

このような，北極域での著しい昇温は，この地域の生態系にも影響を与える。実際，北極海では流氷の融解が生じ，ホッキョクグマ（白クマ）の移動やえさの捕獲が困難になることが予想されている。そのため，アメリカ合衆国では2008年に，アラスカ州のホッキョクグマが絶滅危惧種保護法の対象種に指定された。また2007年の夏季に北極海の海氷が著しく減少していることも，航空機から撮影された写真に基づいてビジュアルに報告されている（猪上・小林，2008）。

このように，二酸化炭素濃度が現在の2倍になった時の気温については世界各国の実験でほぼ共通した結果が得られているが（図6-15），降水量に関しては研究機関による違いが大きい（図6-16）。地球温暖化が進行すると，蒸発量が増加

120 第Ⅱ部 気候学

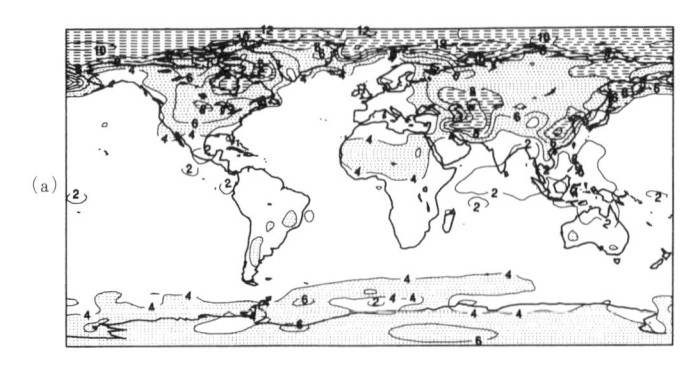

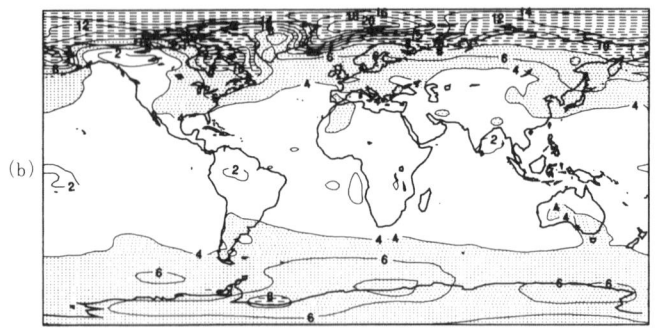

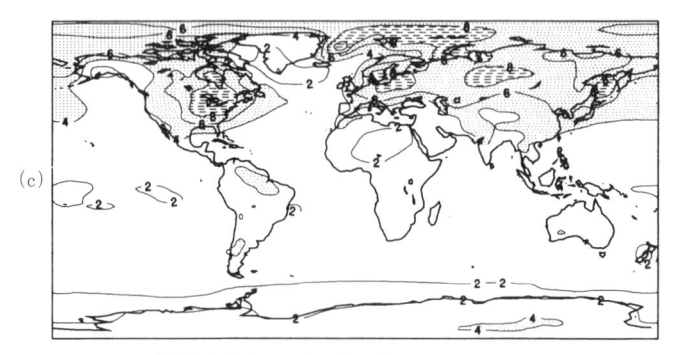

(a)

(b)

(c)

図 6-15 二酸化炭素濃度が現在の約 2 倍になった時の温暖化の予測
注：3つのモデルによる地表気温の上昇量の計算結果（単位：℃）(a)カナダ気候セ
ンターのモデル，(b)アメリカ地球流体研究所の高分解能モデル，(c)イギリス気
象局の高分解能モデル。
資料：住明正（1993）『地球の気候はどう決まるか？』岩波書店の図27（原図は
Houghton et al., 1990）。

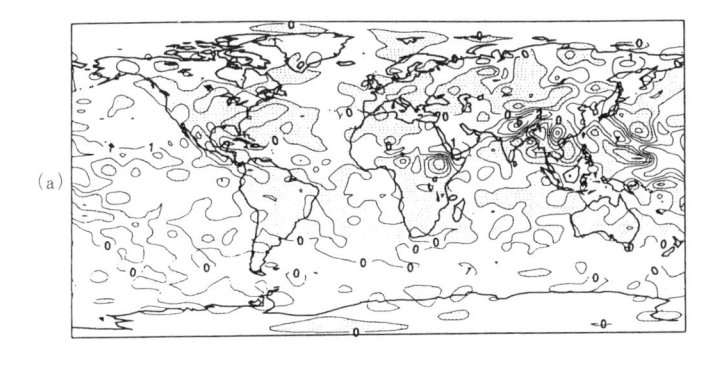

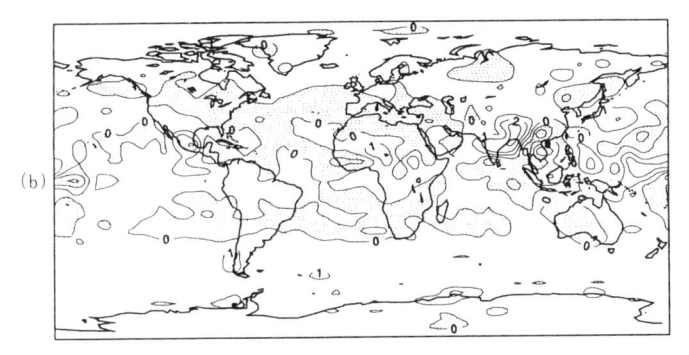

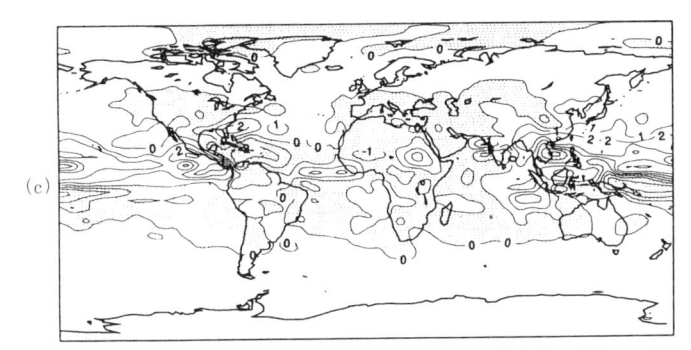

図 6-16 二酸化炭素が現在の約 2 倍になった時の降水量の変化の予測
（単位：mm/day）

注：**図 6-15** と同じ 3 つのモデルによる計算結果。影をつけた部分は、降水量が減少すると予想される地域である。

資料：住明正（1993）『地球の気候はどう決まるか？』岩波書店の図28（原図はHoughton et al., 1990）。

し，大気中の水蒸気量も増える（図5-2）。その結果，降水量も増加することが期待されるが，その分布は研究機関によって様々であり，統一的な特徴は見出されていない（図6-16）。このように，二酸化炭素濃度が現在の2倍になった時の水循環については今なお不確実な部分があり，世界中の研究者によって，観測研究・モデル研究を通じた不断の努力がなされている。

4　ヒートアイランド

　人間が気候に影響を与える別の例として，ヒートアイランドがある。ヒートアイランドとは，アスファルトなどの地表面被覆や人工排熱などの影響によって郊外よりも都心の方が高温になる現象のことである（図6-17）。都心部に高温の等値線が引かれ「熱の島」に見えることから名づけられたこの現象は，冬の日の最低気温に顕著に現れる（図6-17a）。また，大都市ほど（人口が多いほど）ヒートアイランド現象が顕著であることが知られており（図6-18），日本の場合，人口30万人を境に人口とヒートアイランド強度（都市の中心部と郊外との最大気温差）との回帰直線が異なることが指摘されている（福岡，1983）。

　図6-19は，1901〜2000年における東京都心部（大手町）の日最高気温・日平均気温・日最低気温の年平均値を示したものである（三上，2006）。この図より，日最低気温の方が日最高気温よりも気温の上昇率が大きいことが分かる。これは，太陽放射のある日中よりも太陽放射のない夜間の方が，人工排熱の影響がより顕著に現れることを示している。日最低気温は夜間に生じることが多いため，ヒートアイランドの影響は日最低気温に，より顕著に現れていると言える。

　東京の気温は地球温暖化と都市化の影響で，20世紀の100年間で約3℃上昇している（図6-19）。全球平均した気温の上昇率は約0.6℃／100年であり，また，世界の他の大都市（ニューヨーク，パリ，ロンドンなど）と比較しても東京の気温上昇は顕著である（三上，2006）。なお，日最低気温や日平均気温の上昇率には及ばないが，日最高気温も1.7℃／100年と上昇しており，最近では日最高気温35℃以上の日を「猛暑日」と呼ぶようになった。

　ヒートアイランドを引き起こすものとして，人工排熱以外に挙げられている要因には以下のようなものがある。1つ目は，都市の建築物の構造である。高層建造物などは凹凸が多いため，建物間で日射が多重散乱を起こし，結果的に日射が

図 6-17 東京における晴天時の気温分布（単位：℃）

注：(a) 2月の午前7時。(b) 8月の午前5時。
　　灰色部分は都市部を示す。
資料：山添謙（2008）「都市気候」高橋日出男・小泉武栄編『自然
　　地理学概論』朝倉書店の図5.2。

吸収されやすくなっている。さらに，凹凸の多い都市の建築物の構造によって空が見えにくくなり，その結果排熱が逃げにくくなっている。2つ目は都市を構成する物質である。ビルの壁などが日中に熱を吸収して夜間の気温を上昇させたり，アスファルトの被覆が気温上昇を加速したりしている。後者については，黒色であるために太陽放射をよく吸収して地表面付近を暖めるとともに，降水が地下に浸透するのを妨げている。そのため，最近では透水性のよい素材や白色の素材などを用いて，ヒートアイランドを緩和しようという努力もなされている。また，

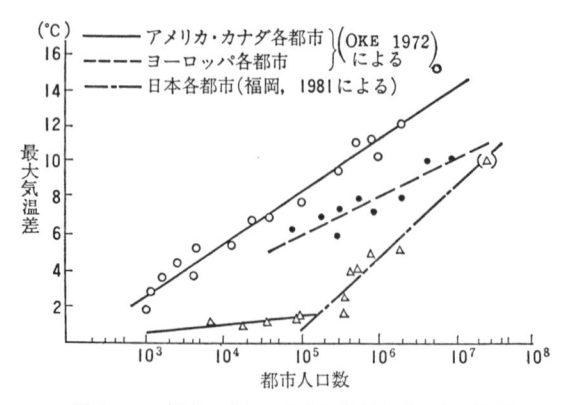

図 6-18 都市の内外の最大気温差と人口との関係

資料：吉野正敏（1986）『新版 小気候』地人書館の図3.23（原図は福岡，1983）。

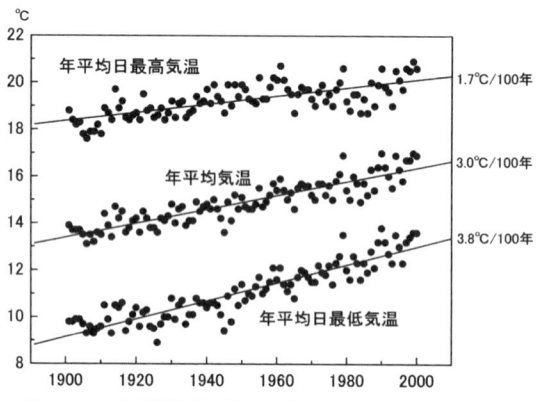

図 6-19 東京都心部（大手町）における日最高気温・日平均気温・日最低気温の年平均値（1901～2000年）

資料：三上岳彦（2006）「文書記録と観測データから読みとる気候変動」野上道男編『環境理学』古今書院の153頁の図28。

裸地面や水域，植生から水が蒸発することによって気温の上昇が抑えられるが（**図4-8**），都市域ではそのような地表面状態が少なくなっていることもヒートアイランドの原因と言える。

このほか，人間活動にともなう大気汚染もヒートアイランドの原因として挙げられている。つまり，大気が汚れることによって地球放射収支が変化し，地表面

から宇宙へ放射されるはずのエネルギーが吸収・再放射されてしまうというものである（図6-13）。都市化の特徴とヒートアイランドの要因については日下（2004）によくまとめられているが，いずれにしろ，ヒートアイランドは，人間活動によって気候が改変され，それが気温の上昇として現れた現象であると言える。

本章のまとめ

① 気候システムとは，大気とそれを取り巻く海洋・雪氷・陸面状態・人間活動などから構成される，地球表面の環境を決めるものである。そして，これらによって規定された大気の平均的な状態が気候であるとも言える。気候システムは，独自の相互作用によって大気に影響を与える。本章では，気候システムによって説明される現象として，エルニーニョ現象，地球温暖化，ヒートアイランドを取り上げた。

② エルニーニョ現象とは，普段だと西部熱帯太平洋にある海面水温が高い海域が中部〜東部熱帯太平洋に移動するために，対流活動が活発な地域も東に移動し，それが原因で全世界的に異常気象を引き起こす現象のことである。エルニーニョ現象に関連して，本文では，インドの南西モンスーンをキーとした気候システム（MAOS, Monsoon and the Coupled Atmosphere/Ocean System）の説明をした。

③ 二酸化炭素などの温室効果ガスが排出されることによって，地球温暖化が進行中である。二酸化炭素濃度が倍増した時の気候が大気大循環モデルを用いて研究されており，北半球高緯度で昇温が著しいことが，世界の複数の研究機関の実験結果に共通して見られている。気温の上昇にともなって水循環は活発になると予想されているが，地球温暖化時の降水分布の予測は，研究機関によって異なっている。

④ 人工排熱によって，都市部が周囲よりも高温になる現象をヒートアイランドと言う。ヒートアイランドは，冬の最低気温に最も顕著に現れる。ヒートアイランドを引き起こす要因として，都市の建築物の構造，都市を構成する物質，地表面状態の改変，大気汚染などが挙げられる。

本書では紙面の都合もあり，大陸の東岸と西岸の気候の違いや世界各地の気候の詳細な特徴，海流が大気に及ぼす影響，あるいは気候区分や過去の気候などについて言及できなかった。そもそも，気候学だけで一冊の本が書け，半期から通年にかけての授業ができてしまうほどの学問である。本書をここまで読んで気候学に興味を持ってくれた読者の皆さんは，4～6章で挙げた参考文献や，巻末で紹介した文献のうち気候学の教科書を探しだして，ぜひ勉強していただきたいと思う。

■　■　■

● 参考文献

猪上淳・小林宏之（2008）「2007年の夏季海氷減少の実態について――貨物機から見た北極圏」『天気』第55巻第6号。

小倉義光（1999）『一般気象学　第2版』東京大学出版会。

気象庁（1989）『異常気象レポート'89』大蔵省印刷局。

気象庁（1994）『近年における世界の異常気象と気候変動――その実態と見通し(V)』大蔵省印刷局。

日下博幸（2004）「都市の気象」堀口郁夫・小林哲夫・塚本修・大槻恭一編『局地気象学』森北出版。

近藤純正編著（1994）『水環境の気象学――地表面の水収支・熱収支』朝倉書店。

鈴木秀夫（1975）『風土の構造』大明堂。

住明正（1993）『地球の気候はどう決まるか？』岩波書店。

竹内清秀（1997）『風の気象学』東京大学出版会。

時岡達志・山岬正紀・佐藤信夫（1993）『気象の数値シミュレーション』東京大学出版会。

日本リモートセンシング研究会編（2004）『改訂版　図解リモートセンシング』日本測量協会。

バローズ，W. J.（2003）『気候変動　多角的視点から』松野太郎監訳・大淵済・谷本陽一・向川均訳，シュプリンガー・フェアラーク東京。

廣田勇（1992）『グローバル気象学』東京大学出版会。

福岡義隆（1983）「都市の規模とヒートアイランド」『地理』第28巻第12号。

三上岳彦（2006）「文書記録と観測データから読みとる気候変動」野上道男編『環境理学』古今書院。

安成哲三（1995）「湿潤熱帯における降雨変動の特性」田村俊和・島田周平・門村浩・海津正倫編『湿潤熱帯環境』朝倉書店．

山添謙（2008）「都市気候」高橋日出男・小泉武栄編『自然地理学概論』朝倉書店．

吉野正敏（1986）『新版 小気候』地人書館．

Burroughs, W. J. (1994), *Weather Cycles: Real or Imaginary?* Cambridge: Cambridge University Press.

Estes, J. E. and Senger, L. W. (1974), *Remote Sensing: Techniques for Environmental Analysis,* Santa Barbara: Hamilton.

Hahn, D. G. and Shukla, J. (1976), "An Apparent Relationship between Eurasian Snow Cover and Indian Monsoon Rainfall", *Journal of the Atmospheric Sciences,* Vol. 33, No. 12.

Houghton, J. T., Jenkins, G. J. and Ephraums, J. J. (1990), *Climate Change: The IPCC Scientific Assessment,* Cambridge: Cambridge University Press.

Mooley, D. A. and Shukla, J. (1987), "Variability and Forecasting of the Summer Monsoon Rainfall over India", in Chang, C. P. and Krishnamurti, T. N., eds., *Monsoon Meteorology,* Oxford: Oxford University Press.

Nitta, Ts. (1987), "Convective Activities in the Tropical Western Pacific and Their Impact on the Northern Hemisphere Summer Circulation", *Journal of the Meteorological Society of Japan,* Vol. 65, No. 3.

Ropelewski, C. F. and Halpert, M. S. (1987), "Global and Regional Scale Precipitation Patterns Associated with the El Niño/Southern Oscillation", *Monthly Weather Review,* Vol. 115, No. 8.

Yasunari, T. (1990), "Impact of Indian Monsoon on the Coupled Atmosphere/Ocean System in the Tropical Pacific", *Meteorology and Atmospheric Physics,* Vol. 44, Nos. 1-4.

Yasunari, T. and Seki, Y. (1992), "Role of the Asian Monsoon on the Interannual Variability of the Global Climate System", *Journal of the Meteorological Society of Japan,* Vol. 70, No. 1.

第III部

水文学

第7章

水文学の基礎

辻 村 真 貴

　この章を，筆者の個人的な体験から始める。大学2年生の時，筆者は長野県の八ヶ岳周辺で行われた2泊3日の野外実習に参加した。引率教員の一人は，水文学の田中正先生であった。先生は我々学生を八ヶ岳山麓の湧水帯に連れて行き，「ここ（湧水帯）は，地下水面と地形面とが交わっているところである」という説明をされた。この経験は私にとって非常に印象に残り，その後水文学に進むきっかけにもなった。湧水は地下水が流出するところに現れるということに加え，地下水と地表水は連続している，すなわち水循環プロセスを構成する要素なのであるということを実感した貴重な経験であった。

　水は循環している。当たり前のようなことだが，**図7-1**に示すように，降水と水蒸気，湧水と地下水，河川と地下水，湖沼と地下水など，各々異なって見える水もすべて水循環という一連のプロセスを構成する要素であるが，それを実感することはなかなか難しい。本章とこれに続く2章では，この水循環の基礎を解説する。

1　水循環とは何か

（1）　水循環および水文学の定義

　本章で取り上げる水循環とは，地球上において，海水，大気中の水蒸気，雪氷，土壌水，地下水，河川水，湖沼水などの様々な水体が，蒸発・蒸散，凝結，降水，浸透，降下浸透，地下水涵養，流出などの諸プロセスによって連続している有様，または諸プロセスが統合されて構成された一連の循環系のことを言う（**図7-1**）。狭義には，自然の駆動力，主に太陽エネルギーと重力により生ずるものを水循環と言うが，広義には，人間活動にともなう水の移動も水循環に含まれる。この水循環を中心的な概念とする学問が，水文学である。

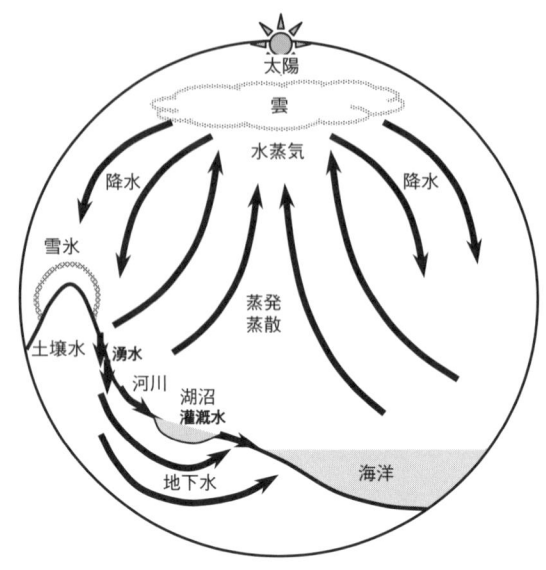

図 7-1　水循環の模式図
資料：筆者作成。

　UNESCO が1964年に発表した水文学の定義では，「水文学は地球上における水のあり方，循環，分布，および水の物理的・化学的特性，そして水と周辺の物理的・生物学的環境との相互関係を，さらにまた，人間活動に対する水の応答を扱う学問である」とされている。この定義は，総花的ではあるが，自然科学的な視点による水循環だけでなく，人間活動と水循環の関係までを含めている点で卓見であると言える。水文学とは狭義に見れば，海水，大気中の水蒸気，雪氷，土壌水，地下水，河川水，湖沼水などの様々な水体と，これら水体をつなぐ蒸発・蒸散，凝結，降水，浸透，降下浸透，地下水涵養，流出などの諸プロセスに関し，水体の貯留量，諸プロセスの移動量やそれにともなう物質輸送量などの時間的変化，空間的分布を定量的に明らかにする学問であると定義することができる。榧根（1980）はさらに広義には，水資源の開発，水の適正な利用，水と環境との関係，水環境の管理など，水文学は，人間と水との関わり合いに関する研究を含む総合科学と定義されると述べている。
　著者も榧根の見解に全く異議はないが，2000年代になり広義の水文学研究の重要性が広く認識され，それを目的とした研究が多く行われていることを指摘して

おく。その証左の1つとして，2001年度から独立行政法人科学技術振興機構の戦略的創造研究推進事業（通称CREST）の中に，地球スケールあるいは地域スケールにおいて，大気・陸域・海域における水循環の諸プロセスを明らかにし，水循環モデルの構築を目指すとともに，社会における持続可能で効率的な水利用システムの創生を目的とした研究領域「水の循環系モデリングと利用システム」が立ち上げられた。そして，この研究領域では，2008年度までに17件の研究プロジェクトが実施され我が国の水文学研究を牽引しており，このうち7件が人間活動と水循環・水資源の関係を主要課題として扱ったものであることが挙げられる。

（2） 水循環と水収支

4章で述べられているように，地球の大気上限に到達する平均太陽放射量は，太陽定数の25％，約340 W/m²である。この太陽定数の平均値を100とすると，地表面での正味放射量は30となり，この正味放射量が顕熱7と潜熱23に配分される。水の蒸発に使われる潜熱23は年間で$2.47×10^9$J/m²/y であり，これは1,000mm/yに相当する。すなわち，この値が地球上の年平均蒸発量である（田中，2007）。また，上記の潜熱に大気を暖める熱量である顕熱を加えると，$3.22×10^9$J/m²/y となる。この熱量が，地球の水循環を駆動するエネルギーである。

さて，ある水文システムにおいて，水の出入りがある場合を考えると，そのシステムにおける水収支は，以下のように表される。

$$I(t)-O(t)=\frac{dS}{dt} \tag{7.1}$$

ここで，Iは流入量，Oは流出量，Sは貯留量，tは時間である（図7-2）。これは金銭収支と全く同じで，上記の各項目を収入，支出，貯蓄と考えるとわかりやすい。いま，流入量と流出量が同じである一定時間を仮定し，その間の流出量をQとすると，右辺はゼロになり，ある水文システムにおける水の平均入れ替え時間Tは，

$$T=\frac{S}{Q} \tag{7.2}$$

と表される。Tは，滞留時間とも呼ばれ，水文システムの特徴を示す重要な要

134　第Ⅲ部　水文学

```
流入量: I  →  [水文システム S]  →  流出量: O
```

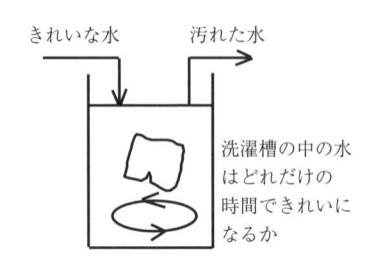

きれいな水 ↓　　↑ 汚れた水

洗濯槽の中の水はどれだけの時間できれいになるか

図7-2　水文システムの模式図
資料：筆者作成。

素である。新しい水が，羊羹を押し出すように，古い水と相互に全く混合することなく注入されるような水文システムを，ピストン流（押し出し流）システムという。仮に，貯留量が1000mmの池について，1年間当たり正味で500mmの流入・流出量がある場合，この池の平均滞留時間は2年である。一方，新たに加わった水が，瞬時に他の水と混合するような水文システムを，完全混合システムという。これは，洗濯のすすぎを考えると分かりやすい（図7-2）。入れ替え時間，あるいは滞留時間を求めることは，洗濯槽の中にある汚れた水が，どのぐらいの時間できれいになるかということを考えるということに相当するのである。

　表7-1に，地球上の各水体のシステムにおける，貯留量と平均滞留時間Tを示した。水体により，Tの値が大きく異なることが分かるだろう。大気中の水蒸気が8日程度であるのに対し，地下水，海洋水，雪氷のそれは1000年オーダーである。この値は，あくまでも平均的なものなので，場所や時間によって大きく異なる場合があることに注意してほしい。特に地下水は，数年程度のものから10000年オーダーのものまで，非常に時空間変動が大きい。

　「水の滞留時間はどうして重要なのか」という質問を受けることがある。その場合，「何ごとも年齢の情報は人や物の性質を説明する上で，最も重要なものでしょう」ということと，「地下水は一度汚したら，浄化するのに何十年，何千年という年月がかかるのですよ」と答えることにしている。

（3） 流域とは何か

流域は，水文学にとって最も重要な地形単位である。**図7-3**に示すように，出口を起点とし，上流側に地形上の尾根線を辿って囲んだ範囲が，流域である。流域の境界線を流域界，分水界などと呼ぶ。流域界の内側にもたらされた降水は，蒸発散で大気中に戻されるもの以外は，最終的に河川を経て流域から流出する。すなわち，流域を単位として考えれば，水収支は閉じるのである。流域の水収支は，以下のように表される。

表7-1 各種水体の平均滞留時間

貯水体	平均滞留時間
海洋	2500年
氷雪	1600〜9700年
永久凍土層中の氷	10000年
地下水	1400年
土壌水	1年
湖沼水	17年
湿地の水	5年
河川水	16日
大気中の水	8日

資料：Shiklomanov, I.A. ed. (1997), *Comprehensive Assessment of the Freshwater Resources of the World*, Geneva: World Meteorological Organization. に基づいて筆者作成。

$$P = ET + Q + \frac{dS}{dt} \qquad (7.3)$$

ここでPは降水量，ETは蒸発散量（7章2節(1)参照），Qは流出量，dS/dtは貯留量変化である。すなわち流域への唯一の入力である降水は，蒸発散，流出，そして流域の貯留量変化に配分される。貯留量変化を無視できるような期間，例えば1年間を考えると，右辺第3項を消去できるので，式(7.3)はより簡単になる。

しかし，常に流域の水収支が閉じるとは限らない。**図7-4**は，地形上の流域と地質学的な流域が一致しない場合を模式的に示したものである。この図は，堆積構造が右に傾いている地質条件で，左側の流域Aにもたらされた降水が，堆積岩を流動して右側の流域Bで流出する状況を示している。この場合，式(7.3)は成り立たない。石灰岩からなる流域では，溶食が卓越するため，地形上の流域界を越えた地下水の流動が卓越することが知られている（井倉，1996）。

（4） 水の分布

図7-5に，地球上の水の貯留量とその輸送量を，模式的に示した。大気中の水蒸気量は，わずか12.9×10³km³にすぎず（地球の表面積で割って平均値を求めると約25mm），ここに掲げた各種水体の内で最も少ないが，海洋との輸送量にあたる降水量と蒸発量は，458.0×10³km³/yおよび502.8×10³km³/yと，地球の水循環システムの中で最も大きい。このため，先に記したように，大気中の水蒸気の滞

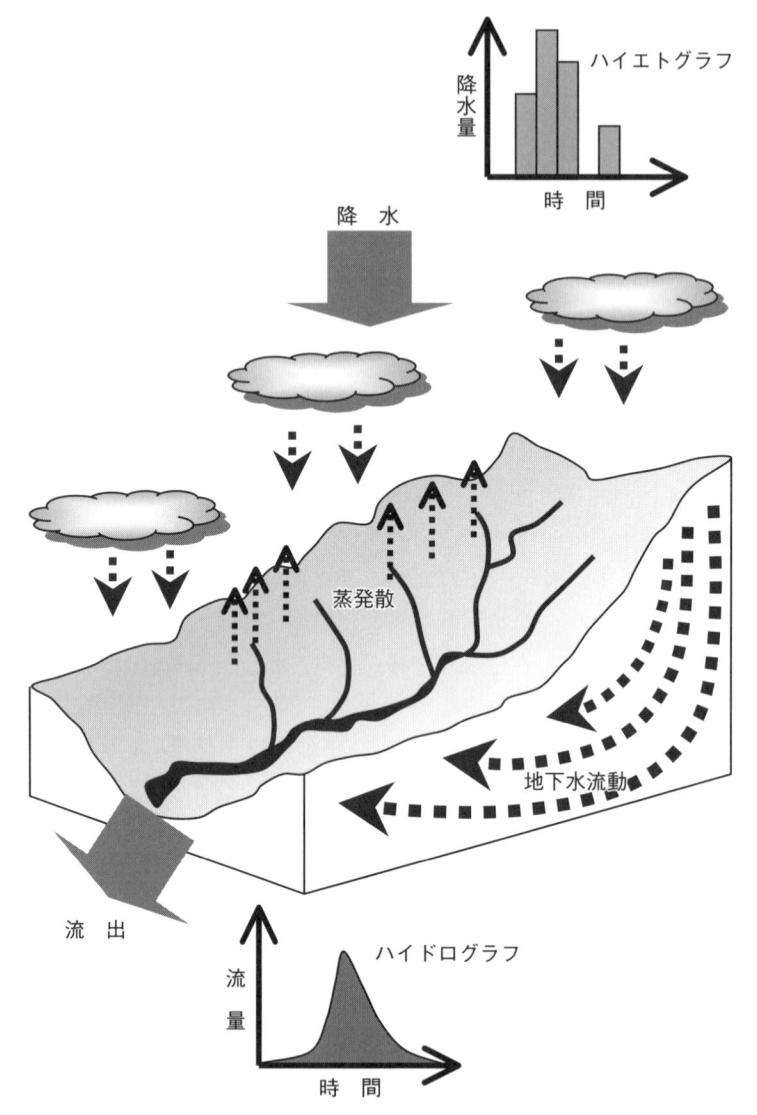

図 7-3 流域およびその中で生起する水循環，降雨流出プロセスを示す模式図
資料：筆者作成。

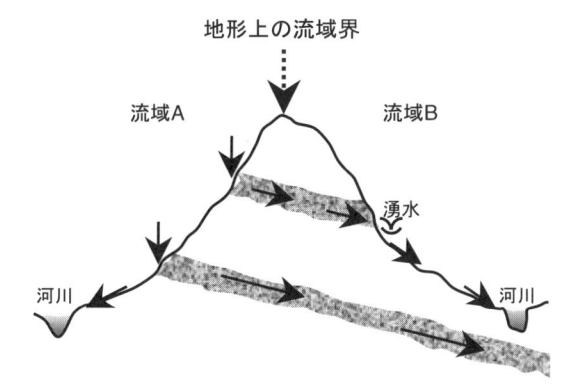

図7-4 地形的な流域界と地質的な流域界の違い

注:両者が一致するとは限らない。
資料:Hewlett, J.D. (1982), *Principles of Forest Hydrology*, Athens: The University of Georgia Press. をもとに筆者作成。

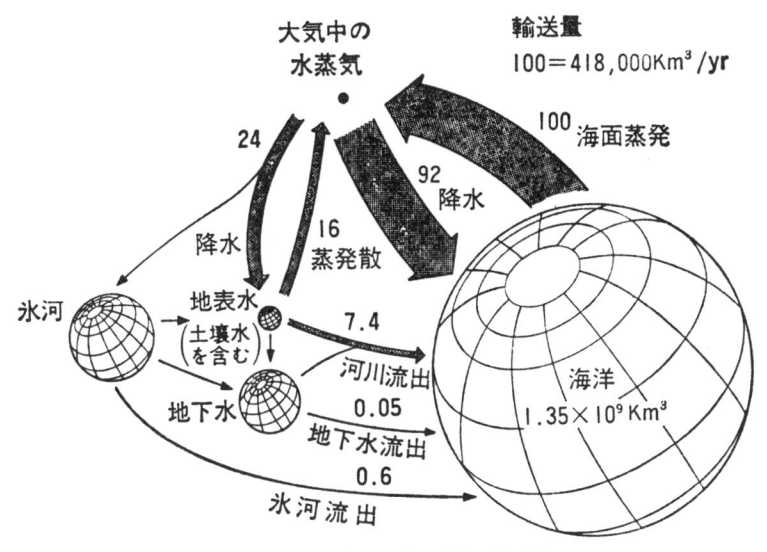

図7-5 地球上の水の分布と循環量

資料:榧根勇(1980)『水文学』大明堂の図15。

留時間は約8日と最も短い。そして、海洋と大気との間の水輸送が、地球上の水循環プロセスにおいて量的に重要な役割を果たしていることが、明瞭である。5章の**図5-4**には、地球上の可降水量の分布が示されている。可降水量とは、大気中に含まれる水蒸気をすべて凝結させたときの水の量であり、その分布は緯度と地形に依存する。降水量の分布も同様に、緯度と地形に依存する（**図5-4**）。これらの分布が、水循環を考える上で最初の重要な情報になる。

2 地表面における水循環

(1) 地表面における水の分配

地表面に降水がもたらされる場合、樹木や草本などの植生によって複数の経路に分配される（**図7-6**）。樹木の集合体である森林に到達する前の降雨を、林外雨（gross rainfall）と呼ぶ。樹木の枝や葉からなる樹冠に到達した降雨の一部分は、蒸発し水蒸気として直接大気中に戻る。これを遮断蒸発（interception loss）という。一方、土壌中の水を植物が根から吸水し、葉から大気中に戻す現象を、蒸散（transpiration）と呼ぶ。樹冠に捕捉された後、再び落下して地表面に到達した降雨を樹冠滴下雨、樹冠に捕捉されずに地表面に達した降雨を樹冠通過雨と呼び、両者を合わせて林内雨（throughfall）という。枝や葉に捕捉された降雨は、樹幹を伝って地表面に達するものもあり、これを樹幹流（stemflow）と呼ぶ。林内雨および樹幹流として地表面に到達した水は、土壌中に浸透（infiltration）するか、地表流（overland flow）となり地表面上を流下するかのいずれかのプロセスをとる。

森林における降水の分配の一例として、**図7-7**に、茨城県つくば市内のアカマツ林において観測された林外雨量と林内雨量との関係を示した。回帰直線の傾きが示すように、林外雨から林内雨への変換過程において、遮断蒸発や樹幹流への再配分によって、平均約15%が失われる。服部（1992）によれば、世界各地の森林で観測された樹冠遮断による損失率は13～51%、我が国におけるそれは13～26%であり、20%程度の値が多い。

水が地表面から土壌中に侵入する現象を浸透と呼び、浸透した水が土壌中を深部に向かって移動する現象を降下浸透（percolation）と呼ぶ。水が地表面にどの程度浸透するかを表すパラメータが、浸透能（infiltration capacity）である。浸透

第 7 章　水文学の基礎　139

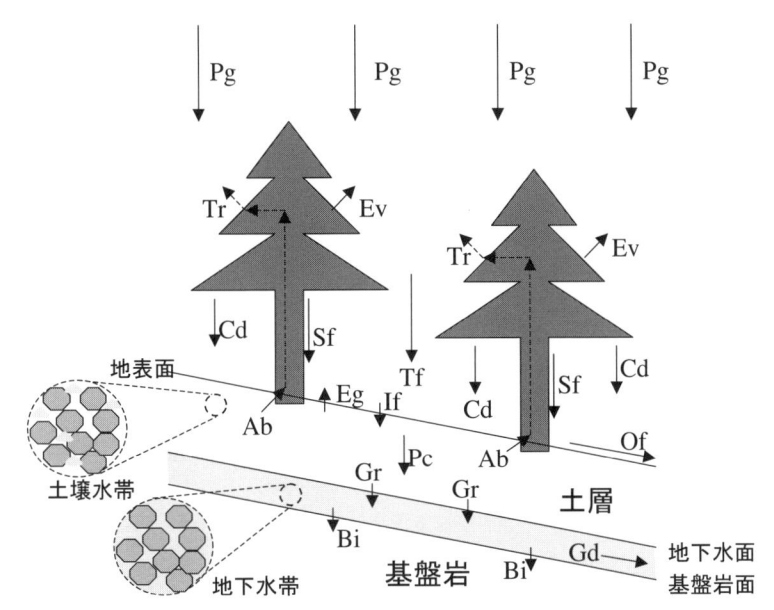

Pg：林外雨，Tf：樹冠通過雨，Cd：樹冠滴下雨，Sf：樹幹流，Ev：遮断蒸発，Tr：蒸散，Ab：吸水，Eg：地面蒸発，If：浸透，Of：地表流，Pc：降下浸透，Gr：地下水涵養，Bi：岩盤浸透，Gd：地下水流出

図 7-6　地表面における水の分配

資料：筆者作成。

能は，土壌の種類によって，また土壌の水分状態などによって異なるが，一般には，降雨初期において浸透能は高く（初期浸透能），その後速やかに低下し，一定値に収斂（終期浸透能）する（図7-8）。いま降雨強度が一定である条件を仮定すると（図7-8），雨の降り始めから浸透能が降雨強度を上回っている間は，すべての降雨は浸透するが，浸透能が降雨強度を下回ると，余剰降雨は浸透しきれずに地表面を地表流として流下するようになる。このようにして発生する地表流を，ホートン地表流と呼ぶ。従来，温帯湿潤地域の森林植生のある山地斜面では，地表面の浸透能はほとんどの場合降雨強度を上回るので，ホートン地表流が発生することはまれであると言われてきた。しかしながら近年，樹木の状態によっては森林斜面でもホートン地表流が発生する事例が観測され始めている（8章参照）。

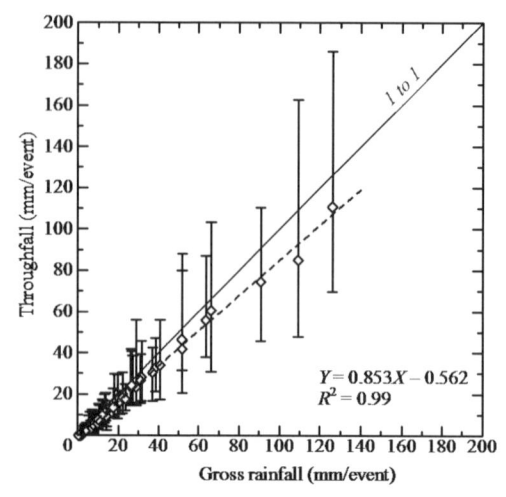

図7-7 筑波大学陸域環境研究センター構内のアカマツ林内における，林外雨量（Gross-rainfall）と林内雨量（Throughfall）の関係

注：エラーバーは，29個の林内雨量計の最大値と最小値を示す。
資料：Iida, S. (2003), *Change of Water Balance in Japanese Red Pine Forest under the Successional Process.* Doctoral Thesis, Doctoral Program in Geoscience, University of Tsukuba.

（2） 土壌水と地下水

　土壌に穴を掘っていくと，ある深度で水面が表れ，この水は汲み出してもまた浸み出し，同じ深度に水面が生ずる（図7-6）。この水面を地下水面（water table）と呼び，これより深部にある水を地下水（groundwater），浅部にある水を土壌水（soil water）と言う。土壌水と地下水を合わせて，地中水（subsurface water）と言う。

　土壌は，土壌粒子（固相），水（液相），空気（気相）の3つの要素からなっており，土壌粒子以外の部分，すなわち水が存在できるすきまの部分を間隙と呼ぶ。地下水は，間隙を水が完全に満たしている飽和状態にあるが，土壌水の大部分は間隙に水と空気が混在する不飽和状態にある（図7-9）。図7-9の記号を用いて表せば，土壌の間隙率（n，単位：%）は次のように示される。

$$n = \frac{V_v}{V} \times 100 \qquad (7.4)$$

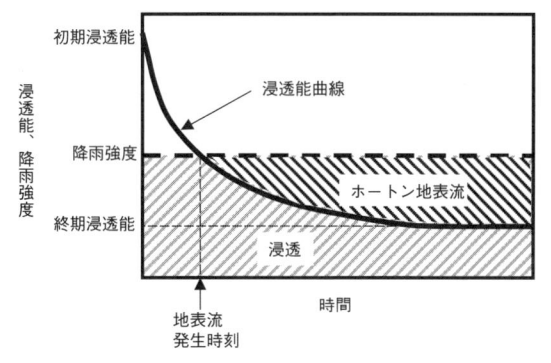

図 7-8　浸透能の時間変化と地表流の発生を示す模式図
資料：筆者作成。

間隙率は，関東ロームで65〜85％，砂礫で10〜30％，石灰岩で10〜20％程度である（中野ほか，1995）。土壌中の水分量は，体積表示と重量表示の2つの方法があり，体積含水率（θ，単位：％）は，

$$\theta = \frac{V_l}{V} \times 100 \tag{7.5}$$

と示される。また，重量表示である含水比（ω，単位：％）は，

$$\omega = \frac{W_l}{W_s} \times 100 \tag{7.6}$$

である。

次に，土壌水の動きを記述する方法を考えてみよう。多孔体中の流れは，不飽和流も飽和流もともにポテンシャル流として記述できる。土壌水には様々な力が作用しているが，中でも最も重要な力が毛管力（capillary force）と重力である。これらの力を受けている土壌水のエネルギーポテンシャルϕ_tは，式（7.7）で表される。

$$\phi_t = \phi_g + \phi_m + \phi_o + \phi_a + \cdots \tag{7.7}$$

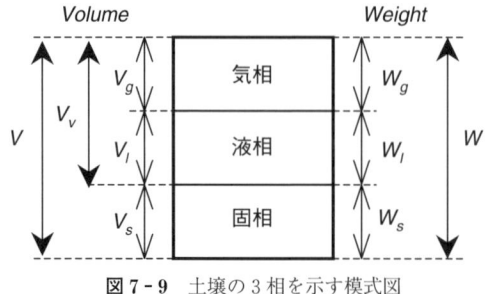

図7-9 土壌の3相を示す模式図
資料：筆者作成。

ここで、ϕ_gは重力ポテンシャル、ϕ_mはマトリックポテンシャル、ϕ_oは浸透ポテンシャル、ϕ_aは空気ポテンシャルである。一般に土壌空気の影響は、無視されることが多いが、最近その影響が重要視されるようになってきている。

また、浸透ポテンシャルは濃度の高い溶質が土壌水を形成している場合、根と土壌間の交換作用などで重要になる場合もある。しかしながら、ここでは条件の簡便化のために両者のポテンシャルを無視しうると仮定する。すると、$\phi_p=\phi_m$とおけ、式(7.7)は以下のように書ける。

$$\phi=\phi_t-\phi_o=\phi_g+\phi_p \tag{7.8}$$

ここで、ϕは水理ポテンシャルである。ここで、ϕの次元は単位質量当たりのエネルギー$[L^2 T^{-2}]$なので、実用上あまり便利ではない。そこで、式(7.8)を重力加速度gで除すと、式(7.9)のようになる。

$$\phi/g=h=z+\psi \tag{7.9}$$

ここで、hは水理水頭、zは重力水頭（位置水頭）、ψは圧力水頭とよばれる。これらの次元は$[L]$となり、水柱高の単位（cmH_2O, mH_2Oなど）で示すことが可能になる。土壌水は、水理水頭の高いところから低いところに向かって流動する。重力水頭は基準面からの高さ、圧力水頭は土壌水の負圧を測定することが可能なマノメーターにより実測可能である。すなわち、任意の複数深度における圧力水頭の測定ができれば、その地点における土壌水の流動方向を知ることができるのである。土壌水と地下水の境界面である地下水面上では、圧力水頭は$0cmH_2O$である。一方、土壌水では$\psi<0cmH_2O$、地下水では$\psi>0cmH_2O$である。

さて今度は、多孔体中の飽和流、すなわち地下水の流れを記載してみよう。

Hubbert (1940) は，多孔体中の飽和流を支配しているポテンシャルを，「与えられた位置に与えられた状態で存在している水のポテンシャルは，単位質量の水をある任意の標準状態から，その与えられた状態にまで変化させるのに必要な仕事量に等しい」と定義し，これを流体ポテンシャルと呼んだ。

$$\phi = gz + \int_{p_0}^{p} \frac{dp}{\rho} + \frac{v^2}{2} \tag{7.10}$$

ここで，g は重力加速度，z は基準面からの高さ，ρ は水の密度，v は水の流速，p と p_0 は，それぞれ高さ z および基準面における水圧である。式 (7.10) の右辺第 1 項は重力ポテンシャル，第 2 項は圧力ポテンシャル，第 3 項は速度ポテンシャルと呼ばれる。ここで，地下水の流速は一般的に早くても 1 日数mのオーダーである（榧根，1980）。そこで $v = 10^{-2}$ cm/s とすると，第 3 項は 5×10^{-5} cm^2/s^2 となり，第 1 項の 9.8×10^4 cm^2/s^2 と比べて無視しうる値である。そこで，式 (7.10) を書き直すと以下のようになる。

$$\phi = gz + \frac{p - p_0}{\rho} \tag{7.11}$$

式 (7.11) において，大気圧を基準にとり両辺を重力加速度 g で除すと，式 (7.12) が得られる。

$$h = \frac{\phi}{g} = z + \frac{p}{\gamma} \tag{7.12}$$

ここで，h は水理水頭，z は重力水頭，p/γ は圧力水頭，γ は水の単位体積重量である。この Hubbert (1940) の流体ポテンシャルは，前述した土壌水の水理ポテンシャルを飽和帯に適用したものである。すなわち，地下水も土壌水も，地中水全般にわたり，水理水頭によってその挙動の記述が可能になるのである。

　圧力水頭は，中空の管（パイプ）からなるピエゾメーターと呼ばれる井戸によって測定される。地下水は井戸の底から管内に入ってくるので，井戸底における圧力水頭が井戸内の水位に表れる。一方井戸底における重力水頭は，基準面から井戸底までの高さで表されるので，井戸底における水理水頭は，基準面から井戸内の水面までの高さとして表される。したがって，ピエゾメーターを様々な地点

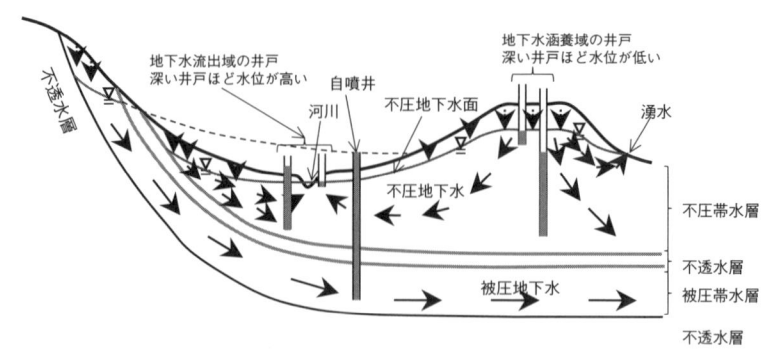

図 7-10 地下水のあり方を示す模式図

資料：筆者作成。

において異なる複数の深度に設置すれば，水理水頭の空間的な分布を知ることができ，地下水の流動方向のパターンを知ることができるのである（**図7-10**）。

さて，以上で地中水の流動方向に関する記述が可能になったが，流動速度はどのように記述されるのであろうか。Darcy（1856）が砂を充填した高さ3.5m，直径35cmのカラムを用いて行った実験の結果が，現在でも使われている（**図7-11**）。

断面積 A の砂のカラムを単位時間に通過する水量 Q は，水理水頭損失（h_1-h_2）に比例する。すなわち，

$$Q = KA\frac{h_1 - h_2}{l} \qquad (7.13)$$

である。ここで，h_1 と h_2 はそれぞれカラムにおける流入点と流出点の水理水頭，l は流れの長さである。そして比例定数 K は，飽和透水係数と呼ばれ，速度の次元 $[L\ T^{-1}]$ を持つ。式(7.13)を書き直すと，以下のようになる。

$$q = \frac{Q}{A} = -K\frac{dh}{ds} \qquad (7.14)$$

ここで，q は比流束，dh/ds は動水勾配と呼ばれる。K は正の数であり，地下水は水頭の減少する方向に流れるため，右辺に負号が付く。さらに地下水の平均間隙流速 v_a は，帯水層中で地下水流動に関与している間隙の割合，すなわち有効

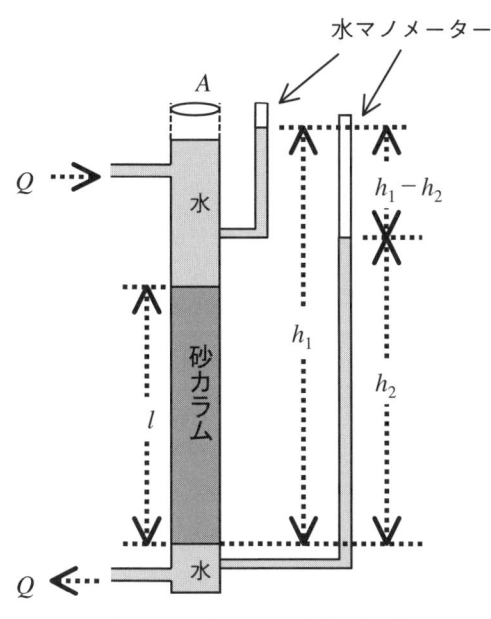

図7-11　ダルシーの実験の模式図
資料：筆者作成。

間隙率をn_eとすると，

$$v_a = \frac{q}{n_e} \quad (7.15)$$

と表される。以上により，任意の対象地域において，地下水の水理水頭と飽和透水係数の空間分布が求められれば，地下水の流動方向と流速を知ることができる。

　地下水面と地表面が交差するところには，湧水，河川，湖沼などの地表水や，湿原，海洋などが存在する。このように地下水が地表に向かって浸出することを地下水流出と言い，この地域を地下水流出域と言う。一方，降水が地表面に浸透し，土壌水として降下浸透した後，地下水面を横切って地下水に水が供給されることを地下水涵養と言い，この地域を地下水涵養域と言う（図7-10）。地下水涵養域では地下水は浅いところから深いところに向かって流動するので，浅い井戸の水位（水理水頭）ほど相対的に高く（浅く），深い井戸の水位ほど低く（深く）なる。反対に地下水流出域では地下水は深いところから浅いところに向かって流動

するので，深い井戸の水位（水理水頭）ほど相対的に高く（浅く），浅い井戸の水位ほど低く（深く）なる。

　砂礫層などの地下水の主要な流動層を帯水層あるいは透水層と呼び，粘土層など地下水が流動しにくい層を不透水層または難透水層と呼ぶ。不透水層よりも深部の帯水層を被圧帯水層と言い，被圧帯水層中にある地下水を被圧地下水と呼ぶ。被圧地下水は，その地域の不圧地下水に比べ一般的には涵養標高が高いため，被圧帯水層中に穿った井戸内の水位は地表面より高くなることがある。こうした井戸を，自噴井と呼ぶ（図7-10）。

（3）河川

　陸域の水循環において最も重要かつ基本的単位である流域は，降水を入力として受け入れ，出力として河川から排水を行う（図7-1）。その際，降水から流出に至る間に，各種の水文プロセスが関わるので，降水と流出の時間変化傾向や量は必ずしも一致しない。降水量の時間変化を表すグラフをハイエトグラフ（hyetograph），河川流量の時間変化を表すグラフをハイドログラフ（hydrograph）と呼ぶ。すなわち流域は，ハイエトグラフからハイドログラフへの変換システムなのである。降水と流出の特徴を比較することは，流域が行っている変換の状況，すなわち流域内部の水循環プロセスを考えることでもあり，これは水文学の最も重要な研究課題の1つである。

　このように，河川流量を測定し流出特性を明らかにすることによって，流域内部の様々な現象を推定し，また一般化することは従来から行われてきた。この目的の重要性は，各種の水文観測手法が発展した現在においても変わっていない。それは，流域を構成する場の条件，すなわち，気候，地質，地形，植生，また対象とする時空間スケールの違いによって，流域内部で生ずる水循環プロセスが大きく異なるからである。河川の年流出量の空間分布を地球規模でみると（図7-12），河川流出量の分布は，降水量の空間分布（5章の図5-4）にほぼ対応しているように見える。すなわち，河川流量の総量は流域における降水量を反映しており，流量は1次近似的には気候条件によって決まると言える。しかしながら，季節変動や月変動，あるいは個々の降雨事象程度の時間スケールで流量を見ると，そこには流域内部の様々な情報が現れてくるのである。そこに，河川の流出特性を考察する流出解析の重要性がある。

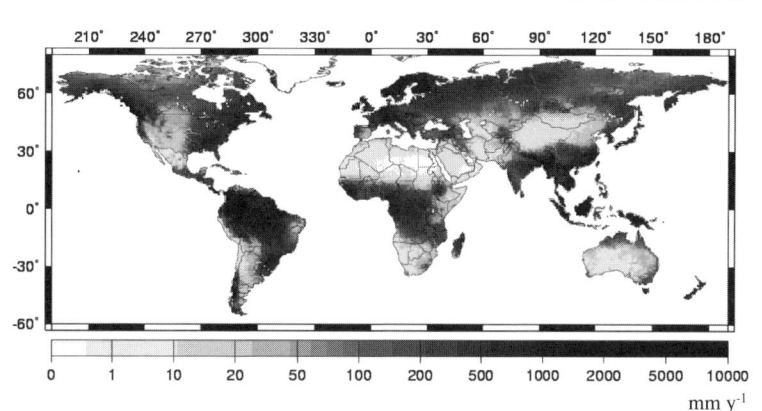

図7-12 地球上における流出量の分布

資料：Oki, T. and Kanae, S. (2006), "Global Hydrological Cycles and World Water Resources", *Science*, Vol. 313, No. 5790. をもとに沖大幹氏修正。

（4） 湖　沼

　湖沼とは，地形上の窪地に湛水した水体である。大きさや深さにより，湖，沼，池などに区別され，水深5m以上のものを湖，水深3～5mで全面にわたり沈水植物が生育するものが沼，沼より狭く人工のものが池と定義されるが，実際の区別は厳密ではない（日本陸水学会，2006）。

　湖沼の成因は，火山活動や地質活動によるもの，侵食作用や堆積作用によるもの，堰き止め作用によるもの，生物活動によるものなどがある（西条・三田村，1995；日本陸水学会，2006）。火口の窪地に水が貯まった火山湖としては，蔵王の御釜や草津白根の湯釜などがある。また，火山活動にともなう構造運動によって形成されたカルデラ湖としては，田沢湖や池田湖などが代表的である。断層運動にともなって形成された湖沼としては，ロシアのバイカル湖や諏訪湖などがある。氷河による侵食作用により形成された湖沼は侵食湖と呼ばれ，ノルウェーのフィヨルド湖であるTyrifjordenなどがある。また，河川の本流あるいは支流の運搬物質が多い場合，この物質により流れが堰き止められ，手賀沼，印旛沼などのように湖が形成されることもある。地震や豪雨にともなう斜面崩壊や地すべりによる堰止湖は，寿命が短く小規模である。生物学的作用により形成された湖沼としては，尾瀬ヶ原などの池溏が挙げられる。ミズゴケなどの繁茂した湿原において凹地に水が貯まり，その周囲でミズゴケの成長，枯死，堆積が続くと湖岸が固定

され池溏となる。

　湖沼は独立した水体として存在しているのではなく，流域における水循環の主要な構成要素の1つであり，河川と同様に地下水面の一部が地表面に現れたものである。したがって水文学においては湖沼を，降水，蒸発，地下水流出，地下水涵養，河川流出といった水循環プロセスの中に位置づけることが重要である。

本章のまとめ

① 水循環とは，地球上における様々な水体が，諸プロセスによって連続している有様のことをいう。そして水文学とは，水循環を構成する諸プロセスの移動量や，それにともなう物質運搬量などの時空間的変化を定量的に明らかにするとともに，こうした情報をもとに，人間と水との関わり合いを研究する総合科学である。

② ある水文システムにおける，単位時間当たりの水の出入りのことを水収支という。平均滞留時間とは，定常状態にある（時間的に変化しない）水文システム中の水を入れ替えるのに必要な時間のことであり，貯留量を流出量で割ることによって求められる。貯留量と滞留時間は水体によって大きく異なる。

③ 流域とは，出口を起点として上流側に地形上の尾根線を辿って囲んだ領域のことである。流域を単位として考えれば水収支は閉じる。しかしながら，地形上の流域と地質学的な流域が一致しない場合もある。

④ 大気から海洋への降水と，海洋から大気への蒸発が地球上の水循環プロセスにおいて量的に重要な役割を果たしている。可降水量と降水量の分布は，水循環を考える上での最初の重要な情報であり，緯度と地形に依存している。

⑤ 地表面に降水が生じる場合，樹木や草本などの植生によって複数の経路に分配される。温帯湿潤地域にある森林植生のある山地斜面では，地面の浸透能を超えた余剰降雨が地表流として流れることはまれだと言われてきたが，近年，樹木の状態によってはこのような地表流の発生が観測されつつある。

⑥ 地下水面より深部にある水を地下水，浅部にある水を土壌水と言い，両方を合わせて地中水と言う。地中水の動きは，主として重力と圧力のポテンシャルによって表現される地形条件，および飽和透水係数によって表現される土壌・地質条件によって規定され，流動方向と流動速度を求めることができる。

⑦河川流域は，降水を入力として受け入れ，出力として河川から排水を行う。降水と流出の特徴を比較することは流域内部の水循環プロセスを考えることでもあり，水文学の最も重要な研究課題の１つである。
⑧湖沼とは，地形上の窪地に湛水した水体である。しかしながら，湖沼は独立した水体として存在しているのではなく，流域における水循環の主要な構成要素の１つである。そのため，湖沼を水循環プロセスの中に位置づけることが重要である。

■ ■ ■

● 参考文献
井倉洋二（1996）「カルスト地域の水文地形」恩田裕一・奥西一夫・飯田智之・辻村真貴編『水文地形学』古今書院。
榧根勇（1980）『水文学』大明堂。
西条八束・三田村緒佐武（1995）『新編　湖沼調査法』講談社。
田中正（2007）「水循環システムとは何か」松岡憲知・田中博・杉田倫明・村山祐司・手塚博・恩田裕一編『地球環境学』古今書院。
中野政詩・宮崎毅・塩沢昌（1995）『土壌物理環境測定法』東京大学出版会。
日本陸水学会（2006）『陸水の事典』講談社。
服部重昭（1992）「森林蒸発散の構成成分」塚本良則編『森林水文学』文永堂出版。
Darcy, H. (1856), "Les Fontaines Publiques de la Ville de Dijon", in Hubbert, M. K. ed., *The Theory of Ground-water Motion and Related Papers,* New York: Hafner.
Hewlett, J. D. (1982), *Principles of Forest Hydrology,* Athens: The University of Georgia Press.
Hubbert, M. K. (1940), "The Theory of Ground-water Motion", *Journal of Geology,* Vol. 48, No. 8.
Iida, S. (2003), *Change of Water Balance in Japanese Red Pine Forest under the Successional Process.* Doctoral Thesis, Doctoral Program in Geoscience, University of Tsukuba.
Oki, T. and Kanae, S. (2006), "Global Hydrological Cycles and World Water Resources", *Science,* Vol. 313, No. 5790.
Shiklomanov, I. A. ed. (1997), *Comprehensive Assessment of the Freshwater Resources of the World,* Geneva: World Meteorological Organization.

第8章

降雨流出プロセス

辻村真貴

　陸域の水循環において最も重要かつ基本的単位である流域は，降水を入力として受け入れ，出力として河川から排水を行う（7章の**図7-3**）。その際，降水から流出に至る間に，各種の水文プロセスが関わるので，降水と流出の時間変化傾向や量は必ずしも一致しない。

　降雨時における河川流出の応答は，流域内部で生じているプロセスを直接反映したものであるので，極めて重要である。口絵5～口絵8には，いくつかの水文試験小流域における河川や渓流水の流量観測堰を示した。貯留池と越流ノッチからなる堰（越流ノッチがV字のものを三角堰，矩形のものを四角堰という）や，水や土砂を流すタイプのもの（パーシャルフリューム）があり，こうした施設での長期観測によって流量情報が蓄積される。本章では，降雨流出プロセスを，ハイドログラフに含まれる様々な情報を読み解くという視点から解説する。

1　洪水流出成分

（1）　降雨流出プロセスとは

　「流域に雨が降ったら，どのような経路を経て雨水は川へ流れ出るか？」という流域の水流発生機構（streamflow generation），または降雨流出プロセス（rainfall-runoff process）に関する研究は，1940年代から現在にかけてもなお，水文学の中心課題である。水流発生機構の問題は，おおまかに以下のように整理される。

①降雨流出水の起源
②降雨から流出に至る経路
③流出に至るまでの時間
④流出を発生させるメカニズム

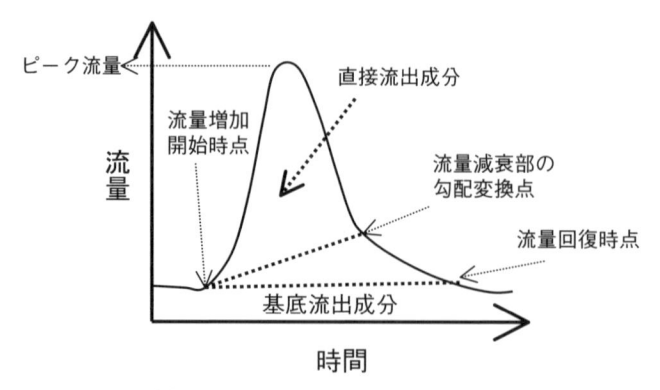

図8-1 洪水ハイドログラフの成分を便宜的に分類した模式図
資料：筆者作成。

これらは、7章の**図7-3**に示されるように、降雨に対し流出が応答する際、その流出をもたらす水が、どこを起源として、どこを通過し、どの位の時間を経て、そしてどのようにもたらされるか、という問いに言い換えることができる。これにともなう様々な水文プロセスにより、流出量の時空間分布が異なってくるのである。降雨にともなう出水時の河川流出のことを洪水流出、または降雨流出、そしてその時のハイドログラフのことを洪水ハイドログラフ、または降雨流出ハイドログラフと呼ぶ。洪水というと一般的には、かなり大規模な豪雨とそれにともなう出水が想像されるが、本章では量の規模に関わらず降雨にともなう河川の出水を洪水流出、または降雨流出と呼ぶ。

（2） 流出成分の構成要素

洪水ハイドログラフの成分を検討することは、降雨流出プロセスを理解する上での基本であり、従来から様々な概念モデルが構築された。**図8-1**には、洪水ハイドログラフの成分を便宜的に分離する方法を模式的に示した。流量の増加開始時点から引いた水平線の上下で、直接流出成分と基底流出成分に分離する方法、あるいは流量増加開始時点と流量減衰部におけるハイドログラフの勾配変換点を結んだ線分で両者を区分する方法などがある。こうした方法は従来、流出解析のために便宜的に行われた分離法であり、物理的な根拠があるわけではない。これに対し、洪水流出水の構成成分を、水の溶存成分や同位体組成などをトレーサー

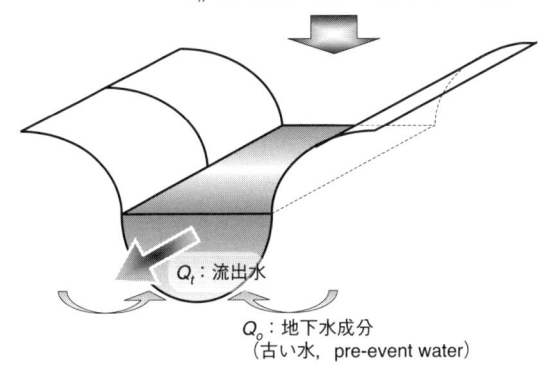

図8-2 トレーサーを用いた物質収支式による河川流出成分の分離方法を示す概念図

資料：筆者作成。

として用いて分離する方法は，1970年代以降水文学の研究において盛んに行われ，便宜的な成分分離手法とは異なる知見が得られるようになった。ここでは，トレーサーによる流出成分分離について説明する。

トレーサーとは，水循環プロセスにおける水の起源，成分や滞留時間などを評価するのに用いられる，水に含まれるラベルあるいはマーカーのことである。洪水流出水成分の分離に有効なトレーサーとして用いられる同位体は，元素の原子核中にある陽子の数が同じで，中性子の数が異なるもの，すなわち質量数が異なるものである。酸素の同位体の内，中性子数が10個で質量数が18である酸素18（^{18}O），また水素の同位体の内，中性子数が1個で質量数2の重水素（^{2}Hまたは，deuteriumの頭文字をとりDと表す）は，$^{1}H_2^{18}O$や$^{2}H_2^{16}O$という形で水分子を構成し水と同様に挙動するため，理想的なトレーサーである。

図8-2に示すように，いま降雨時に任意の河川断面を通過する流出水が，降雨によって新たに流域に付加された成分（新しい水，event water）と降雨以前から流域に貯留されていた地下水成分（古い水，pre-event water）とから構成されているとすると，

$$Q_t = Q_n + Q_o$$
$$C_t Q_t = C_n Q_n + C_o Q_o \tag{8.1}$$

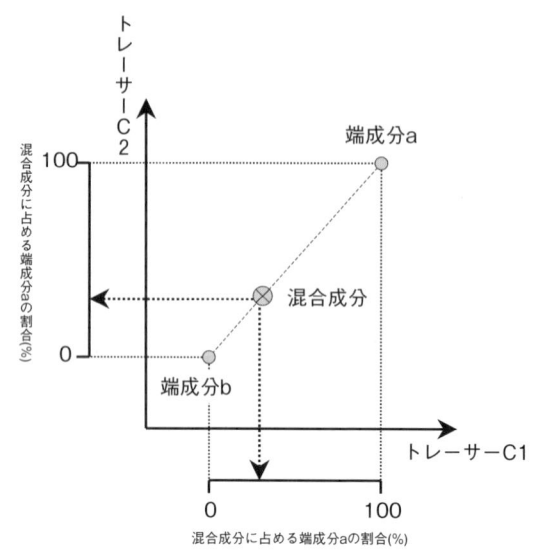

図 8-3 トレーサーによる流出成分の 2 成分分離の模式図
資料：筆者作成。

という物質収支式で表される。ここで，Q は流量，C はトレーサー濃度，添え字の t，n，o はそれぞれ総流出水，新しい水成分，古い水成分を示す。式（8.1）を連立させることにより，

$$Q_o = \frac{C_t - C_n}{C_o - C_n} Q_t \qquad (8.2)$$

が得られる。n を降水により，o を地下水あるいは基底流出時の河川水により代表させることが可能であれば，Q_n，Q_o 以外の各項を実測することにより，総流出水に占める古い水成分の割合を推定することが可能である。この考え方を，模式的に示したものが，図 8-3 である。

　トレーサーとしては，少なくとも対象とする降雨期間内において，地中および河川水中で化学変化により濃度が変動しないもの，すなわち保存性であることが重要である。一般的には前述した ^{2}H，^{18}O などの安定同位体，あるいは Cl^-，SiO_2 などの無機溶存成分，電気伝導度などがトレーサーとして用いられる。また対象とするシステムにおいて，以下の条件が満たされている必要がある（Sklash and Farvolden, 1979）。

①新しい水（降水）と古い水（地下水）との間で，トレーサー濃度が十分に異なる。
②新しい水（降水）のトレーサー濃度は，対象とする降雨期間中には一定である。
③地下水と不飽和帯中の水は，トレーサー的に平衡状態にあるか，不飽和帯の水が流出に及ぼす影響は無視しうる程度である。
④表面貯留・窪地貯留水の流出への寄与は，極めて小さい。

　安定同位体は保存性という点では最も理想的なトレーサーであるが，降水における安定同位体の時間変動は地下水のそれに比べ顕著に大きいため，降雨によっては降水と地下水とにおいてほぼ同じ安定同位体組成を示すことがあり，その場合は①の条件を満たさず，流出成分の分離が不可能である。最近では，数時間から数日程度の降雨期間内においても，降水の安定同位体組成は大きく変動することが報告されており（McDonnell et al., 1990），近年では，C_i のみならず C_n についても時間変動を実測することが一般的である。一方，無機溶存成分や電気伝導度は保存性という観点からは完全ではないが，降水と地下水とでは通常，値が顕著に異なるので，こうしたときの安定同位体の代用になりうる。

　③に関連し，地下水および不飽和帯の水からなる地中水については，安定同位体組成や溶存成分の時間変動よりもむしろ空間変動・分布が顕著であり，これを考慮することが重要である。特に河川近傍の地中水は，先行降雨条件や降雨規模，降雨の進行段階によって，流出に寄与する部分が異なるため，流出成分の分離に際し，③の条件が成立しないことがしばしばありえる。最近では8章1節(3)で述べるように，古い水の成分を地下水と土壌水の2つに分けて分類することも多い。

　1980〜90年代において，温帯湿潤地域の森林流域で行われた降雨流出観測によって，こうした場の条件では，降雨強度が地表面の浸透能を上回ることにより生ずるホートン地表流（浸透余剰地表流）が発生することは極めてまれであると言われてきた（Kendall and McDonnell, 1998）。すなわち，④で指摘されるような地表面に浸透しない成分は，温帯湿潤の森林流域では，考慮する必要がなかったのである。ところが近年，我が国の人工林において，間伐などの維持管理が十分になされない流域において，浸透余剰地表流が顕著に発生することが報告され始めている（辻村ほか，2006）。こうした状況では，④の条件も成立することは難しい。

(3) ハイドログラフの3成分分離

Sklash and Farvolden (1979) が示した4つの条件は、**図8-3**に表されるように、降雨流出を単純な概念モデルで表現する上での仮定である。ところが、降雨流出プロセスに関する観測事例が、様々な地質・地形条件の下で得られるようになってくると、当然このモデルでは表現し得ない部分が出てくる。こうして近年では、

$$Q_a + Q_b + Q_c = 1 \tag{8.3}$$

$$C1_a Q_a + C1_b Q_b + C1_c Q_c = C1_t \tag{8.4}$$

$$C2_a Q_a + C2_b Q_b + C2_c Q_c = C2_t \tag{8.5}$$

のように3つの成分を用いて流出を分離することが、一般的に行われるようになっている (Mulholland, 1993)。ここで、Qは流量、$C1$および$C2$は用いる2種類のトレーサー1と2の濃度、添え字のa, b, cは各々の成分、tは総流出水を表す。**図8-4**に示されるように、a, b, cの3つの成分によって総流出水の成分が説明できるとすれば、2つのトレーサー濃度を変数とした散布図上で、総流出水は3つの成分を頂点とする三角形内にプロットされる。このように混合成分を説明するための、個々の成分のことを端成分 (end member) という。n個の端成分によって混合成分（総流出水）を説明するためには、$n-1$個のトレーサーが必要になるが、複数の端成分とトレーサーによって流出水における各端成分の割合を求める方法、すなわち流出水の起源を特定する解析手法を、端成分混合解析 (EMMA, end-member mixing analysis) と呼ぶ。端成分とトレーサーに複数の候補がある場合、どれを使うかを検討するために、主成分分析 (PCA, principal component analysis) を用いることがある (Christophersen and Hooper, 1992)。しかしながら、実際には、対象流域における降雨流出プロセスを考慮しつつ適切な端成分とトレーサーを選ぶことが重要である。

トレーサーを用いた降雨流出ハイドログラフの成分分離は、降雨流出プロセスを明らかにする上で貴重な情報をもたらすが、流出水が降水成分と地下水成分（あるいは2種の地下水成分）の混合によってもたらされているという、単純な考え方によっていることを認識すべきである。成分分離結果は、流出水の起源を特定するが、その水の流出経路や滞留時間に関する情報を直接提供するわけではない。

しかし，河川流出水の起源が特定されれば，次の段階としてその起源水がどのように河川に到達するのか，すなわち経路を考察しなければならない。またその経路が持つ時間情報が，他の手法によって推定された起源水の滞留時間と比較し，合理的に説明できるかという議論もなされるようになる。すなわち，端成分混合分析そのものは与えられた仮定のもとに限られた情報を提供するだけではあるが，そこから得られた情報は，さらに降雨流出プロセス全体を吟味する上で極めて有用である。

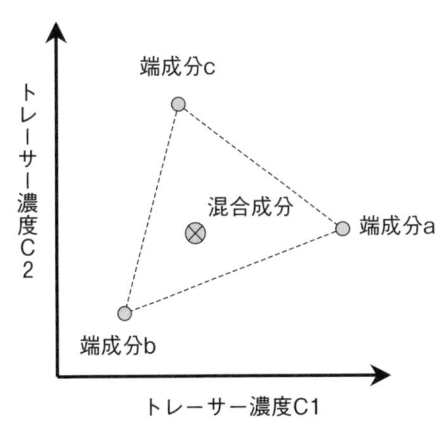

図 8-4 2つのトレーサーを用い3つの端成分に流出成分を分離する方法の模式図

資料：筆者作成。

図 8-5 は，花崗岩からなる丘陵地源流域において，SiO_2濃度をトレーサーに用い降雨流出ハイドログラフを降水成分と地下水成分の2成分に分離した結果（浅井，2001）を示したものである。SiO_2は鉱物を起源として地中水や河川水に含まれる成分であり，降水中には含まれないので，洪水流出を降水成分と地下水成分に分離する際のトレーサーとして，しばしば用いられる。総降雨量27mmという小規模な降雨であるが，河川水中のSiO_2濃度は降雨の影響を受け，やや低下する。地下水成分（pre-event water）はピーク流出時においても全流出量の50%程度である。この事例のみならず，辻村・田中（1996）でもまとめられているように，中緯度温帯湿潤地域の山地森林流域では，降雨流出ハイドログラフにおいて，地下水成分が卓越することが一般的に認められている。すなわち，流域の水流発生機構においては地下水の流出プロセスが重要である。

一方，我が国でも維持管理が適切になされていない人工針葉樹林では，ホートン地表流が降雨流出時に卓越することが指摘されている（辻村ほか，2006）。この研究では，間伐がなされていないヒノキ人工林内を対象に，無降雨時には水流が生じていない源流域において降雨流出観測が行われた。その結果，降雨時には谷の部分で地表流が一時的に発生することが認められた。電気伝導度とCl⁻濃度をトレーサーに用い，この地表流の成分を降水成分，土壌水成分，地下水成分の3

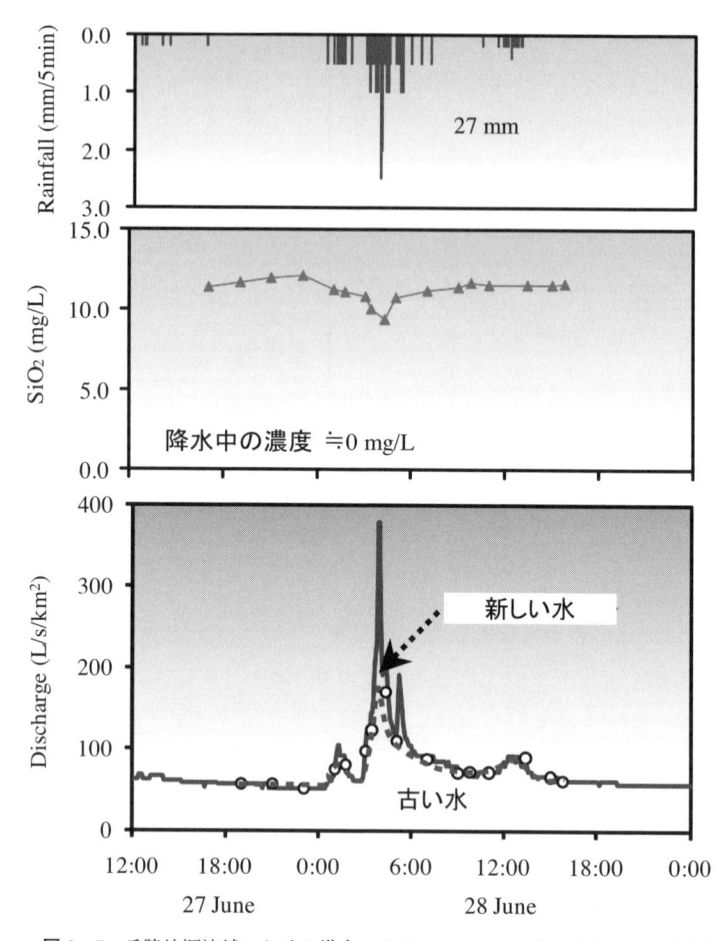

図8-5 丘陵地源流域における洪水ハイドログラフの2成分分離結果の事例

注：SiO_2 をトレーサーとして用いた例。
資料：浅井和由（2001）『丘陵地源流域における降雨流出過程にともなう水素・酸素同位体比の変化に関する研究』 愛知教育大学大学院教育学研究科理科教育専攻修士論文。

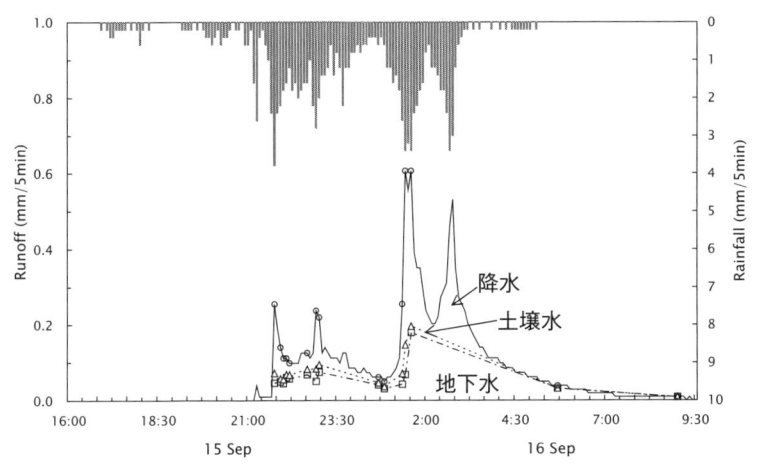

図8-6 間伐などの手入れがなされないヒノキ林において観測されたホートン地表流の流出特性と，その流出成分の分離結果

資料：辻村真貴・恩田裕一・原田大路（2006）「荒廃したヒノキ林における降雨流出に及ぼすホートン地表流の影響」『水文・水資源学会誌』第19巻第1号の図-6。

成分に分離すると，特に流量が多くなったときには，降水成分が最大で全流出量の82％を占めていることが明らかになった（図8-6）。すなわち，降水が地中に浸透せずに直接地表面上を流下していることが，流出成分の情報からも示された。

このように，洪水流出の成分分離結果は，降雨流出プロセスに関する多くの情報を提供してくれる。

2 降雨流出における地中水の役割

（1） 降雨時における斜面土層中の地中水の挙動

前項で述べたように，降雨流出においては地下水の流出プロセスが特に重要である。降雨時には地中水は，どのように流動しているのであろうか。前章で述べたように，地中水の挙動は水理水頭の空間分布から把握することができる。

図8-7は，図8-5と同じ花崗岩からなる丘陵地源流域において，約2日間の総降雨量285mmという極めて大規模な降雨イベントが発生した際における，洪水流出の各段階における斜面内地中水の水理水頭分布と，それから推定される流動方向を示したものである。谷底のAからE地点ではピエゾメーター（観測井）

によって水理水頭が観測され，斜面の EL から EU 地点ではテンシオメータ（土壌水の圧力ポテンシャルを測定するための装置）を用いて測定された圧力水頭から水理水頭分布が求められた。流量がピークに達した②の段階では，地下水面が尾根部まで到達し，飽和帯が斜面のほぼ全域にわたって生じ，斜面の深部から地表面に向かう地中水の流線が見られる。これらの流線から，EMU 地点付近や EM 地点より下部においては，地中水が流出していたものと判断される。特に EM 地点より下部では，地下水面と地表面が一致し浸漏面（seepage face）が形成されているため，降水が浸透できずに地表面を流下する飽和地表流が発生していたものと考えられる。

　この飽和地表流の発生域は，地下水の流出域でもあることから，直接降雨流出に寄与する流出寄与域（source area）である。このような流域の一部分が主に流出に寄与するという考え方を部分寄与域概念（partial area concept）と呼ぶ。この花崗岩流域では，降雨時・無降雨時を通じ流出寄与域の面積は，流域面積のほぼ 5％ である。図 8-8 に，当流域における降雨時の，ピーク雨量と式（8.2）によって求められた降水成分流出量との関係を示した。これを見ると，総降雨量 285mm の大降雨を除き，降水成分流出量は概ね雨量の 5％ であることが見て取れる。多摩丘陵源流域においても，降水成分流出量は雨量の 5％ であるという結果が報告されている（Tanaka et al., 1988）。

　Hewlett（1982）は，降雨の規模や降雨プロセスの進行状況により，流出寄与域は拡大，縮小を動的に繰り返すものと指摘した。このような考え方を，流出寄与域変動概念（variable source area concept）と呼び（Hewlett and Hibbert, 1967），降雨流出プロセスに関する基本的な考え方となっている（Pearce et al., 1986; Sklash et al., 1986）。図 8-7 で示された 285mm の洪水流出のピーク時における降水成分流出量は，雨量の約 30％ に上っていた（図 8-8）。すなわちこの時，当流域における流出寄与域が流域全体の 30％ に拡大していたことが示唆される。図 8-7 の地中水の観測結果から，地下水面が地表面まで上昇している領域は，斜面全体のおおむね 30％ 程度である。したがって，本項で紹介した事例は，流出寄与域変動概念に基づく現象が，実際のフィールドにおいて生じていたことを示唆する観測結果と言うことができる。

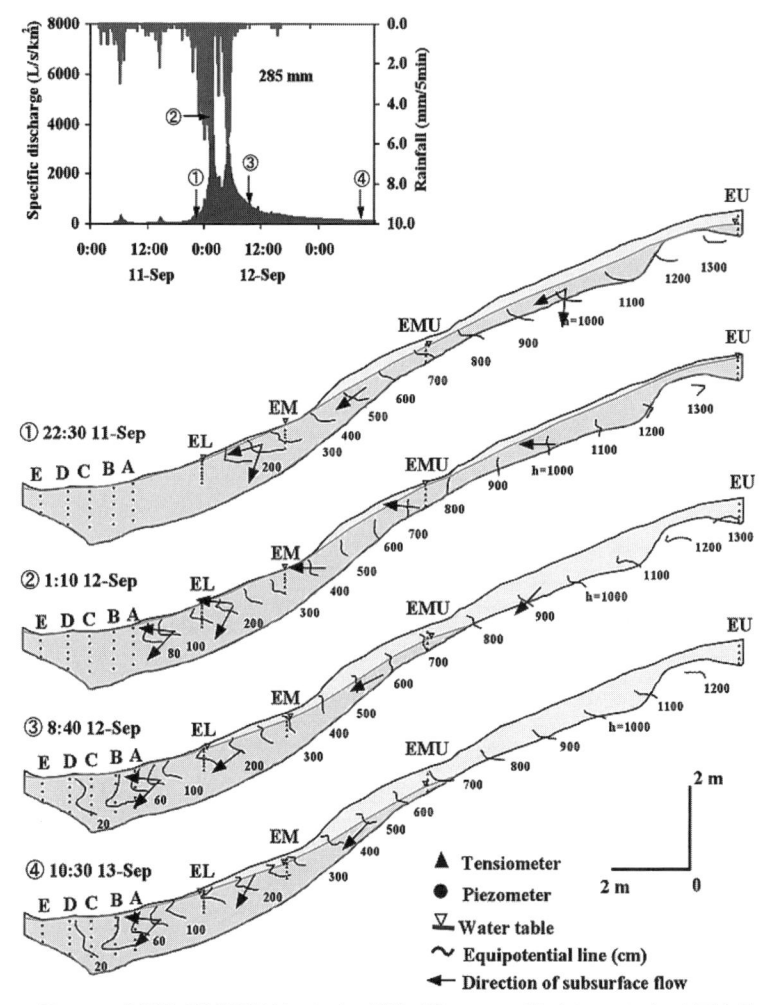

図8-7 花崗岩丘陵地源流域における総降雨量285mmの降雨イベント時の斜面土層中の地中水水理水頭分布図

資料：浅井和由（2001）『丘陵地源流域における降雨流出過程にともなう水素・酸素同位体比の変化に関する研究』愛知教育大学大学院教育学研究科理科教育専攻修士論文．

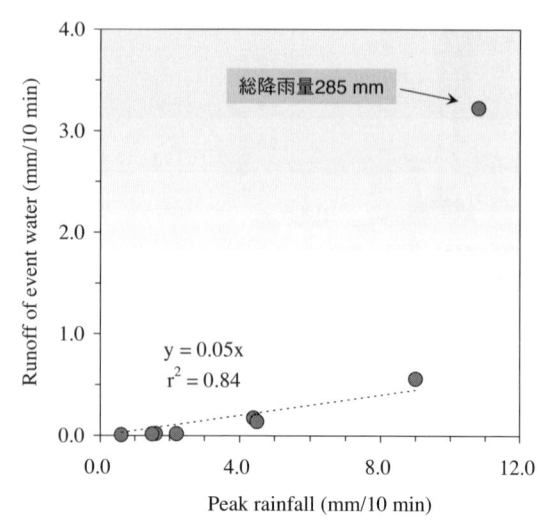

図8-8 丘陵地源流域の降雨イベント時におけるピーク雨量と降水成分流出量（ピーク流出時）の関係

資料：浅井和由（2001）『丘陵地源流域における降雨流出過程にともなう水素・酸素同位体比の変化に関する研究』 愛知教育大学大学院教育学研究科理科教育専攻修士論文。

（2） 基盤岩地下水と降雨流出特性

　従来，降雨流出プロセス研究では，基盤岩面は基本的に地中水流動場の下部境界面として扱われてきた。しかしながら近年，基盤岩内部の地下水も源流域の降雨流出に重要な影響を及ぼしていることが明らかになってきた（小野寺・辻村，2001）。

　Mulholland（1993）は堆積岩からなる山地流域を対象に，Ca^{2+}とSO_4^{2-}をトレーサーに用いて式（8.3）〜（8.5）を適用し，降雨時の流出成分を不飽和土壌水，土壌中の地下水，基盤岩地下水の3成分に分離した（**図8-9**）。Mulhollandの研究は，降雨流出水の端成分として基盤岩地下水を採用した最初の論文として重要であり，ピーク流量時に基底流出成分も増加していることが見て取れる。

　Onda et al.（2006）は，長野県の伊那谷にある堆積岩と花崗岩からなる2つの山地源流域を対象に，降雨流出特性を比較した（**図8-10**）。両流域とも降雨条件はほぼ同じ，また斜面土層厚はいずれも1m未満と極めて薄い。花崗岩流域では降雨に対する流出応答は極めて速やかで，流量は雨量に対応して増減している。

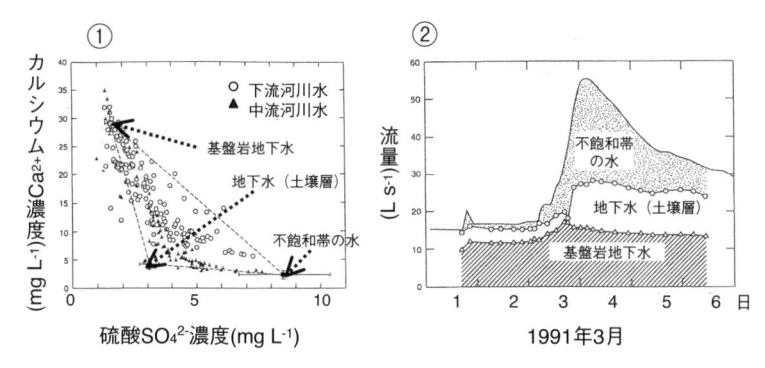

図 8-9 堆積岩からなる小流域における流出に及ぼす基盤岩地下水の影響の評価結果

注：① SO_4^{2-} と Ca^{2+} を用いた 3 つの端成分混合ダイアグラム。
　　② ハイドログラフの成分分離結果。
資料：Mulholland, P. J. (1993) "Hydrometric and Stream Chemistry Evidence of Three Storm Flow Paths in Walker Branch Watershed", *Journal of Hydrology*, Vol. 151, Nos. 2-4 の Fig. 6 および Fig.8(b). 一部改変。

　一方堆積岩流域では，降雨ピークに対し流量ピークは半日程度遅れ，また一部データに欠測があるものの，流量ピークは花崗岩のそれよりも高くなっている。同時に観測された酸素安定同位体比（$\delta^{18}O$）の値を見ると，堆積岩流域では，降雨期間中を通じ河川水の安定同位体比は降水のそれによる影響を全く受けていないのに対し，花崗岩流域におけるそれは降水の影響を受け，洪水流出に占める降水成分の割合は最大で45％程度に上った。堆積岩流域では，渓流水，基盤岩湧水，土壌水の無機溶存成分を比較すると，渓流水の水質組成は土壌水のそれと全く異なり，むしろ基盤岩湧水のそれに類似しているという特徴を示した（Tsujimura et al., 2001）。これらの事実と，土層厚が極めて薄いこと，また流域面積は5ha程度と小さいことなどから，堆積岩流域の降雨に対する流出の遅れ現象は，流出に対する基盤岩地下水の影響であるものと判断された。山地源流域における降雨に対する流出応答の遅れ現象は，従来斜面土層中の側方浸透流の寄与によるものと考えられてきたが，基盤岩地下水が流出に及ぼす影響も大きいことが近年指摘されている（恩田・小松，2001）。

　栃木県日光市北部の流紋岩からなる山地流域を対象に，水文観測，各種溶存成分の解析を行った結果を**図 8-11** に示す（浦野，2005）。総降雨量100mmを超える大規模降雨イベントにおいては，流出ピークはやや降雨に対し遅れ，また減衰が

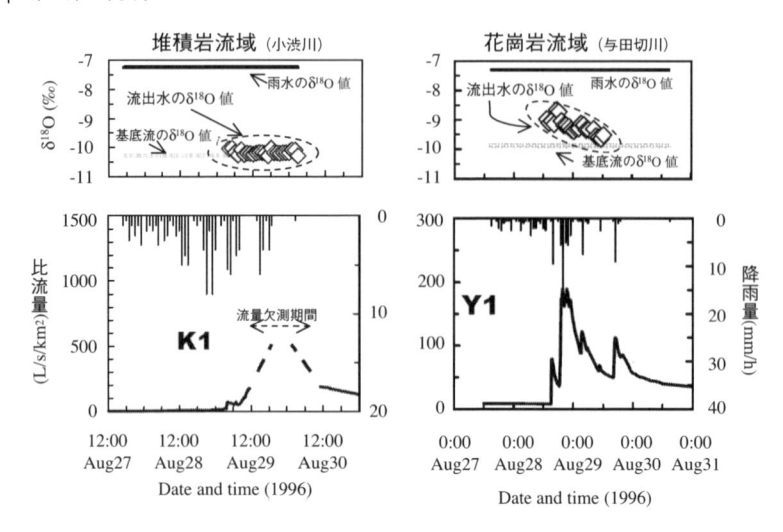

図8-10 堆積岩流域と花崗岩流域において観測された降雨イベント時における降雨流出特性と流出成分特性の違い

資料：筆者作成。

極めて緩やかであり，さらに流量減衰時の溶存イオン濃度は基底流量時よりも高くなる傾向が見られた（**図8-11**）。一方，総降雨量100mm以下の比較的小規模な降雨に対しては，このような傾向は見られず，降雨に対する流出応答は速やかであった。大降雨時の流出の遅れと流量減衰部分の特徴は，前述の堆積岩流域におけるそれと共通している。また，この流紋岩流域も土層厚は1m未満と薄い。このことから，大規模降雨時には，山体内部の岩盤地下水ネットワークが水理的に連続し，山体地下水の動水勾配が大きくなるために流出に対する岩盤地下水の寄与が顕著になることが推測された（**図8-12**）。

　図8-13に，地形条件と基盤岩条件により降雨流出時における地中水の役割を整理した模式図を示した。本章で取り上げた流域の事例も示してある。伊那谷の堆積岩流域のように，起伏が極めて大きく基盤岩に亀裂が多い場合，源流域スケールにおいても，基盤岩地下水が流出に果たす役割が大きい。一方，起伏が小さく亀裂が少ない流域では，土層中の地中水の挙動が重要な役割を果たす場合が多い。

　このように，降雨流出に及ぼす基盤岩地下水の役割の重要性が，特に2000年代

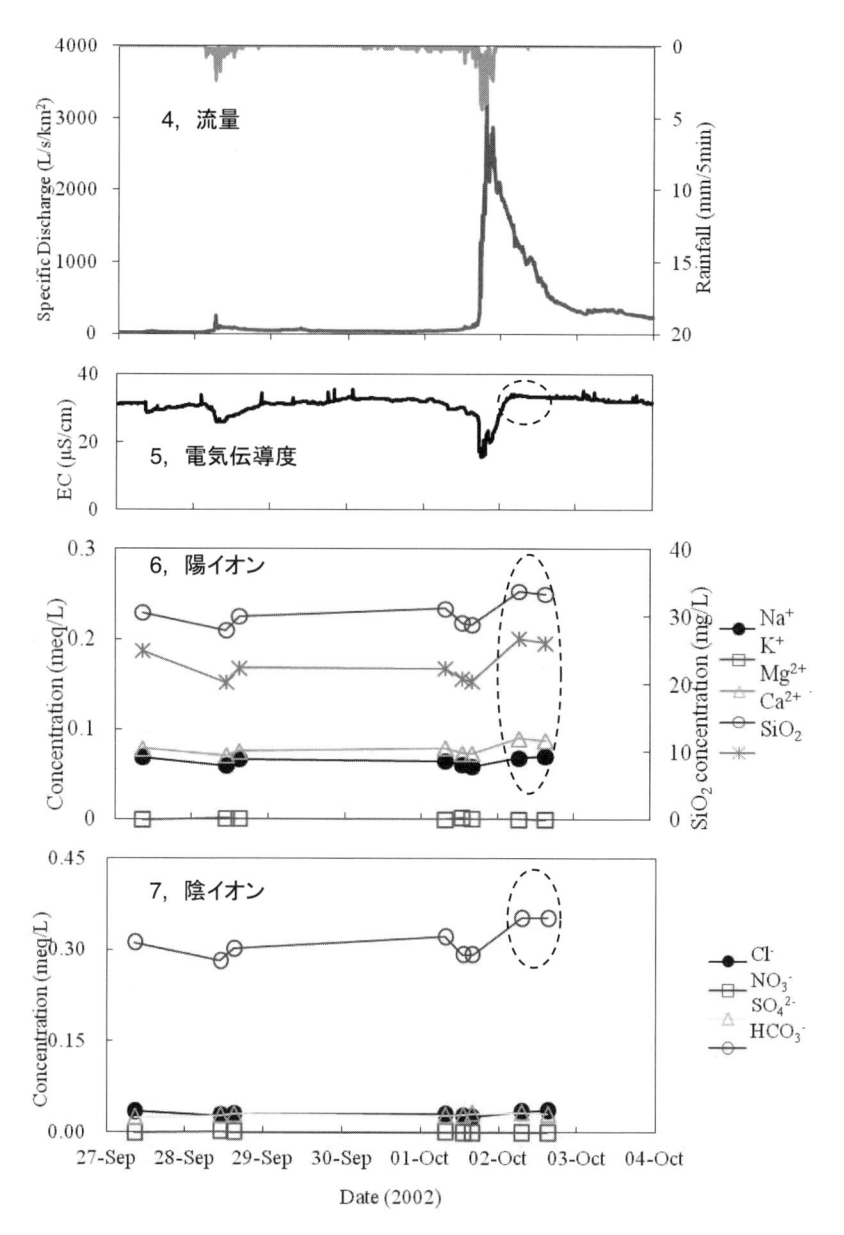

図 8-11　流紋岩流域において観測された降雨流出特性と各種溶存イオンの変化特性
資料：浦野弘規（2005）『流紋岩からなる山地源流域における降雨流出プロセスに果たす基盤岩地下水の役割』筑波大学大学院修士課程教育学研究科教科教育専攻修士論文.

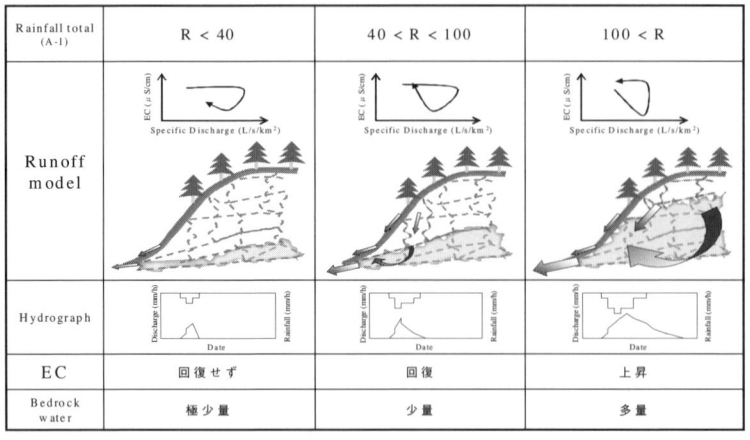

Rainfall total (A-1)	R < 40	40 < R < 100	100 < R
Runoff model			
Hydrograph			
EC	回復せず	回復	上昇
Bedrock water	極少量	少量	多量

A-1における降雨流出過程の概念モデル

図 8-12 流紋岩流域において観測された降雨流出特性と山体内部の基盤岩地下水流動との関係を示した模式図

注：ECは電気伝導度。
資料：浦野弘規（2005）『流紋岩からなる山地源流域における降雨流出プロセスに果たす基盤岩地下水の役割』筑波大学大学院修士課程教育学研究科教科教育専攻修士論文。

以降我が国を中心としたフィールドにおける観測によって明らかにされてきたことは，特筆すべきである。しかしながら，基盤岩地下水の挙動や流出プロセスそのものについては，未だ実測データが不十分な状況であり，この問題は山地流域の降雨流出プロセス研究における最も重要なトピックの一つと言うことができる。

本章のまとめ

① 降雨流出プロセスに関する研究とは，流出をもたらす水が，どこを起源として，どこを通過し，どの位の時間を経て，どのようにもたらされるかを明らかにするものである。これは，現在においてもなお水文学の中心課題である。

② 降雨流出プロセスに関する研究では，安定同位体や無機溶存成分，電気伝導度などをトレーサーとして用い，洪水流出時の流出成分を古い水（地下水成分）と新しい水（降水成分）の2成分，または古い水をさらに2成分に分け，3成分に分離する端成分混合解析が行われる。

③ 各地で行われた端成分混合解析の結果，温帯湿潤地域の森林流域においては，

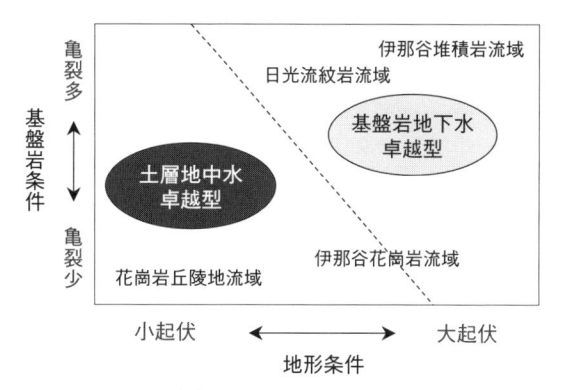

図 8-13 地形条件と基盤岩条件により降雨流出時における地中水の役割を整理した模式図
注：図中に，本章で取り上げた事例の流域を示してある。
資料：筆者作成。

一般的に，洪水流出水に占める地下水成分の割合が大きいことが示された。
④降雨時における斜面土層中の地中水の挙動は，水理水頭の空間分布から把握できる。地下水面が地表面まで上昇している領域を流出寄与域といい，これは降雨の規模や降雨プロセスによって拡大・縮小を動的に繰り返す。
⑤近年，基盤岩内部の地下水が降雨流出に重要な役割を果たしていることが明らかになりつつある。しかしながら，その挙動や流出プロセスそのものについては未だ研究途上であり，この分野の重要な研究課題となっている。

■　■　■

●参考文献
浅井和由（2001）『丘陵地源流域における降雨流出過程にともなう水素・酸素同位体比の変化に関する研究』愛知教育大学大学院教育学研究科理科教育専攻修士論文。
浦野弘規（2005）『流紋岩からなる山地源流域における降雨流出プロセスに果たす基盤岩地下水の役割』筑波大学大学院修士課程教育学研究科教科教育専攻修士論文。
小野寺真一・辻村真貴（2001）「山地の地下水涵養」日本地下水学会編『雨水浸透・地下水涵養』理工図書。
恩田裕一・小松陽介（2001）「ハイドログラフの比較による遅れた流出ピークと山体地下水の関連」『日本水文科学会誌』第31巻第2号。
辻村真貴・田中正（1996）「環境同位体を用いた降雨流出の研究」恩田裕一・奥西一

夫・飯田智之・辻村真貴編『水文地形学』古今書院。

辻村真貴・恩田裕一・原田大路 (2006)「荒廃したヒノキ林における降雨流出に及ぼすホートン地表流の影響」『水文・水資源学会誌』第19巻第1号。

Christophersen, N. and Hooper, R. P. (1992), "Multivariate Analysis of Stream Water Chemical Data: The Use of Principal Components Analysis for the End-member Mixing Problem", *Water Resources Research*, Vol. 28, No. 1.

Hewlett, J. D. (1982), *Principles of Forest Hydrology*, Athenes: The University of Georgia Press.

Hewlett, J. D. and Hibbert, A. R. (1967), "Factors Affecting the Response of Small Watersheds to Precipitation in Humid Areas", in Sopper, W. E. and Lull, H. W. eds., *International Symposium on Forest Hydrology*, Oxford: Pergamon Press.

Kendall, C. and McDonnell, J. J. eds. (1998), *Isotope Tracers in Catchment Hydrology*, Amsterdam: Elsevier Science B. V.

McDonnell, J. J., Bonnell, M., Stewart, M. K. and Pearce, A. J. (1990), "Deuterium Variations for Stream Hydrograph Separation", *Water Resources Research*, Vol. 26, No. 3.

Mulholland, P. J. (1993), "Hydrometric and Stream Chemistry Evidence of Three Storm Flow Paths in Walker Branch Watershed", *Journal of Hydrology*, Vol. 151, Nos. 2-4.

Onda, Y., Tsujimura, M., Fujihara, J. and Ito, J. (2006), "Runoff Generation Mechanisms in High-relief Mountainous Watersheds with Different Underlying Geology", *Journal of Hydrology*, Vol. 331, No. 3.

Pearce, A. J., Stewart, M. K. and Sklash, M. G. (1986), "Storm Runoff Generation in Humid Headwater Catchments 1. Where Does the Water Come from?", *Water Resources Research*, Vol. 22, No. 8.

Sklash, M. G. and Farvolden, R. N. (1979), "The Role of Groundwater in Storm Runoff", *Journal of Hydrology*, Vol. 43, Nos. 1-4.

Sklash, M. G., Stewart, M. K. and Pearce, A. J. (1986), "Storm Runoff Generation in Humid Headwater Catchments 2. A Case Study of Hillslope and Low-order Stream Response", *Water Resources Research*, Vol. 22, No. 8.

Tanaka, T., Yasuhara, M., Sakai, H. and Marui, A. (1988), "The Hachioji Experimental Basin Study —Storm Runoff Processes and the Mechanism of Its Generation", *Journal of Hydrology*, Vol. 102, Nos. 1-4.

Tsujimura, M., Onda, Y. and Ito, J. (2001), "Stream Water Chemistry in a Steep Headwater Basin with High Relief", *Hydrological Processes*, Vol. 15, No. 10.

第9章

地下水と地表水の交流

辻 村 真 貴

　7章でも述べたように，湖沼や河川などの地表水は，地下水と連続しており，お互いに作用し合っている。このような，異なる水体間における水や物質の交流プロセスは，極めて動的であり，これを研究することは水文学の醍醐味でもある。さらに，こうしたプロセスは，乾燥・半乾燥地域においても生じているが，当然，温帯湿潤地域とは異なる特徴を持っている。

　本章では，我が国とモンゴルの事例を中心に，地表水と地下水の交流プロセスについて解説する。

1　河川と地下水の交流

　一般的に河川は，周囲の地下水と交流しながら流下している。そして，地下水から河川への流出が生じている場合を得水河川，河川水が地下水を涵養している場合を失水河川という（図9-1）。温帯湿潤地域の山地流域で恒常的に水流を持つ河川（恒常河川，perennial river）は，基本的に得水河川である。8章で述べたように，得水河川では一般に河川流出水はそのかなりの部分が地下水成分からなり，河川の流下にともない流量は増える傾向を示す。一方，扇状地や半乾燥・乾燥域の内陸河川などでは，流下するにしたがい流量が減少する失水河川が多く見られる。このような地域では降雨時のみ水流が現れる一時河川（ephemenal river）もまた多い。

　図9-2は栃木県鹿沼市，黒川の沖積地における地下水面等高線図と，河川の流下区間2地点における流量を示したものである。7章で示したように，均質等方性媒体中では地下水は等ポテンシャル線と直交する方向に流れる。地下水面は等ポテンシャル線でもあるので，地下水は，地下水面等高線に対して垂直な方向に，等高線の高い部分から低い部分に向かって流動する。図の領域において黒川

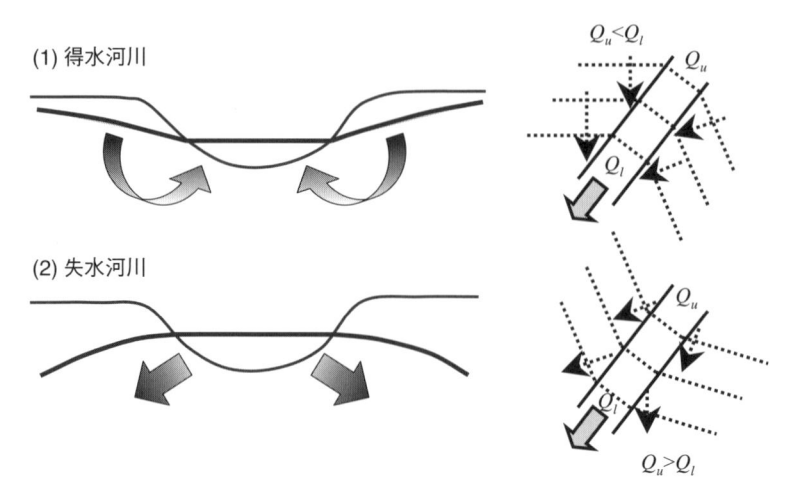

(1) 得水河川

(2) 失水河川

$Q_u < Q_l$

$Q_u > Q_l$

図 9-1 得水河川と失水河川における河川と地下水の交流関係を示す模式図

注：図中の Q_u は上流部の河川流量，Q_l は下流部の河川流量をそれぞれ示す。また矢印は地下水の活動方向を，点線は地下水面の等高線を示す。
資料：筆者作成。

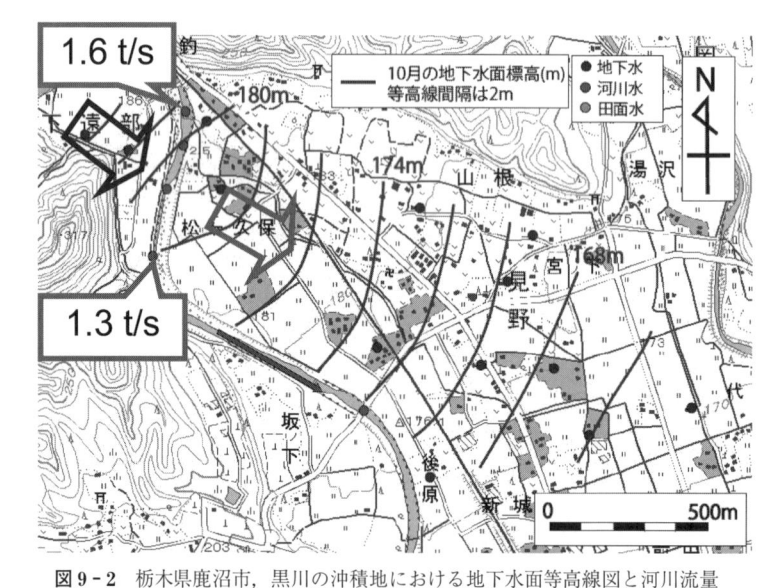

図 9-2 栃木県鹿沼市，黒川の沖積地における地下水面等高線図と河川流量

注：図中の数値（t/s）は河川流量を示し，矢印は地下水の流線を示す。
資料：稲葉茜（2008）『栃木県鹿沼地域の地下水涵養における河川水，降水，田面水の役割』筑波大学第一学群自然学類地球科学専攻卒業論文をもとに筆者作成。

は，北から南に向かって流れており，地下水は矢印で示されるとおり，北西から南東に向かって流れている。図中には，河川の流量の値も示されているが，流下にともない1.6t/sから1.3t/sに減少している。この区間では，地下水の流動をみると，右岸側から河川に向かい地下水が流出し，河川から左岸の地下水に対して涵養が生じていることが推察される。約400mの流下区間において，正味0.3t/sの河川水が地下水を涵養していると見積もられる。すなわち，河川流量の約20％相当量が，地下水涵養に寄与していると算定され，河川と地下水との交流は量的に無視できないほどのものであることが，うかがえる。

このように，河川は常に地下水と交流し，地下水面の一部が地表面に現れているものと考えるべきである。したがって，河川の流出プロセスは，地下水の涵養・流出という地下水流動系の一部として捉えることによってはじめて，その全容を解釈することが可能になるのである。

2 湖沼と地下水の交流

湖沼は独立した水体として存在しているのではなく，流域における水循環の主要な構成要素の1つであり，河川と同様に地下水面の一部が地表面に現れたものである（7章参照）。このような湖沼と他の水体との水のやりとりを考慮すると湖沼の水収支は，

$$\frac{dV_l}{dt} = (P_l - E_l)A + (R_i - R_o) + (G_i - G_o) \tag{9.1}$$

と表される。ここで，V_lは湖沼の貯留量（単位：体積），tは時間，P_lは降水量（単位：水の深さ），E_lは湖面蒸発量（単位：水の深さ），Aは湖面積，R_i，R_oはそれぞれ表面流入・流出量（単位：体積），G_i，G_oはそれぞれ地下水流入・流出量（単位：体積）である（**図9-3**）。

地下水の流入出量については，式（9.1）を用い，貯留量変化をゼロと見なせる期間において，右辺第1～4項を実測し，残差として正味の地下水流入出量（$G_i - G_o$）を求める方法が用いられる。湖沼への地下水流入量は，河川などの地表水流入量に比較し小さいものではあるが，湖沼によっては無視できる量ではないことが従来から指摘されている（鶴巻・小林, 1989）。川端（1982）は水収支を検

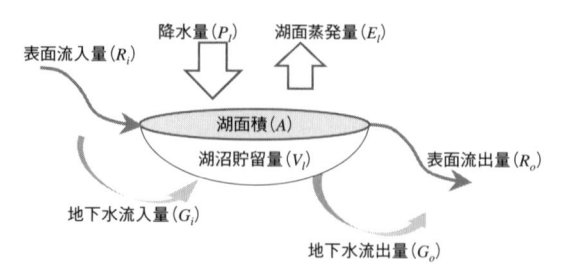

図中ラベル: 降水量(P_l)　湖面蒸発量(E_l)　表面流入量(R_i)　湖面積(A)　湖沼貯留量(V_l)　表面流出量(R_o)　地下水流入量(G_i)　地下水流出量(G_o)

図9-3　湖沼における水収支項目
資料：筆者作成。

討した上で，琵琶湖における総流入量の10～20％が地下水流入量であると推定している。また，地下水の流れを記載する経験式であるダルシー則を利用し，湖水への地下水流入量を推定する試みもなされている。

$$G_i = V_{ds} = KI_{ds} \qquad (9.2)$$

ここで，G_iは地下水流入量（単位：m³ s⁻¹），vは地下水の流速（単位：m s⁻¹），dは流入する地下水の帯水層の厚さ（単位：m），sは湖岸長（単位：m），Kは帯水層の飽和透水係数（単位：m s⁻¹），Iは流入する地下水の動水勾配（単位：無次元）である。Iは湖岸にある井戸内の不圧地下水面と湖水面の水位差h_{g-l}と，井戸と汀線の水平距離L_{g-l}との比，

$$I = \frac{h_{g-l}}{L_{g-l}} \qquad (9.3)$$

により表される。村岡・細見（1981）によれば，霞ヶ浦の西浦に流入する地下水の量は1.3～2.6m³ y⁻¹と推定され，これは西浦における年間河川流入量の約1％に相当する。

小林（1992, 1993a, 1993b）は琵琶湖を対象とし，直径50cm程度の円筒缶を湖底に挿入し（Lee, 1977による方法），湖底から漏出する地下水をポリ袋などに回収することにより，湖底からの地下水流入量を実測した（**図9-4**）。小林（1993a, 1993b）によれば，観測地点では地表面下4～5mに粘土とシルトからなる厚さ約3mの難透水層があり，観測は汀線から約100mの沖まで，水深約6mまでの範囲

第9章　地下水と地表水の交流　173

(a) 漏出計設置の模式図

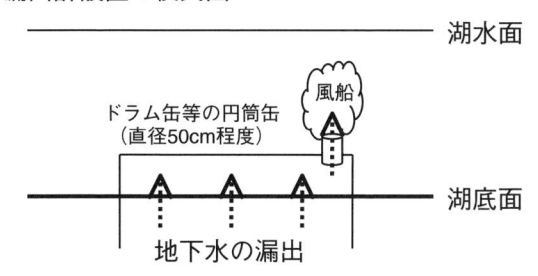

(b) 琵琶湖底における地下水の等水理水頭線分布

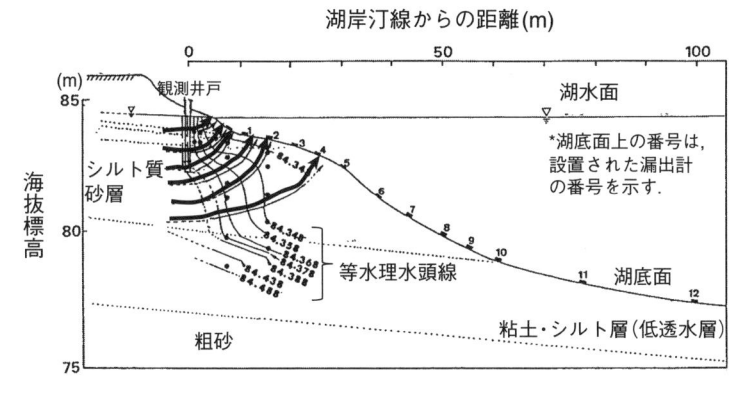

(c) 漏出流束の空間分布

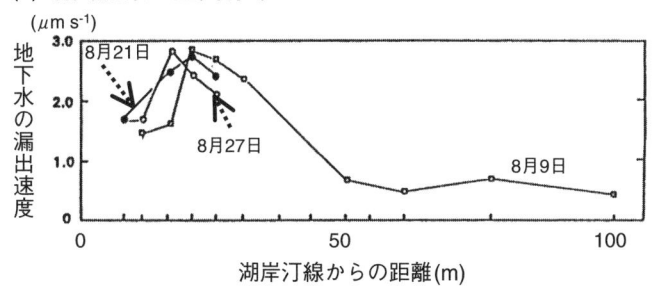

図9-4　(a)漏出計による湖底への地下水漏出流束（＝湖への地下水流入量）の測定模式図。(b)地下水の等水理水頭線分布と地下水の流線（矢印）。(c)湖岸からの距離にともなう漏出流束の低下傾向

資料：小林正雄（1993a）「琵琶湖へ漏出する地下水の挙動（Ⅰ）——水質分布からみた地下水の漏出パターン」『陸水学雑誌』第54巻第1号の図14および小林正雄（1993b）「琵琶湖へ漏出する地下水の挙動（Ⅱ）——湖岸地下水のポテンシャル分布」『陸水学雑誌』第54巻第1号の図6。一部改変。

で実施された。その結果，漏出速度は汀線から約40mまでの範囲で1.5〜3.0×10^{-4} cm s^{-1}と高く，これより沖では顕著に低くなっていた。

3 半乾燥地域の河川と地下水の交流

　半乾燥地域とは，年平均降水量が200〜800mm，年平均可能蒸発散量が1000〜2500mmの地域と定義される。可能蒸発散量とは，土壌面に水分が十分存在する条件で地面から直接蒸発する量と，植物が根から吸水し大気に戻す蒸散量とを合わせた量で，その地域において気候条件が決める蒸発散量のポテンシャル値である。図9-5に，地球上の乾燥地域と半乾燥地域の分布を示した。これを見ると，北東ユーラシア内陸部，アフリカ北部，北アメリカ西部，オーストラリア西部などの乾燥地域縁辺部に半乾燥地域が分布している。現在乾燥している地域は，地球温暖化によって，より乾燥が進む可能性があるという報告もあり（Abe-Ouchi et al., 2007），現在一見豊かな草原が分布している地域も，地球温暖化により，草原から砂漠へ変化してしまう可能性を含んだ脆弱な条件の上に成り立っているということができる。ここでは，半乾燥地域に位置するモンゴル東部のヘルレン川流域（図9-6）の上流部から下流部にかけ水文調査を行った経験から，河川と地下水との交流について考察した結果を紹介する。

　モンゴル全土では，北東から南西に向かって，帯状に年降水量の分布が変化する。最も降水量の多い北部森林地帯では，350mm程度なのに対し，降水量の最も少ない南部の砂漠地域では，50mmに満たない。こうした降水量の分布にしたがって，植生も変化している。ヘルレン川地域では，北のモンゴンモリット周辺以北は森林地域，バガヌール周辺は森林から草原への変遷域，ヘルレンバヤンウラン以南は草原域である。

　図9-7は，ヘルレン川の流量変化を上流から下流にかけて示したものである。まず，流量の年々変動が非常に大きいことが分かる。また，上流から下流に至るまで，あまり流量が変わらない。一般に日本のような温帯湿潤地域の河川の場合，上流から下流に向かって，河川が水を集める領域の面積（流域面積）が大きくなるので，流量も流域面積に比例して多くなることが普通である。しかし，ヘルレン川の場合は，流域面積が5倍，10倍と広くなっても流量は変わらない。このことは，河川が流域全体から水を集めているのではないことを示している。

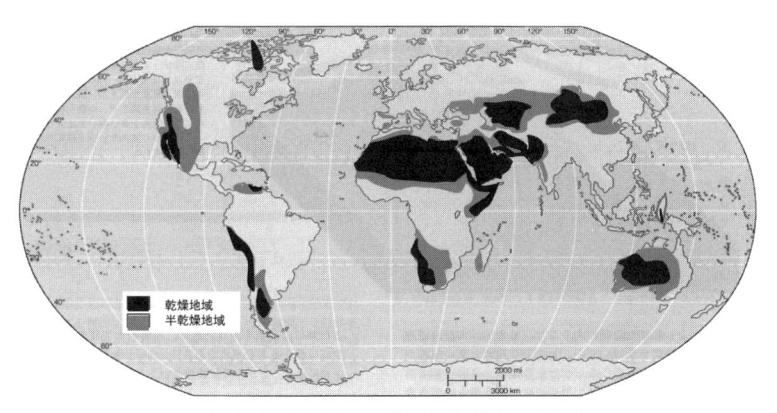

第9章 地下水と地表水の交流 175

図 9-5 地球上の乾燥・半乾燥地域の分布

資料：Pipkin, B. W. and Trent, D. D. (2001), *Geology and the Environment 3rd Edition*, Brooks: Cole Pub.CoのFig. 12.3. 一部改変。

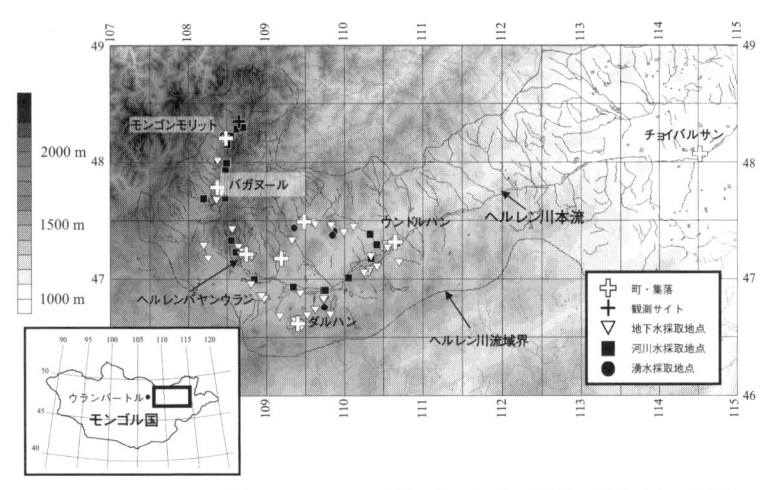

図 9-6 モンゴル東部・ヘルレン川流域の概要と主要集落，調査地点の位置

資料：Tsujimura, M., Abe, Y., Tanaka, T., Shimada, J., Higuchi, S., Yamanaka, T., Davaa, G. and Oyunbaatar, D. (2007), "Stable Isotopic and Geochemical Characteristics of Groundwater in Kherlen River Basin, a Semi-arid Region in Eastern Mongolia", *Journal of Hydrology*, Vol. 333, No. 1 の Figure 1. 一部改変。

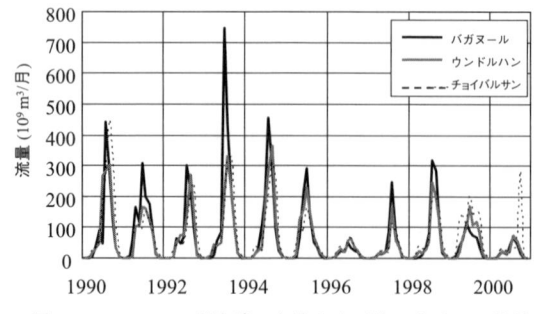

図9-7　ヘルレン川流域の上流から下流にかけての流量変化

資料：Tsujimura, M., Abe, Y., Tanaka, T., Shimada, J., Higuchi, S., Yamanaka, T., Davaa, G. and Oyunbaatar, D. (2007), "Stable Isotopic and Geochemical Characteristics of Groundwater in Kherlen River Basin, a Semi-arid Region in Eastern Mongolia", *Journal of Hydrology*, Vol. 333, No. 1 の Figure 2. 一部改変。

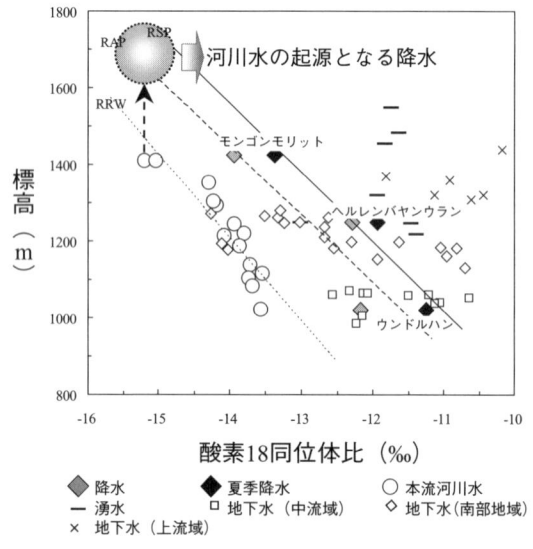

図9-8　ヘルレン川流域の河川水，降水，地下水における酸素18同位体比の高度分布

注：横軸の単位（‰）とは千分の一のことである。
資料：Tsujimura, M., Abe, Y., Tanaka, T., Shimada, J., Higuchi, S., Yamanaka, T., Davaa, G. and Oyunbaatar, D. (2007), "Stable Isotopic and Geochemical Characteristics of Groundwater in Kherlen River Basin, a Semi-arid Region in Eastern Mongolia", *Journal of Hydrology*, Vol. 333, No. 1 の Figure 11. 一部改変。

図9-8は降水，ヘルレン川の河川水，地下水の酸素18同位体比と標高の関係を示したものである。酸素18同位体は，8章でも取り上げたように，水の分子を構成し，水と一緒に挙動するトレーサーである。河川水の酸素18は，降水および地下水のそれに比較し顕著に低い値をとる。一般的に降水の酸素18と標高の間に線型（比例的な）関係があることを考慮すると，最上流の河川水は標高1650m以上にもたらされた降水によって涵養されているものと考えられる。ヘルレン川流域の最高標高は2500mであるので，本流の河川水は最源流域の降水を起源とし，途中蒸発によって失われた分を地下水から補填されながら下流まで流下しているものと思われる。このことは，乾燥・半乾燥地域の恒常河川は周辺地下水によって維持される，というような単純な河川－地下水交流関係の図式が成り立たないことを示している。ヘルレン川は源流域で得た水を，そのまま下流に流す樋（フリューム）のようなものと言うこともできる。

こうした特徴は，河川水や地下水の水質データによっても裏づけられている。図9-9に，ヘルレン川流域における河川水および地下水の水質特性の空間分布を示した。図中の6角形をヘキサダイアグラムと呼び，この形と大きさが，各地点における水質特性を表している。6角形の各頂点の中央線からの長さが，各種成分濃度の大きさを表すので，ヘキサダイアグラムの面積が大きいものは，全体として溶けている成分が多いという特徴を示す。また，6角形の面積が異なっても形が類似している場合，例えば上流域の地下水と河川水のヘキサダイアグラムは，ともにそろばん型の形状を示しているので，同系列の水質特性であると判断される。一方，中下流域の地下水を見ると，河川水に比べ，ヘキサダイアグラムの面積が大きいだけでなく，形が全く違うことが分かるだろう。このことから，上流域を除きヘルレン川流域では，地下水と河川水の水質特性は顕著に異なり，両者の交流関係はそれほど活発に生じていないということが示唆されるのである。

このように，半乾燥地域の河川水は，源流域の降水による涵養が極めて重要であり，河川と地下水との交流関係は，比較的限られたものであるということが示された。

本章のまとめ

①河川や湖沼などの地表水は，独立した水体として存在しているのではなく，水

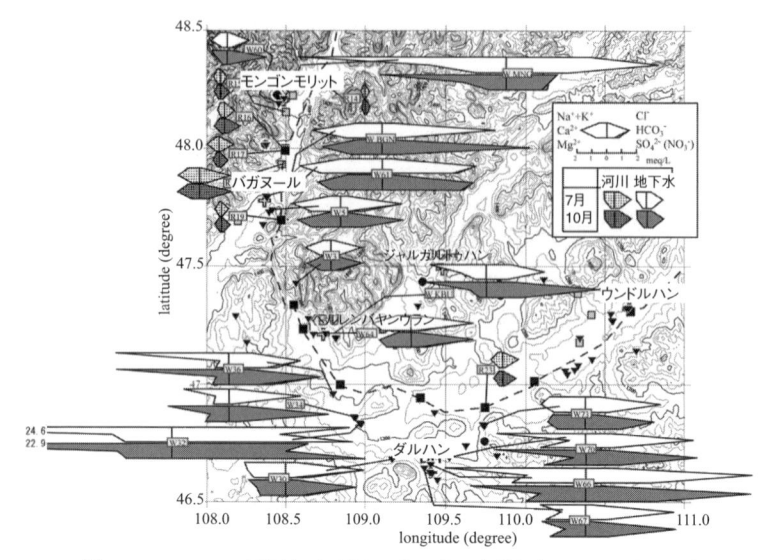

図 9-9 ヘルレン川流域の河川水，地下水の水質組成における空間分布
資料：Tsujimura, M., Abe, Y., Tanaka, T., Shimada, J., Higuchi, S., Yamanaka, T., Davaa, G. and Oyunbaatar, D. (2007), "Stable Isotopic and Geochemical Characteristics of Groundwater in Kherlen River Basin, a Semi-arid Region in Eastern Mongolia", *Journal of Hydrology*, Vol. 333, No. 1 の Figure 5. 一部改変．

循環プロセスの一部を構成し，特に地下水との交流関係は量的な観点からも重要である．

② 河川は，地下水流出によって維持される得水河川と，反対に河川が地下水を涵養する失水河川とに分けられる．一般に，温帯湿潤地域の山地河川は得水河川であるが，扇状地などは反対に失水河川である．

③ 失水河川の例として，栃木県鹿沼市，黒川の沖積地における一部があげられる．当地域における黒川の一区間では，河川流量の約20％相当量が，地下水涵養に寄与していると算定される．

④ 湖沼における地下水からの流入量は，1～10％程度と，場の条件によっては，水収支的に無視できない量にのぼることがある．この量は，水収支観測や，湖底における漏出量計観測などによって見積もられてきた．

⑤ 半乾燥地域の河川においては，源流域の降水が供給源としては最も重要であり，河川と地下水との交流関係は，あまり活発ではない場合があることが実証的に示された．

●参考文献

稲葉茜（2008）『栃木県鹿沼地域の地下水涵養における河川水，降水，田面水の役割』筑波大学第一学群自然学類地球科学専攻卒業論文。

榧根勇（1991）『実例による新しい地下水調査法』山海堂。

川端博（1982）「湖中への地下水浸透について」『環境科学研究報告集』B162-S704。

小林正雄（1992）「和迩（わに）川デルタからの琵琶湖への地下水の漏出」『地下水学会誌』第34巻第2号。

小林正雄（1993a）「琵琶湖へ漏出する地下水の挙動（I）——水質分布からみた地下水の漏出パターン」『陸水学雑誌』第54巻第1号。

小林正雄（1993b）「琵琶湖へ漏出する地下水の挙動（II）——湖岸地下水のポテンシャル分布」『陸水学雑誌』第54巻第1号。

鶴巻道二・小林道雄（1989）「湖沼と地下水——琵琶湖における調査・研究を中心として」『地学雑誌』第98巻第2号。

日本陸水学会（2006）『陸水の事典』講談社。

村岡浩爾・細見正明（1981）「霞ヶ浦沿岸地下水の挙動と水質」『国立公害環境研究所報告』第20号。

Abe-Ouchi, A., Segawa, S. and Saito, F. (2007), "Climatic Conditions for Modelling the Northern Hemisphere Ice Sheets throughout the Ice Age Cycle", *Climate of the Past*, Vol. 3, No. 3.

Lee, D. R. (1977), "A Device for Measuring Seepage Flux in Lakes and Estuaries", *Limnology and Oceanography*, Vol. 22, No. 1.

Pipkin, B. W. and Trent, D. D. (2001), *Geology and the Environment 3rd Edition*, Brooks: Cole Pub.Co.

Tsujimura, M., Abe, Y., Tanaka, T., Shimada, J., Higuchi, S., Yamanaka, T., Davaa, G. and Oyunbaatar, D. (2007), "Stable Isotopic and Geochemical Characteristics of Groundwater in Kherlen River Basin, a Semi-arid Region in Eastern Mongolia", *Journal of Hydrology*, Vol. 333, No. 1.

第Ⅳ部
環境地理学

第10章

植生地理学

高岡貞夫

　地形学，気候学，水文学は自然地理学の基幹をなす分野であるが，このほかに植生や土壌といった，地形・気候・水文の諸現象と密接にかかわる自然を対象とする研究分野があり，本書ではこれらを環境地理学としてひとまとめにした。一般に環境地理学というと，環境と人間のダイナミックな関係に焦点を当てる，自然地理学と人文地理学の両分野にまたがる領域ととらえられることが多いが，本書では植生地理学，地生態学，土壌地理学を取り上げる。これらは多かれ少なかれ学際的，総合的な側面を持つ点で共通性がある。まず本章では，植生地理学に関する基本的事項を述べていく。

1 植生地理学の目的

　極端に乾燥しすぎたり寒冷になりすぎたりする地域がない日本では，山野を眺めると，植物がつくる緑豊かな風景が必ず目に入ってくる。口絵9は，西穂高岳周辺を南から眺めた写真である（なお，**図10-1**には本章で出てくる山の名前と位置を示した）。山頂付近には森林がなく，ハイマツ低木林が覆う斜面（A）があり，その下方に常緑針葉樹林が覆う斜面（B）がある。AとBの間の破線の位置が，高山帯と亜高山帯の境界となる森林限界である。氷期に氷河により侵食を受け，その後に崖錐（風化作用で生産された岩屑が急崖の下に堆積してできた地形）の形成がなされた岳沢（Cと記した奥穂高側の沢）では露岩や草本・低木に覆われた斜面が卓越し，森林限界は局所的に下がっている。亜高山帯の斜面（B）にはシラビソやトウヒなどの常緑針葉樹が優占するが，亜高山帯上部には黄葉または落葉したダケカンバが混生しているのが見える。また亜高山帯の左方には明るい色の植生（D）が見られるが，ここは斜面の崩壊跡地にカラマツが侵入した場所である。亜高山帯下部の古い地すべり地と考えられる斜面（E）には，シナノキやブナな

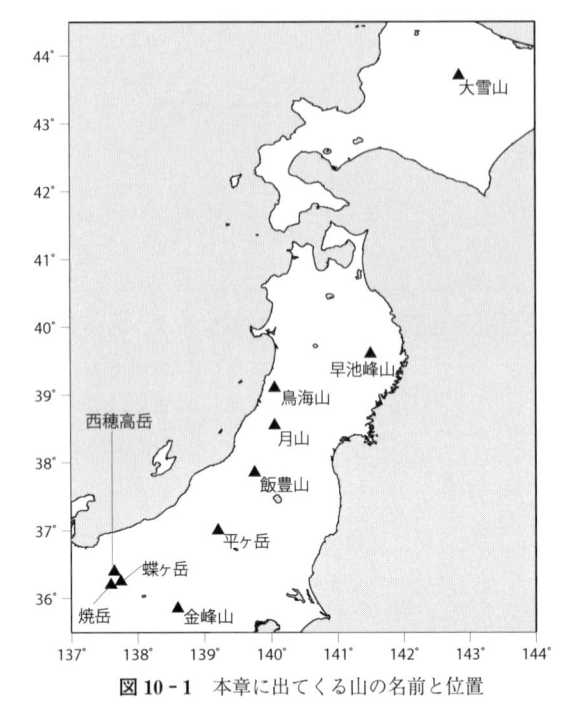

図10-1　本章に出てくる山の名前と位置
資料：筆者作成。

どの落葉広葉樹が多く混生している。近景の斜面（F）は焼岳の山麓で，明治末期から昭和にかけて繰り返された焼岳の水蒸気爆発で森林が破壊された跡地に成立したと思われるダケカンバ林である。

　このように，普段はただ見過ごしている植生の風景も，注意して眺めてみると，いろいろな模様が見えてくる。そしてこれらの模様について，「なぜ」，「どのように」と興味を持って調べ始めると，気温や土壌や風衝といった自然地理学的な諸条件の違いや，地表の変動，人間による干渉の歴史，さらには数千年・数万年以上にわたる地史的な背景まで考えなければならないこともある。植生がつくる模様は，地表で起きている諸現象の仕組みや歴史について考えるきっかけを与えてくれるのである。

　植生地理学は，植物の集団の組成や構造の違いが作り出す植被のパターンについて，地表で観察される植生以外の諸現象と関連づけながら記述し，パターンの特徴やその成因を明らかにすることを目的とする。

表 10-1 相観を決定する因子

因　子	植生の相観の例
優占種の生活形	木本（森林）／草本（草原）
個体密度	密林／疎林
高さ	高木林／低木林／草原
季節変化	常緑樹林／落葉樹林
優占種の葉形	針葉樹林／広葉樹林／針広混交林
構成種の複雑さ	純林／混生林

資料：八杉龍一・小関治男・古谷雅樹・日高敏隆編（1996）『岩波生物学辞典　第4版』岩波書店をもとに筆者作成。

本章ではまず日本のマクロな植生分布の概略を述べ，次に植生パターンの成因を考える時に大切な着眼点について説明していく。

2　日本の植生

（1）　相観と群系

植物について，特定の種や一個体一個体に着目するのでなく，地表の一定部分を覆う植物の集団としてとらえるときに，植生という用語を用いる（林，1990）。その集団の中で，個体数が多かったり，サイズが大きかったりするために，量的に広く地表を占めている種を優占種と呼ぶ。

世界のどの地域であっても，気候条件や土壌条件が類似していれば，種類こそ異なるものの，類似した生活形をとる植物が優占する。同じような気候帯に同じような相観（植生の外観のこと）を持つ植生を群系と呼ぶが，群系は，環境条件と関係づけながら各地の植生を比較するのに適した植生単位である。

相観はドイツの地理学者アレクサンダー・フォン・フンボルト（A. von Humboldt, 1769-1859年）が提唱したもので，相観を決定する因子には**表 10-1** のようなものがある（八杉ほか，1996）。

図 10-2 には，気温と降水量の違いに応じて，世界に様々な群系が見られることが示されている。気温の傾度に沿って熱帯林から温帯林，亜寒帯林，ツンドラへと変化し，降水量の傾度に沿って熱帯多雨林から熱帯季節林，サバンナ，砂漠へと変化する。植物生産力を左右する温度と水が不足するにつれて植生の組成・

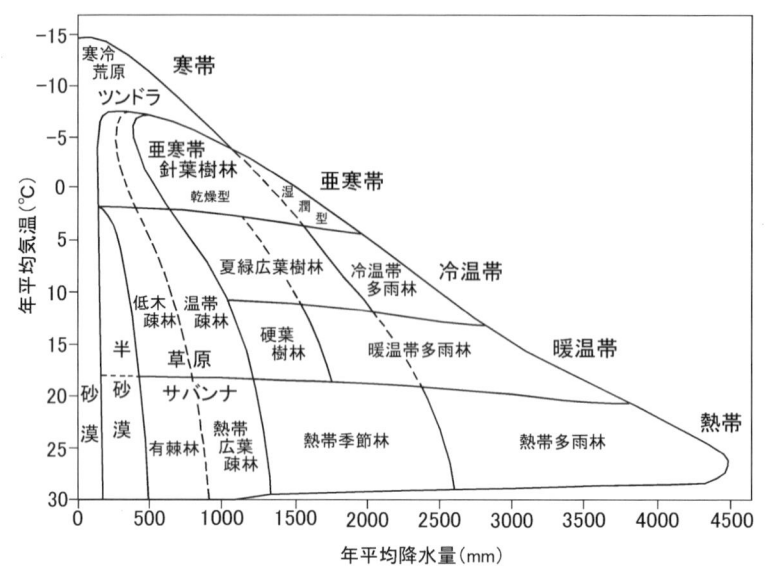

図10-2 世界の主要な群系

資料：中西哲・大場達之・武田義明・服部保（1983）『日本の植生図鑑〈Ⅰ〉森林』保育社により筆者作成。

表10-2 日本の植生帯

群 系	分布帯の名称		優占種の例
	垂直分布帯	水平分布帯	
低木林・低小草原	高山帯	寒帯	ハイマツ, コケモモ, ガンコウラン, ウラシマツツジ, オヤマノエンドウ, クロマメノキ
常緑針葉樹林	亜高山帯	亜寒帯	オオシラビソ, シラビソ, トウヒ, コメツガ, ダケカンバ
落葉広葉樹林（夏緑広葉樹林）	山地帯	冷温帯	ブナ, イヌブナ, ミズナラ, ハウチワカエデ, シナノキ, ハリギリ
常緑広葉樹林（照葉樹林）	低山帯（丘陵帯）	暖温帯 亜熱帯	スダジイ, タブノキ, ウラジロガシ, アカガシ, イスノキ, モミ

資料：中西哲・大場達之・武田義明・服部保（1983）『日本の植生図鑑〈Ⅰ〉森林』保育社，福嶋司・岩瀬徹編著（2005）『図説　日本の植生』朝倉書店などにより筆者作成。

図10-3 日本の植生分布

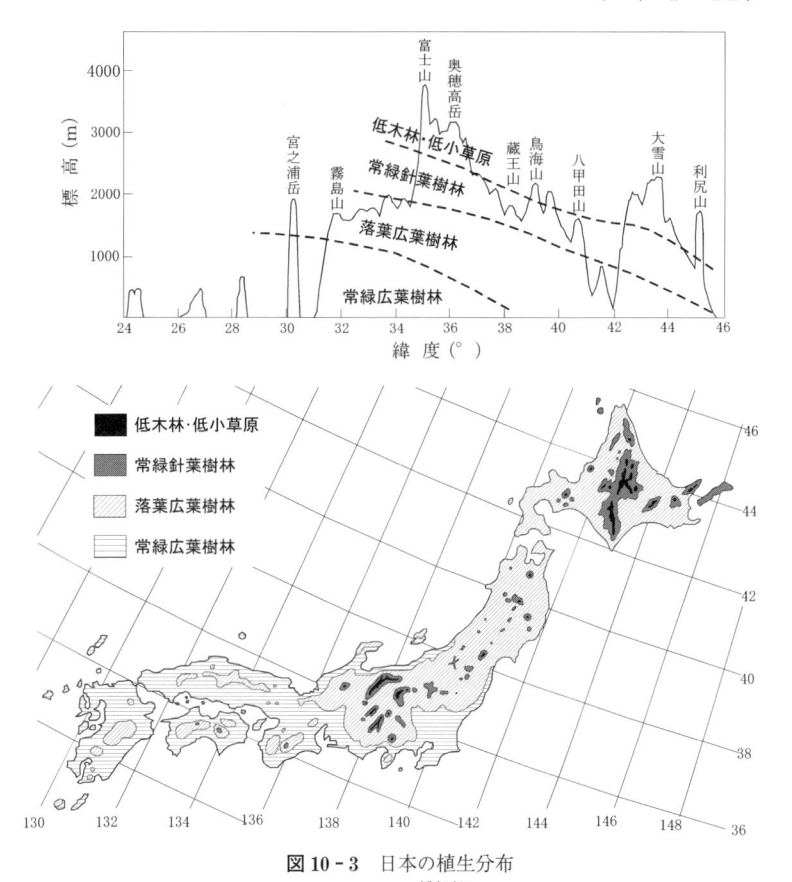

注：落葉広葉樹林としたところのうち，北海道の黒松内低地以北は針広混交林である。またモミ・ツガ林も落葉広葉樹林に含めて図化している。
資料：堀越増興・青木淳一編（1985）『日本の生物』岩波書店により筆者作成。

構造が単純化し，植生の高さも低くなっていくことがわかる。

（2） 日本の植生帯

　日本の植生を列島スケールで見ると，4つの群系からなる植生帯が認められる（表10-2，図10-3）。日本では十分な降水があるので，これらの群系の分布は気温によって決まっており，標高および緯度に沿って帯状に配列している。垂直分布で見た場合，本州中部の山地における各植生帯のおよその標高は，高山帯は2500m以上，亜高山帯は1600m以上，山地帯は800m以上となっている。

表10-2では高山帯・寒帯の群系を低木林・低小草原としているが、低木林とは、この植生帯でしばしば広い面積を占める、高さ1～2mのハイマツ低木林のことを主に指している。ハイマツ低木林は亜高山帯以下の森林とほぼ同じ生産力を持ち、またコケモモやコガネイチゴなど亜高山帯の要素の植物をともなう。このことから、日本の山地の山頂部にあるハイマツの優占する領域は、世界的な基準で見たときの高山帯ではなく亜高山帯上部に相当すると考えられ、ハイマツ帯と呼ばれる（沖津、1984）。日本の高山にはハイマツ以外にも矮性低木と呼ばれる樹高10cm前後の木本種が分布する。背丈が低いので一見して草本に見えるチングルマや、コケモモ、チョウノスケソウなどの高山植物は木本種である。

　常緑広葉樹林は暖温帯と亜熱帯の2つの水平分布帯（気候帯）にまたがって分布している。南西諸島には木性シダが生育していたり、海岸にはマングローブ林が発達したりして（2章3節）、本州の常緑広葉樹林とは趣を異にする。南西諸島から北に向かって見られる種組成の変化は連続的であるので、暖温帯の領域と亜熱帯の領域を明瞭に区分することは難しいが、亜熱帯性の植物が多く出現する南西諸島から屋久島までと小笠原諸島を亜熱帯とすることもある（福嶋、2005）。

　これらの植生帯の分布範囲は、温かさの指数（WI：Warmth Index）の分布との対応がよい。暖かさの指数は、月平均気温が5℃以上の月について、平均気温から5℃引いた値を積算したものである。各植生帯の暖かさの指数は、高山帯・寒帯は0～15℃・月、亜高山帯・亜寒帯は15～45℃・月、山地帯・冷温帯は45～85℃・月、低山帯のうち暖温帯相当域が85～180℃・月、亜熱帯相当域が180～240℃・月である。

　暖かさの指数が45～85℃・月の領域のうち、道南地域を除く北海道では、エゾマツ、トドマツ、ミズナラ、ハリギリ、エゾイタヤ、ダケカンバなどからなる針広混交林が発達する。

3　群落の分布と環境

（1）群落とは

　植生について、その構成種や構造を具体的に意識して呼ぶ場合に、群落（植物群落）という語を用いる（林、1990）。例えば山地帯・冷温帯の落葉広葉樹林について、優占種に着目してブナ－チシマザサ群落やミズナラ群落などと区分して呼

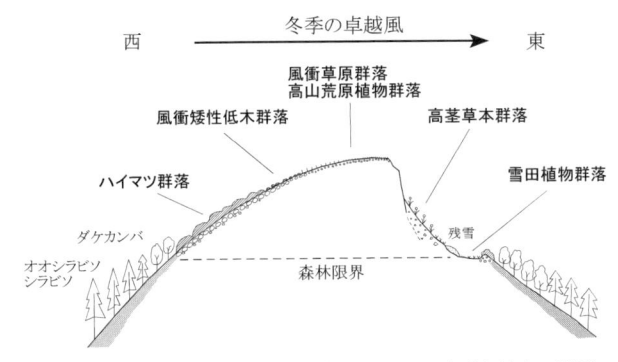

図 10-4 日本アルプスの山頂付近における地形と植生の配列

注：稜線の西側には周氷河性平滑斜面が，東側には氷食によるカールなどの地形が形成され，非対称山稜になることが多い。

資料：小泉武栄（1984）「日本の高山帯の自然地理的特性——とくにその自然景観の多様性について」福田正己・小疇尚・野上道男編『寒冷地域の自然環境』北海道大学図書刊行会により筆者作成。

ぶのがその例である。群落名に常に優占種名をつけて用いるわけでなく，例えば「雪田植物群落」や「沈水植物群落」の例のように，種構成を意識しつつも，成立場所や生活形を群落名に冠する用い方もなされる。特定の環境条件の場所には同じような性格の群落が出現する。

本章2節で述べたそれぞれの植生帯の内部に様々な群落が見られるのは，それらの群落が，マクロな気候条件だけではなく，よりミクロな条件の影響を受けて成立しているからである。場所によって群落が異なる要因には，立地要因，攪乱要因，生物要因の3つがある。

（2） 立地要因

植物の生育に影響する立地要因には，日射，気温，湿度，降水，降雪といった大気現象に関する要因や，地質，土壌，地下水位といった土地的要因がある。これらの立地環境の空間分布は地形の凹凸によって不均一になるので，それに対応して様々な群落が隣り合わせに成立していることがある。例えば高山の稜線付近には冬の季節風に対する風上側斜面と風下側斜面では雪の積もり方や土壌の発達具合が異なり，このことが森林限界以上の植生を特徴づけている（図10-4）。風上斜面では全体的に積雪が少ないが，巨礫が表層を覆う斜面下方にはハイマツ群落や風衝矮性低木群落，雪がほとんどつかない稜線付近の砂礫地には高山荒原

図 10-5　洞爺丸台風によって発生した風倒地
注：風倒発生場所のうち，30～50ha以上の規模のところのみ示す。
資料：王手三棄寿（1959）「気象」北海道風害森林総合調査団編『北海道風害森林総合調査報告』日本林業技術協会により筆者作成。

植物群落などが見られ，雪の吹きだまる風下斜面では融雪水や養分に恵まれた場所に高茎草本群落，消雪が遅く生育期間が短い場所に雪田植物群落が見られる。

（3）攪乱要因

　群落の構造を破壊したり改変したりする出来事を攪乱という。通常，攪乱の跡地では植生の回復が進行するが，生態遷移によって極相（遷移が進んで最終的に成立する植生）に達するまでは，そこだけ周囲と異なる種組成や構造をもつ群落となる。
　攪乱には台風，火山噴火，斜面崩壊，洪水・土石流，落雷による火災，昆虫の大発生などの自然攪乱と，伐採，火入れ，放牧などの人為攪乱がある。台風で風倒が起きた現場などを目の当たりにすると，生態系の質が損なわれたかのような印象を受けるかもしれないが，長期的に見れば森林には自然攪乱が時々起きているもので，攪乱は森林の更新に必要な生態系の仕組みの1つと考えるのがよい。ときには攪乱によってかなり広域にわたって植生が破壊されることがあり，例えば1954年の台風15号（洞爺丸台風）は北海道全域に風倒をもたらした。その面積は75万haに上ったが，これは北海道の森林面積の10％を超える値であった（**図

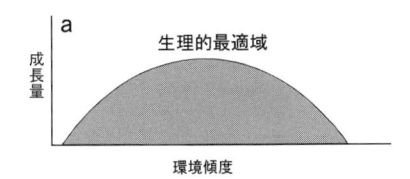

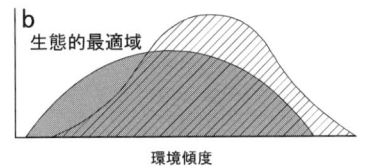

図 10-6 生理的最適域と生態的最適域

注：横軸（環境傾度）は，気温や土壌水分など植物の生育環境を考えるとよい。
資料：Walter, H. (1973), *Vegetation of the Earth in Relation to Climate and Eco-physical Conditions*, New York: Springer-Verlag により筆者作成。

10-5）。

　攪乱の強度や面積規模，発生頻度などは場所や地域によって異なる。例えば山火事発生頻度はマクロには地域の降水量に左右されるし，ミクロには乾燥の度合いや風あたりの違いを生じさせる斜面方位によっても異なる。山火事が数百年に一度しか発生しないところと数十年おきに発生するところでは，そこに成立する群落の組成や構造が異なってくる。つまり攪乱の発生の仕方の特徴（攪乱体制と呼ばれる）の違いが，場所や地域によって成立する群落に違いが生じる原因の1つになっている。

（4）　生物要因

　植物の生存や生育は，他の植物や動物からも影響を受けるので，そのような生物要因が群落の分布に関わっていることもある。

　先に立地要因について述べたが，植物は立地環境の量的な大小の軸（環境傾度と呼ばれる）に沿って，それぞれ固有の生理的最適域を持つ（**図 10-6**a）。しかし他種との競争の結果，生理的最適域の全体に必ずしも分布できず，一部の場所にだけ優占することも多い（**図 10-6**b）。このように，自然界で実際に分布している領域を生態的最適域と呼ぶ。例えばカラマツは火山や崩壊地など乾燥しがちな岩礫地に群落をつくる一方で，湿原内部の微高地にも侵入している。しかし，カラマツにとって生理的に最適な立地がこれらの乾燥と湿潤という両極端な立地であるとは限らないことは，中庸な立地に植林されているカラマツが生育旺盛であることを見ると分かる。陽樹（耐陰性が低く，林内など暗い場所でうまく生育できない樹木）であるカラマツは中庸な立地では他種との光をめぐる競争の中で永続的に群落を構成することはできず，結果として乾燥立地や湿潤立地に群落をつく

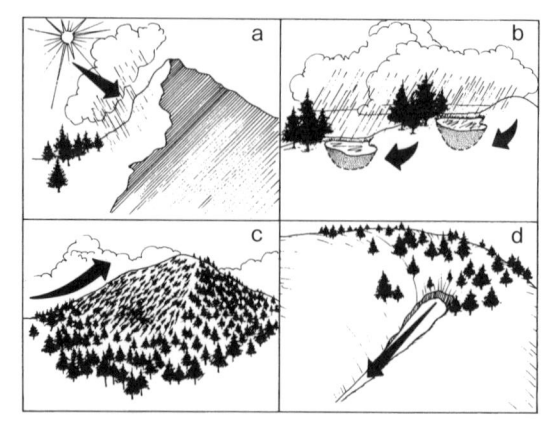

図10-7 生態系のパターンとプロセスに対する4つの地形効果

注：a：日射量や降水量の大小，b：地下水の流れ，c：風倒の起きやすい場所，d：崩壊の起きやすい場所は地形と関係がある。
資料：Swanson, F.J., Kratz, T.K., Caine, N. and Woodmansee, R.G. (1988), "Landform Effects on Ecosystem Patterns and Processes", *BioScience*, Vol. 38, No. 2. 一部改変。

っている。

（5） 地形と群落

すでに本章3節(2)～(4)項の記述の中で触れたように，群落の成立を規定する立地要因や攪乱要因の空間分布は，地形によって規定されていることが多いので，群落の分布パターンも地形との関係で理解されることが多い（菊池，2001）。立地要因や攪乱要因の空間分布は次のようにして地形の影響を受けている。

まず，地形は地表が受けるエネルギーや物質の空間配分を決める（**図10-7a，図10-7b**）。例えば斜面方位や地形的位置によって，日射量や降水量・降雪量は異なる。また雨水や融雪水の地表および地中の移動・貯留や，冷気湖の形成なども，地形の凹凸や斜面の傾斜の影響を受ける。その結果，場所によって気温や湿度などの小気候・微気候条件が異なったり，土壌条件に違いが生じたりする。

次に，地形は攪乱の影響範囲や発生頻度・強度の空間分布に影響を与える。卓越風によって延焼域を拡大する山火事や台風にともなう強風など，主に大気現象に関係する攪乱に対して，地形は障壁となってシェルター（攪乱を受けない場所）

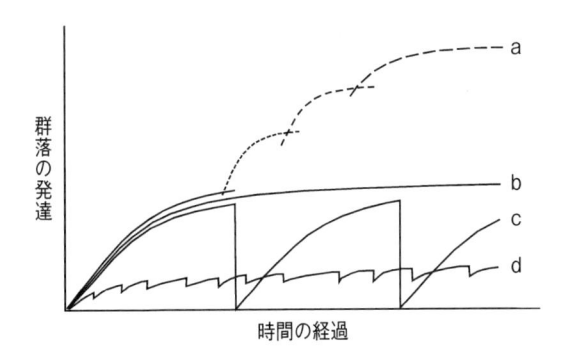

図10-8 地すべり跡地における植生の発達過程
注：a：新生の土地に植物が侵入・定着し，極相に向かって遷移が進んでいく。b：崩壊によって形成された固有の立地特性が長期的に保持され，跡地特有の群落が維持される。c：同所に崩壊が繰り返され，崩壊のたびに初期状態からの群落発達が再開する。d：立地を初期化しない程度の弱い攪乱が頻繁に起こり，定常状態が保たれる。
資料：菊池多賀夫（2002）「地すべり地における植生とその立地条件」『地すべり』第39巻第3号により筆者作成。

を提供したり，逆に影響を増大させたりする効果を持つ（**図10-7**c）。例えば**図10-5**で風倒発生場所がパッチ状になるのは，太平洋側からの強風が直接ぶつかった斜面や，山地の風背側で吹き下ろしの暴風を受けたところ，風向と一致する方向に延びる渓谷の周辺，風が収束する鞍部など，特定の地形条件の場所で風倒が起きたためである（玉手，1959）。

また，地形は不変でなく侵食・堆積といった過程を通じて変化するが，そのような地表変動が群落の成立や更新に重要な攪乱となる（**図10-7**d）。本章3節(2)項では**図10-4**について，主として立地環境の観点から説明したが，風上斜面では風食やソリフラクション（凍結融解にともなって斜面上の砂礫が移動すること），風下斜面では落石や高山土石流，クライド（ザラメ化した斜面の積雪がゆっくりと地表面上を滑ること），融雪水による侵食などの地形形成作用が働いていて，これらが群落の成立に関わっている。

雨が多く山がちな日本においては，斜面崩壊は群落の成立に関わる攪乱として重要であるが，崩壊跡地における群落の長期的な動態について**図10-8**のようなモデルが仮説として提示されている。一口に崩壊地と言っても一様でなく，攪乱の強度や頻度の違いなどによって，群落の発達過程が異なると予想される。

さらに，生物要因にも地形が関係している場合がある。例えば北海道黒松内(後述する図10-10中の「現在のブナの北限」付近)での調査例において，草食性のエゾヤチネズミは急傾斜地には生息しておらず，この野ネズミが餌として好むブナ実生(種子から発芽して間もない若い植物)の生残率は平坦地より急傾斜地で高かった(北畠・梶，2000)。このことは，この地域のブナ林の分布が他の樹種からなる森林よりも急傾斜地に偏ることと関係しているらしい。

4 地史的要因

（1）種の分布域の歴史性

植生分布の特徴の中には，現在働いている要因だけではうまく説明のつかないものもある。このような場合は過去の気候変化と植生変遷の中で，現在の植生分布の成立を考えてみるとよい。日本の亜高山帯と山地帯の植生について，1つずつ例を示そう。

鳥海山や月山，飯豊山のように，山地帯植生の上限が森林限界となり，亜高山帯の標高域に針葉樹林が成立していない山がある。そこはダケカンバ，ナナカマド，ミネカエデ，ミヤマナラなどの低木林やチシマザサの草原が占めている。本来はオオシラビソなどの常緑針葉樹が優占する亜高山帯の領域であるのに，高山帯のように開けた景観になっているので，このような植生の成立域は偽高山帯と呼ばれる。

偽高山帯は主として多雪山地に分布する傾向があるが，同じような積雪量でも偽高山帯のある山とそうでない山があり，偽高山帯の成因は多雪や強風などの環境条件だけではうまく説明できない。そこで，過去の気候変化や植生変遷を考慮した仮説が出されている。追い出し説(梶，1982)がその1つで，約6000年前の温暖期に植生帯が上昇した時に，山頂の高さが十分にない山では亜高山帯植生が追い出されて消滅し，その後現在にかけて植生帯が下降しても，亜高山帯標高域は空白のままになっているというものである(図10-9)。この説はその後，花粉分析の研究成果やオオシラビソ林の発達と関係の深い緩傾斜地の分布なども考慮して修正・改良されたが(杉田，2002)，いずれの説も，現在の植生分布を地史的観点から考えることの大切さを教えている。

また，山地帯・冷温帯の優占種の代表的存在であるブナは，北海道黒松内低地

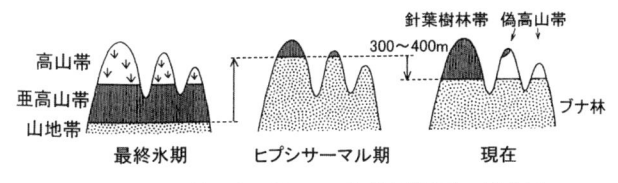

図10-9 追い出し説による偽高山帯成立の模式図

資料：杉田久志（2002）「偽高山帯の謎をさぐる——亜高山帯植生における背腹構造の成立史」梶本卓也・大丸裕武・杉田久志編著『雪山の生態学　東北の山と森から』東海大学出版会の図12-3。

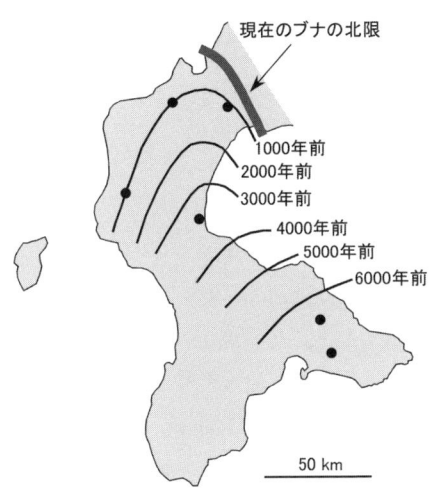

図10-10 北海道南西部におけるブナの北進過程

注：●は花粉分析のデータが得られている地点。
資料：紀藤典夫・瀧本文生（1999）「完新世におけるブナ個体群増加と移動速度」『第四紀研究』第38巻第4号より筆者作成。

を分布北限としている。温かさの指数で考えれば，黒松内低地より北方の低地や丘陵地にも広く分布してよいはずなので，分布の北限がなぜここにあるのか謎とされ，気候特性，山火事や噴火による攪乱，ブナと他の樹種とのすみ分けなど，様々な仮説が提示されてきた（渡邊，1994）。しかし，ブナの北限はこれらの説では必ずしも説明できないとし，花粉分析に基づく後氷期のブナの北上過程の推定結果（**図10-10**）に基づいて，ブナは現在もまだ北上の途上にあり黒松内低地より北にも分布拡大が可能であるとの考えが出されている（紀藤・瀧本，1999）。

（2） 立地環境の歴史性

　本章3節で述べた群落の成立に関わる立地環境や攪乱についても，地史的な観点からの理解が必要な場合もある。例えば金峰山(きんぷさん)では，山頂付近の斜面を岩塊が覆っていて，ここに高山帯の植生が成立している（清水・鈴木，1994）。岩塊は細粒の充填物質を欠き，土壌が未発達であるために森林が成立していない。この岩塊斜面は氷期に形成された周氷河斜面であると考えられ，岩塊斜面の末端の小崖が森林限界と一致している（**図10-11**）。温かさの指数から考えれば標高2595mの山頂まで亜高山帯の常緑針葉樹林が成立していてもよいはずであるが，実際には約2500m付近に森林限界があり，それより上方にはハイマツなどの優占する低木群落になっている。これは，植生分布パターンが現在の温量条件のみによって規定されるのではなく，過去の地形形成過程の中でつくられた現在の立地環境（土壌条件）によって規定されている例と考えられる。このように周氷河性岩塊斜面の存在によって規定されている森林限界は大雪山(だいせつざん)，早池峰山(はやちねさん)，蝶ヶ岳(ちょうがたけ)など複数の山で観察されており，日本の森林限界のタイプの1つとして認められる。

　また，丘陵地の谷壁(こくへき)斜面は侵食前線と考えられる傾斜変換線を境に上部谷壁斜面と下部谷壁斜面とに区分されるが（**図10-12**），これらの斜面間で植生が異なることはよく知られている。例えば仙台近郊では頂部斜面から上部谷壁斜面にかけてはモミの優占する群落であるが，下部谷壁斜面ではモミが出現せずにイイギリが高木種として出現し，林床にはミヤマカンスゲやミゾシダの被度が高いなどの特徴を持つ（Kikuchi and Miura, 1991）。侵食前線の下方にある下部谷壁斜面では，上部谷壁斜面より地表の攪乱(かくらん)が頻繁である。後氷期に活発化した斜面の開析が進む中で，植生も動的に成立している。

⑤　植生の変化

（1）　二次植生

　極相の状態の植生が破壊された跡地に成立した遷移途上の植生を二次植生といい，二次林と二次草原からなる。二次林は，原生林（極相林）が台風や斜面崩壊などの自然攪乱や伐採などの人為攪乱によって破壊された後に形成された再生林で，先駆種が優占する場合が多い。破壊後に速やかに森林再生が始まった場合，樹齢にあまり差がなく，樹高や直径のサイズがよくそろった森林ができることが

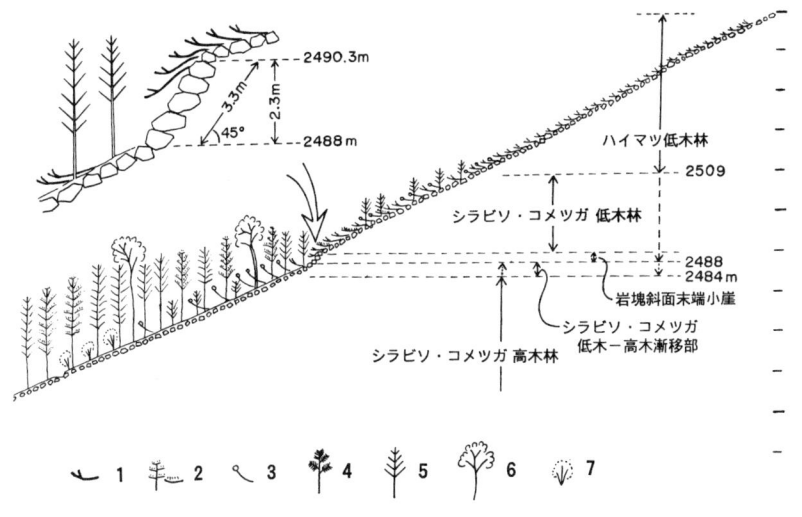

図 10-11 金峰山の森林限界付近における地形・植生断面

注:植物の凡例は,1:ハイマツ,2:コメツガ,3:ハクサンシャクナゲ,4:チョウセンゴヨウ,5:シラビソ,6:ダケカンバ,7:コヨウラクツツジ

資料:清水長正・鈴木由告(1994)「秩父山地金峰山における周氷河性岩塊斜面と森林限界の関係について」『地学雑誌』第103巻第3号の図4。一部改変。

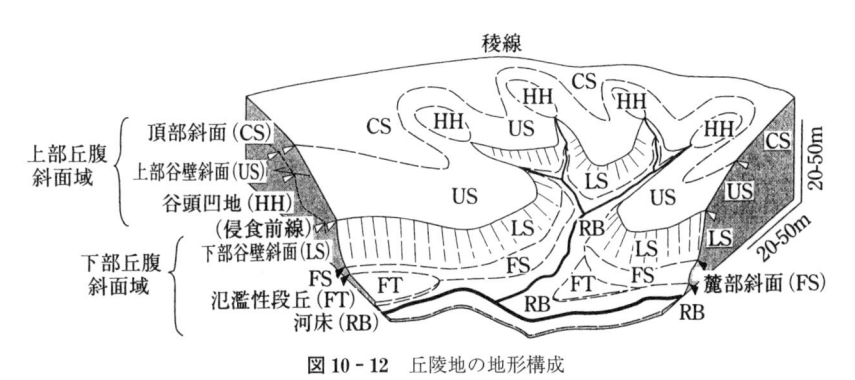

図 10-12 丘陵地の地形構成

資料:Nagamatsu, D. and Miura, O. 1997 soil disturbance regime in relation to micro-scale landforms and its effects on vegetation structure in a hilly area in Japan. *Plant Ecology*, 133: 191-200.より作成。

あり、これを一斉林と呼ぶ。火入れや放牧が継続的に行われてきたところでは、ススキ、シバ、ササなどが優占する二次草原が成立している。

　図10-3に植生帯の分布図を示したが、現実にはこの図のとおりに植生が発達しているわけではない。人為の影響を受けて自然植生は大きく変化した。特に常緑広葉樹林帯は標高が低く、人間が主として活動してきた領域と重なるため、植生のほとんどが二次植生や人工植生に置き換えられている。

　二次植生と人工植生をあわせて代償植生と呼ぶが、代償植生が成立する場所で人為の影響が停止した時に成立すると考えられる植生を潜在自然植生という。長年にわたって人為の影響が継続していたところでは、土壌などの土地条件が変化しているので、潜在自然植生はもともとそこに成立していた原植生と同一であるとは限らない。

　二次植生は人為攪乱を受けた場所に成立していることが多いが、その再生過程には地域の自然条件が影響するので、二次植生といえどもその分布パターンには一定の秩序が認められる。関東地方沿岸部の二次林にはシイ・カシ類が優占する常緑広葉樹型とコナラやアカメガシワといった落葉広葉樹が優占する落葉広葉樹型とがあるが、それらの分布を見ると海岸線から内陸に向かって常緑広葉樹型から落葉広葉樹型へと変化し（**図10-13a**）、両者の境界は落葉期（11月〜4月）の月平均気温の積算値が55℃・月前後に相当する（**図10-13b**）。常緑広葉樹の自然林の分布北限が冬の寒さで決まっているのに対し、関東沿岸部の二次林では、落葉広葉樹との競争を支える冬の暖かさが重要である。これらの型の分布の特徴はミクロにも観察され、南向き斜面ではより内陸まで常緑樹の被度が高い（**図10-14**）。

　里山と呼ばれる農村部にある二次林は、かつて薪炭林や農用林として伐採や下草刈り、落ち葉かきなどが行われたもとで形成されたものである。1900年代半ば以降はそれらの利用が徐々に停止したため、シイ・カシ類などの常緑樹の増加や竹林の異常拡大が起きているところがある。

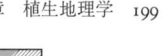

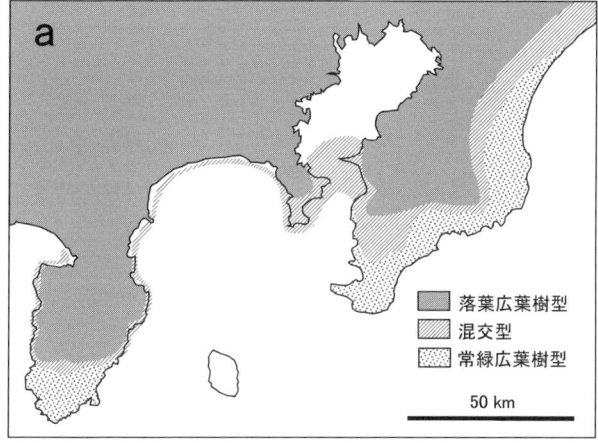

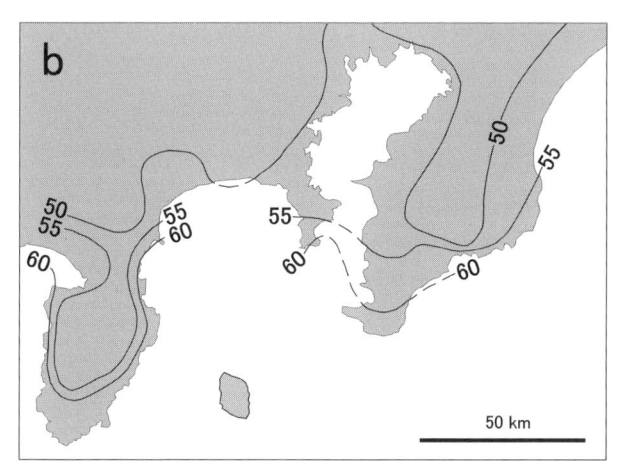

図 10-13 (a)関東地方南部における二次林の分布と，(b)落葉期（11月〜4月）の月平均気温の積算値の分布

資料：磯谷達宏（1994）「伊豆半島南部の小流域における常緑および夏緑広葉二次林の分布とその成立要因」『生態環境研究』第1巻第1号により筆者作成。

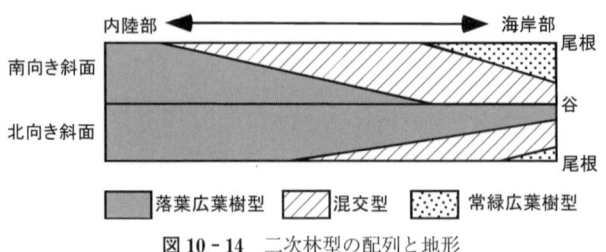

図 10-14　二次林型の配列と地形

資料：磯谷達宏（1986）「伊豆・房総地域における常緑広葉樹型・落葉広葉樹型二次林の分布について」『日本地理学会予稿集』第29号により筆者作成。

（2）気候変化と植生変化

　植生分布に関わる立地環境も攪乱体制も一定ではなく，気候変化とともに変化するものである。近年話題となっている地球温暖化（6章3節）も，様々な形で植生に影響を与えると考えられる。

　一般に，気候変化とそれに対する植生の応答との間には，時間的な遅れが生じる。これは，植生分布が立地環境や攪乱のみならず生物的要因によって決まっているからである。気候の変化の大きさによっては，植物は枯死することなくその場所を占拠し続ける。開花・結実が不良になるなどの変化が生じる場合もあるが，世代交代が起きるまで，相観的には植生変化が認められない。

　植生の変化が観察されやすいのは，森林限界や亜高山草原と森林の境界部など，植生のコントラストが大きい場所である。スカンジナビア半島や北アメリカ西岸などで，山地の樹木限界の変動（Kullman, 1979）や亜高山草原への樹木侵入（Franklin et al., 1971）が20世紀に起きたことが数多く報告され，小氷期以降の温暖化との関係が指摘された。しかし，例えば北アメリカ西岸の事例では，山地での羊の放牧の停止や林野火災の減少が植生変化に関わっているとの説もあるなど，気候変化との関係は慎重に検討される必要がある（Takaoka and Swanson, 2008）。

　日本の多雪山地においても，気候変化にともなうと考えられる植生変化が観察されている（安田ほか，2007）。平ヶ岳山頂部にある山地湿原では，ハイマツやチシマザサの侵入が起こり，1971年から2004年の33年間に湿原の面積が10％縮小したが，これは近年の積雪量の減少にともなう湿原環境の変化が原因と推定されている。

本章のまとめ

① 植生地理学は，植物の集団の組成や構造の違いが作り出す植被のパターンについて，地表で観察される植生以外の諸現象と関連づけながら記述し，パターンの特徴やその成因を明らかにすることを目的とする。

② 日本には低木林・低小草原，常緑針葉樹林，落葉広葉樹林，常緑広葉樹林の4つの群系からなる植生帯が認められ，基本的には温量条件で分布が規定されている。

③ 各植生帯の内部には様々な群落が認められるが，これらの分布には，よりミクロなレベルで働く立地要因，攪乱要因，生物要因の3つが関わっている。これらの要因の空間分布は，しばしば地形によって規定されているので，群落の分布パターンも地形との関係で理解されることが多い。

④ 植生分布の特徴は，現在働いている要因ですべて説明がつくとは限らない。過去の気候変化や植生の変遷，立地の形成過程など，地史的な要因を考慮することも大切である。

⑤ 植生は，それを利用する人間との関係の変化や気候変化などによって変化している。

●参考文献

磯谷達宏（1986）「伊豆・房総地域における常緑広葉樹型・落葉広葉樹型二次林の分布について」『日本地理学会予稿集』第29号。

磯谷達宏（1994）「伊豆半島南部の小流域における常緑および夏緑広葉二次林の分布とその成立要因」『生態環境研究』第1巻第1号。

大場秀章（1991）『森を読む』岩波書店。

沖津進（1984）「ハイマツ群落の生態と日本の高山帯の位置づけ」『地理学評論』第57A巻第11号。

沖津進（2002）『北方植生の生態学』古今書院。

梶幹男（1982）「亜高山性針葉樹の生態地理学的研究――オオシラビソの分布パターンと温暖期気候の影響」『東京大学演習林報告』第72号。

菊池多賀夫（2001）『地形植生誌』東京大学出版会。

菊池多賀夫（2002）「地すべり地における植生とその立地条件」『地すべり』第39巻第3号。

北畠琢郎・梶幹男（2000）「ブナ・ミズナラ移植実生の生残過程における捕食者ネズミ類の生息地選択の影響」『日本林学会誌』第82巻第1号。

紀藤典夫・瀧本文生（1999）「完新世におけるブナ個体群増加と移動速度」『第四紀研究』第38巻第4号。

小泉武栄（1984）「日本の高山帯の自然地理的特性――とくにその自然景観の多様性について」福田正己・小疇尚・野上道男編『寒冷地域の自然環境』北海道大学図書刊行会。

清水長正・鈴木由告（1994）「秩父山地金峰山における周氷河性岩塊斜面と森林限界の関係について」『地学雑誌』第103巻第3号。

シュミットヒューゼン，J.（1968）『植生地理学』宮脇昭訳，朝倉書店。

杉田久志（2002）「偽高山帯の謎をさぐる――亜高山帯植生における背腹構造の成立史」梶本卓也・大丸裕武・杉田久志編著『雪山の生態学　東北の山と森から』東海大学出版会。

ターナー，M. G.・ガードナー，R. H.・オニール，R. V.（2004）『景観生態学――生態学からの新しい景観理論とその応用』中越信和・原慶太郎監訳，文一総合出版。

武内和彦・鷲谷いずみ・恒川篤史編（2001）『里山の環境学』東京大学出版会。

玉手三棄寿（1959）「気象」北海道風害森林総合調査団編『北海道風害森林総合調査報告』日本林業技術協会。

中西哲・大場達之・武田義明・服部保（1983）『日本の植生図鑑〈Ⅰ〉森林』保育社。

林一六（1990）『植生地理学』大明堂。

福嶋司編（2005）『植生管理学』朝倉書店。

福嶋司・岩瀬徹編著（2005）『図説　日本の植生』朝倉書店。

堀越増興・青木淳一編（1985）『日本の生物』岩波書店。

水野一晴編著（2001）『植生環境学――植物の生育環境の謎を解く』古今書院。

八杉龍一・小関治男・古谷雅樹・日高敏隆編（1996）『岩波生物学辞典　第4版』岩波書店。

安田正次・大丸裕武・沖津進（2007）「オルソ化航空写真の年代間比較による山地湿原の植生変化の検出」『地理学評論』第80巻第13号。

渡邊定元（1994）『樹木社会学』東京大学出版会。

Franklin, J. F., Moir, W. H., Douglas, G. W. and Wiberg, C. (1971), "Invasion of Subalpine Meadows by Trees in the Cascade Range", *Arctic and Alpine Research*, Vol. 3, No. 3.

Kikuchi, T. and Miura, O. (1991), "Differentiation in Vegetation Related to Micro-scale Landforms with Special Reference to the Lower Sideslope", *Ecological Review,* Vol. 22, No. 2.

Kullman, L. (1979), "Change and Stability in the Altitude of the Birch Tree-limit in the Southern Swedish Scandes 1915-1975", *Acta Phytogeographica Suecica,* No. 65.

Nagamatsu, D. and Miura O. (1997), "Soil Disturbance Regime in Relation to Micro-scale Landforms and Its Effects on Vegetation Structure in a Hilly Area in Japan", *Plant Ecology,* Vol. 133, No. 2.

Swanson, F. J., Kratz, T. K., Caine, N. and Woodmansee, R. G. (1988), "Landform Effects on Ecosystem Patterns and Processes", *BioScience,* Vol. 38, No. 2.

Takaoka, S. and Swanson, F. J. (2008), "Change in Extent of Meadows and Shrub Fields in the Central Western Cascade Range, U.S.A.", *The Professional Geographer,* Vol. 60, No. 4.

Walter, H. (1973), *Vegetation of the Earth in Relation to Climate and Eco-physical Conditions,* New York: Springer-Verlag.

第11章

地生態学

高 岡 貞 夫

　前章では，環境地理学の重要な学問領域の1つである植生地理学について説明した。本章では，環境地理学の重要分野の1つであり，かつ学際性の強い学問領域である地生態学について詳述しよう。

1 地生態学とは

　地生態学（景観生態学）はドイツの地理学者カール・トロール（C. Troll, 1899-1975年）によって提唱された総合的・学際的な学問領域であり，その発展過程や研究手法上の特徴については，武内（1991）や横山（1995, 2002）によって詳しく紹介されている。すなわち，地生態学は，生物共同体とそれを取り巻く環境条件の間に存在する，総合的・複合的な相互作用を解明する学問（横山，1995）と定義される。これは，景観形成に関わる地形，地質，土壌，水，気候，植生，動物などの地因子や，人間の活動について，多様な相互関係を分析し，類型化し，そして系統づける学問である。研究が細分化・先端化した今日においては，地形学，地質学，土壌学，水文学，気候学，植物学，動物学といった各専門分野による分析的な研究のそれぞれの成果を束ねたところで，必ずしも地域の自然の全体像の理解が得られるわけではない。初めから全体的理解を目指すような方向で研究を行うこと，つまり，まず全体像をとらえてそこから分析に向かうような方向の研究も必要なのである（武内，1991）。

　トロールは空中写真を用いた研究を重視していた。地表の様々な模様を記録している空中写真は，地域の自然の全体像を把握するための研究材料として大変優れているからである。図11-1に示された尾瀬ヶ原のケルミーシュレンケ複合体（湿原内に形成される地形で，帯状の凸地（ケルミ）と凹地（シュレンケ）が幾重にも配列するもの）の分布と与論島のサンゴ礁に見られる微地形の分布は，いずれも

206 第Ⅳ部　環境地理学

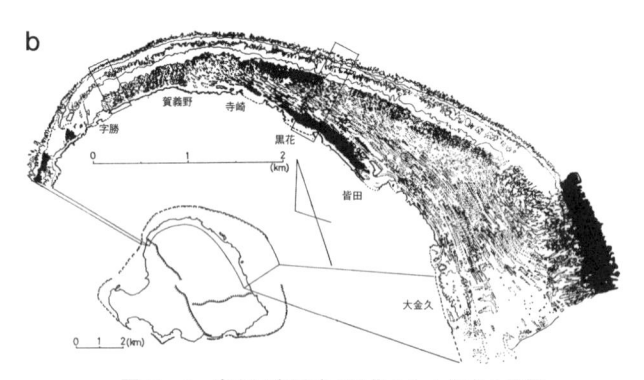

図 11-1　空中写真判読で図化された地表の模様

注：a：尾瀬ヶ原のケルミーシュレンケ複合体の分布，b：与論島のサンゴ礁にみられる微地形の分布。

資料：a は Sakaguchi, Y. (1980), "On the Genesis of Banks and Hollows in Peat Bogs: An Explanation by a Thatch Line Theory", *Bulletin of the Department of Geography, University of Tokyo*, No. 12. の Fig. 8，b は堀信行（1979）「奄美諸島における現成サンゴ礁の微地形構成と民族分類」『人類科学』第32号の第3図（原図は中井, 1978）。

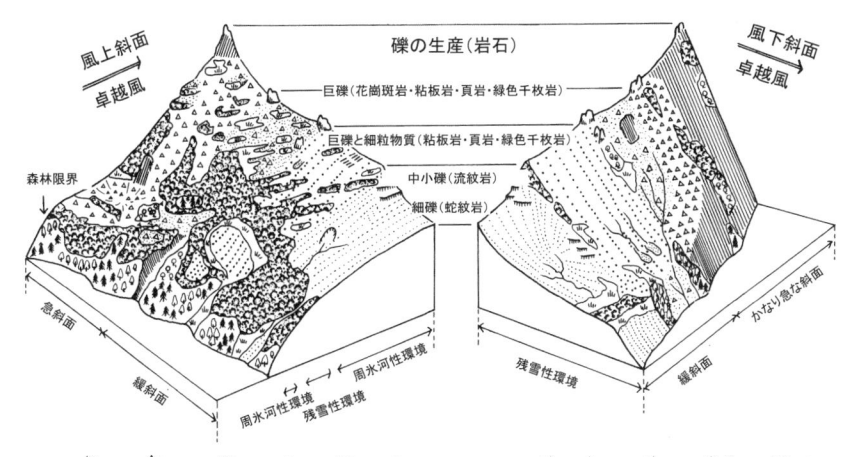

図11-2 白馬岳の稜線付近における地形と植生のモザイク

注：1：トア，2：裸岩斜面，3：巨礫型砂礫斜面，4：中小礫型砂礫斜面，5：薄層淘汰不良型砂礫斜面，6：薄層小礫型砂礫斜面，7：階状土，8：礫質条線土，9：リルと高山土石流堆，10：針葉樹林，11：落葉広葉樹の低木林とダケカンバ林，12：高山草原，13：ハイマツ低木林．

資料：Iwata, S. (1983), "Physiographic Conditions for the Rubber Slope Formation on Mt. Shirouma-dake, the Japan Alps", *Geographical Reports of Tokyo Metropolitan University*, No. 18 の Fig.27. 一部改変．

空中写真判読によって図化されたものである。これらの図に示される分布構造は，そこで展開されている水や土砂の動きや生物の活動について想像がかき立てられ，実に刺激的である。地上での観察だけでは，このような構造はなかなかとらえにくく，「木を見て森を見ず」，「森を見て景観を見ず」ということになりかねない。これらの空中写真の観察が尾瀬ケ原の自然史（阪口，1989）やサンゴ礁生態系の空間構造（中井，2007）を解明する研究の基礎になった。

　日本で先駆的に行われた地生態学的研究（例えば小泉，1974；Iwata, 1983；水野，1984；渡辺，1986など）の対象は高山景観であった。その理由は，高山帯が森林に邪魔されずに展望のきく場所であることはもちろんであるが，高山帯では地形によって不均一になる積雪，地表面構成物質，地形形成作用などの違いに対応して比較的狭い範囲でも地形や植生のミクロなモザイク構造が発達するので（**図11-2**），地上での観察によっても景観の全体像が把握しやすいということがあったのであろう。

2　地生態学の方法論的枠組み

（1）エコトープとその垂直的・水平的構造

　生物的な地因子（動物，植物）や非生物的な地因子（地形，地質，土壌，気候，水文など）によって特徴づけられる，構造的・機能的に同質な空間単位をエコトープと呼ぶ。エコトープは生態系（エコシステム）と類似した言葉であるが，ある構造や機能を持つ空間について，エネルギーの流れや物質の循環に着目した場合にそれを生態系と呼び，それが地球表面上に具体的に占める場所をエコトープと呼ぶ。

　なお，植物因子についてフィトトープ，動物因子についてズートープ，気候因子についてクリマトープ，地形因子についてモルフォトープ，土壌因子についてペドトープ，水文因子についてヒドロトープ，人為的な因子についてアントロトープなど，地因子別に均質な空間単位の区分を考えることもある。これらのうち，植物因子と動物因子で特徴づけられるものをビオトープ，地形，土壌など非生物的因子で特徴づけられるものをゲオトープと呼ぶ（**図11-3**）。

　地生態学では垂直的アプローチと水平的アプローチでエコトープの分析を行う。垂直的アプローチでは，1つのエコトープがどのような地因子で形成され，またエコトープ内で各地因子がどのように作用しあっているのかを考える。また水平的アプローチでは，物質・エネルギーの移動をともなうエコトープ間の相互関係や空間の階層構造を分析する。

　図11-4には，あるエコトープの垂直的構造が模式的に描かれている。この図において，エコトープの構造や機能の特徴は，気候，生物，地形，地表流，土壌，地下水，基盤岩地質の各地因子の相互作用の結果として成り立っており（**図11-4a**），地因子のいくつかまたはすべてが，異なる性質のものに置き換わると，異なる垂直的構造を持つ別のエコトープとして認識され，それらの間にはエコトープの境界線が引かれる（**図11-4b**）。しかし，各エコトープは閉じたものではなく，物質やエネルギーの移動がエコトープ間で起こり，エコトープ間で相互に影響を及ぼし合う（**図11-4c**）。したがって，例えば，あるエコトープで森林伐採や地下水汚染などが起これば，その影響は隣接するエコトープに及び，さらにはその周辺のエコトープへと及んでいくことになる。

図 11-3 エコトープの区分

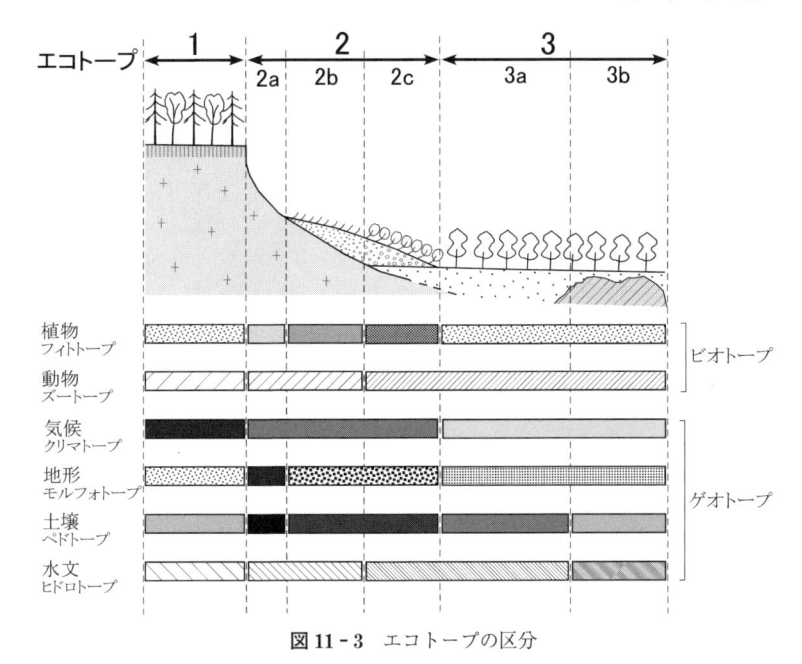

注：地因子の空間分布とエコトープ区分を概念的に示してある。注目するレベルに応じて、エコトープ2はさらに2a〜2cに、エコトープ3はさらに3a〜3bに、それぞれ区分される。
資料：筆者作成。

　エコトープの区分は観察を行うスケールや目的によって異なってくる。地表の特徴を観察する空間スケールの違いや、特徴の変化を観察する時間スケールの違い、あるいは着目する地因子の違いによって、「構造的・機能的に同質な空間」の認識は異なってくるからである。分析の目的が曖昧なまま、考慮に入れる地因子を増やしていけば、エコトープは入れ子状に際限なく細分化できるが、それらのすべてが地生態学的に意味のある空間単位であるとは限らない。

（2）　サンゴ礁－マングローブ生態系の事例
　エコトープを形成する地因子の垂直的関係やエコトープ間の水平的関係について、サンゴ礁とマングローブの例で見てみよう。
　熱帯から亜熱帯にかけての沿岸域には、サンゴ礁とマングローブという特徴的なエコトープが隣接して存在する（**図11-5**）。サンゴ礁は腔腸動物（刺胞動物）の仲間である造礁サンゴがつくる地形である。サンゴ礁の成立に関わる主要な地

a 垂直的構造

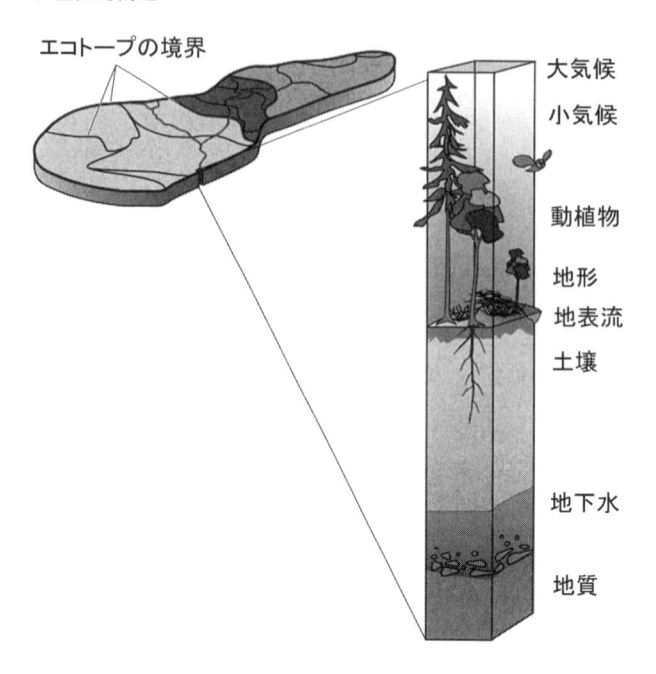

エコトープの境界

大気候
小気候
動植物
地形
地表流
土壌
地下水
地質

b エコトープ区分

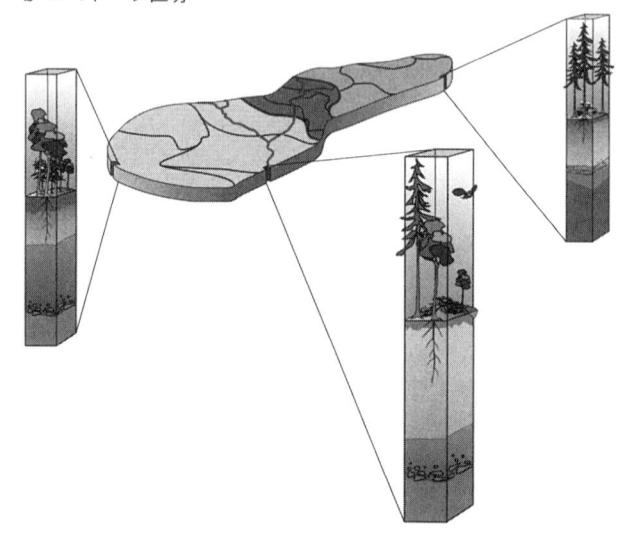

c 水平的構造

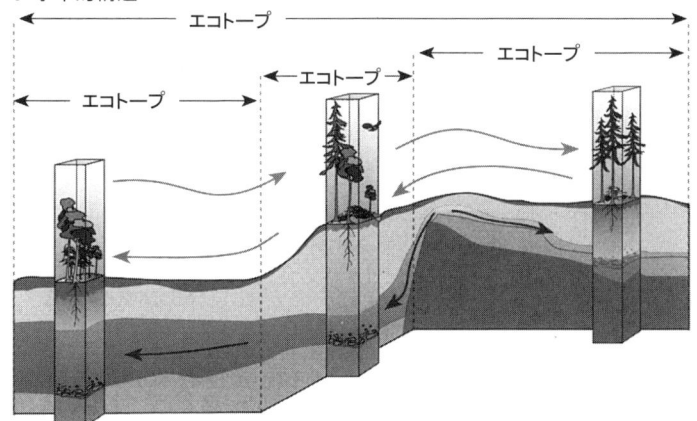

図 11-4 エコトープの垂直的・水平的構造

資料：Bailey, R.G. (1995), *Ecosystem Geography*, New York: Springer-Verlag の Fig. 1.3～Fig. 1.5. 一部改変。

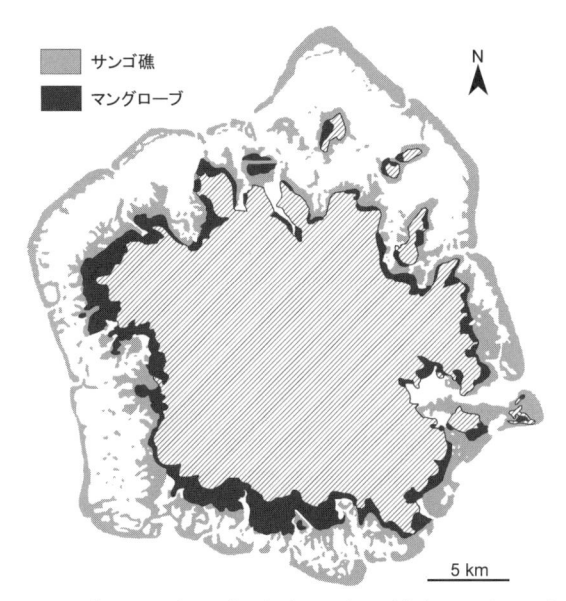

図 11-5 ミクロネシア，ポナペ島における，サンゴ礁とマングローブの分布

注：海岸線沿いにマングローブが分布し，その外側にサンゴ礁が分布している。

資料：Miyagi, T. and Fujimoto, K. (1989), "Geomorphological Situation and Stability of Mangrove Habitat of Truk Atoll and Ponape Island in the Federated States of Micronesia", *Science Reports of the Tohoku University, 7th Series (Geography)*, Vol. 39, No. 1. により筆者作成。

因子は，造礁サンゴの生育条件として重要である水温・照度・塩分濃度である。水温は18度以上で，光が十分に届く20m以浅であることが必要で，塩分濃度が3.4～3.6％の海域が最適である（堀・室伏，1997）。後氷期の海水準の上昇にともなってサンゴ礁も上方成長をしてきたので，氷期にもサンゴ礁が形成されていたサンゴ礁分布の核心域ではサンゴ礁外縁の斜面の基底深度が100m以上の深さに達するところがある。

　一方，マングローブは熱帯から亜熱帯の汽水域に成立する植生で，日本にはメヒルギ，オヒルギ，ヤエヤマヒルギなど7種のマングローブ植物が生育する。マングローブの成立域を考える時に重要な地因子は，地盤高，底質，波浪の強弱である。マングローブは潮間帯の上部，すなわち，平均海面と最高潮位面の間に成立する。底質が砂～泥からなり，波が静かな河口部などに大規模な群落が形成される。マングローブ成立域では，根系などの有機物は還元状態におかれて分解が進まず泥炭化する。また，支持根や気根など，密生する地上根は陸域からの土砂をとらえてマングローブ内に堆積させる。このようにして，マングローブはランドメーカーとして働き，マングローブ泥炭と呼ばれる独特の土壌を形成する。熱帯地域のマングローブでは，厚さ2mにもなるマングローブ泥炭層が過去約2000年にわたって堆積してきたところもある（茅根・宮城，2002）。

　サンゴ礁は礁斜面，礁縁（しょうえん），礁嶺（しょうれい），礁池（しょうち）などに細分され，生息するサンゴの種類も変化する。またマングローブも泥質海岸，水路，自然堤防，後背地，アナジャコ塚帯などに細分されるとともに，地盤高（平均海面との比高）に応じてマングローブ植物の優占種が交代する（図11-6）。このように，サンゴ礁とマングローブの内部には下位の階層のエコトープが認められるが，いまここでは，サンゴ礁とマングローブというレベルでエコトープを見ていこう。

　これらのエコトープを特徴づける造礁サンゴとマングローブ植物について，その生育に適正な環境条件を地因子別に比較すると，表11-1に見るように，両者は相反する環境に生育することが分かる（堀・室伏，1997）。しかし，エコトープの成立・維持機構に着目すると，物質の移動・循環を介したエコトープ間の相互補完的な関係が見えてくる。すなわち，ひとたびサンゴ礁が形成されると海岸付近に波静かな環境がつくられて泥土が堆積する。そこはマングローブの胎生種子（たいせい）が定着する場所となり，徐々にマングローブが形成されていく。マングローブが発達すると，そこは陸域から運搬されてくる土砂が堆積しやすい場所となり，サ

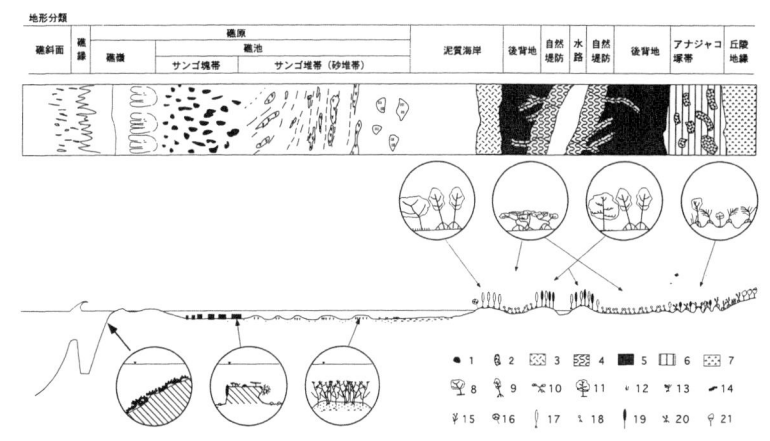

図 11-6　サンゴ礁とマングローブからなる亜熱帯沿岸域の分帯構造

注：(1)平面図の凡例　1：サンゴ塊、2：アナジャコ塚、3：海縁林分、4：自然堤防林分、5：後背地林分、6：移行林分、7：陸生群落。
　　(2)円内の凡例　8：マヤプシギ、9：ヤエヤマヒルギ直立個体、10：ヤエヤマヒルギ屈曲個体、11：オヒルギ、12：草本、13：アダン、14：テーブル状サンゴ、15：枝状サンゴ。
　　(3)断面図の凡例　16：マヤプシギ、17：ヤエヤマヒルギ直立個体、18：ヤエヤマヒルギ屈曲個体、19：オヒルギ、20：アダン、21：陸生植生。
資料：堀信行・室伏多門（1997）「熱帯・亜熱帯の沿岸域における分帯構造としてのサンゴ礁──マングローブ林景観」中越信和編『景観システムの基礎的解析法の開発と標準化（文部省科学研究費補助金基盤研究(A)研究成果報告書：課題番号07308066）』広島大学 55頁の第2図。

ンゴ礁域の照度を下げたりサンゴのポリプ（イソギンチャクに似たサンゴの体のこと）の口をふさいだりする懸濁物質の海への流入量を減少させる。また有機物を活発に生産するマングローブはサンゴ礁域への栄養塩の供給源ともなる。魚類の中には，マングローブとサンゴ礁を行き来して双方のエコトープを利用して成長していくものもある。さらに，長期的に考えれば，完新世の海水準変動の中で，サンゴ礁形成の結果として維持されてきた浅い海域が，海面の低下によって潮間帯上部に位置する地盤にかわり，マングローブ成立の場を提供することもある。

　以上の例は，個々のエコトープが成因的，構造的，機能的に独自の世界を持ちつつ，エコトープ間の相互の関係の中で両エコトープが成立していることを示している。

表11-1　造礁サンゴとマングローブ植物の生育に適正な環境

地因子	造礁サンゴ	マングローブ植物
波浪	強（酸素供給が多い）	弱（物理的ストレスが小さい）
淡水の流入	少（塩分濃度が高い）	多（塩分濃度が低い）
懸濁物質	少（照度が高い）	多（堆積の促進）

資料：堀信行・室伏多門（1997）「熱帯・亜熱帯の沿岸域における分帯構造としてのサンゴ礁――マングローブ林景観」中越信和編『景観システムの基礎的解析法の開発と標準化（文部省科学研究費補助金基盤研究(A)研究成果報告書：課題番号07308066)』広島大学により筆者作成。

③　パッチ構造と生態プロセス

（1）　パッチとエコトープ

　上述したようにエコトープは，様々な地因子によって特徴づけられる構造的・機能的に等質な空間であると概念的には理解されるが，関連する地因子の空間分布を把握して等質な空間単位を抽出し，その境界線を地表に引くことは実際には簡単でない場合も多い。そこで植生や土地利用の違いによって把握されるパッチと呼ばれる空間が，エコトープに代わる空間単位として，分析に用いられることが少なくない。

　エコトープを規定する各地因子は相互に影響し合っているとしても，植生や土壌のように，どちらかといえば各地因子間の相互作用の結果として分布や構造が規定されている側面が強いものがある。特に植生は，空中写真や衛星画像の判読によって空間分布を把握しやすく，空間区分が比較的容易である。このような，主として相観によって区分される空間単位であるパッチは，研究目的と合致するエコトープの区分と常に一致するとは限らない。しかし一致しない場合であっても，入れ子状に区分できるエコトープのあるレベルの区分とは一致するものであり，その意味でパッチに基づいて分析を行うことはエコトープや，エコトープが構成する空間パターン（景観）の理解に有効である。

　パッチの区分対象は，分析の目的によって異なるが，農村地域など人為の影響が大きい地域では，自然植生だけでなく植林地や耕作地，住宅地など人為的につくられた土地被覆もパッチとして区分される。

a

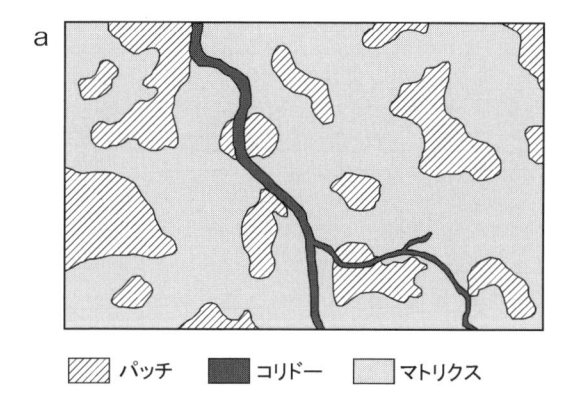

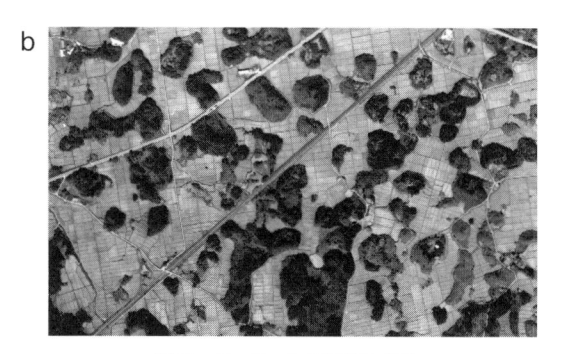

▨ パッチ　■ コリドー　□ マトリクス

b

図 11 - 7　パッチの形状と名称

資料：a：筆者作成。
　　　b：国土地理院撮影の空中写真CTO76-9C4A-5の一部。

一定の地域に異なる種類のパッチが混在する状態を指して，パッチ・モザイクをなすという。パッチの形状や分布パターンは，以下に述べるように，パッチ間の物質・エネルギーの移動やそこで働く生物的・非生物的プロセスに影響を与える。

（2）　パッチの形状とプロセス

パッチには，その形状や分布形態によって，コリドー（エコロジカル・コリドー，生態的回廊）やマトリクスと呼ばれるものがある（**図 11 - 7**a）。コリドーは細長い形状をなすパッチのことで，河川沿いに線状に発達する河畔林や農村地域に列状に植えられた耕地防風林などがこの例にあたる。コリドーは野生動物の移動経路

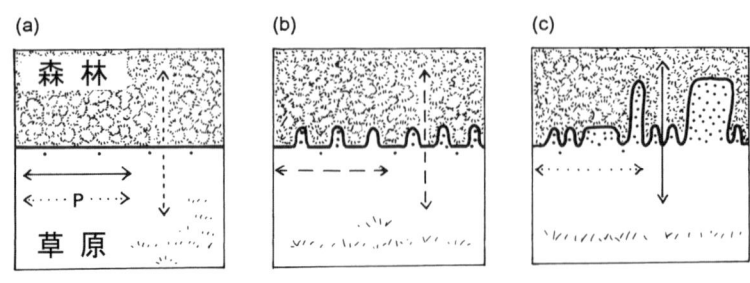

図 11-8　植生境界の形状と野生動物の行動

注：境界付近のドットはヘラジカやミュールジカの足跡や糞の分布を，矢印は境界線に平行または直交する方向の動物の移動の多少を模式的に描いている。Pは肉食動物の動き。
資料：Forman, R.T.T. (1995), *Land Mosaics: The Ecology of Landscapes and Regions*, Cambridge: Cambridge University Press の Fig. 3.12. 一部改変。

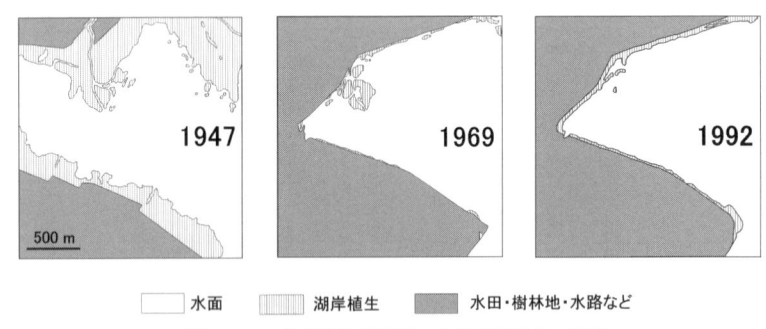

図 11-9　千葉県北印旛沼における湖岸線の変化

資料：清水博之（2007）「千葉県北印旛沼における湖岸植物群落と鳥類の出現状況との関係」2007年度専修大学文学部卒業論文により筆者作成。

として利用されるなど，離れたパッチ間のつながりを強める役割が注目され，他のパッチとは区別して扱われることがある。

　対象とする地域内にパッチやコリドーが点在するように分布する場合，それらの周囲を占める空間をマトリクスと呼ぶ。マトリクスはパッチやコリドーのいわば背景にあたる部分である。例えば樹林地と水田からなる農村地域（**図11-7b**）において，樹林地をパッチやコリドーとして区分した時に，周囲の水田がマトリクスとなる。

　パッチ境界の形状は，パッチ間の相互関係や境界部で起きる現象を左右する。例えば森林と草原の境界が入り組んでいる場合と直線的な場合とでは，草食動物の草原の利用の仕方が異なる（**図11-8**）。

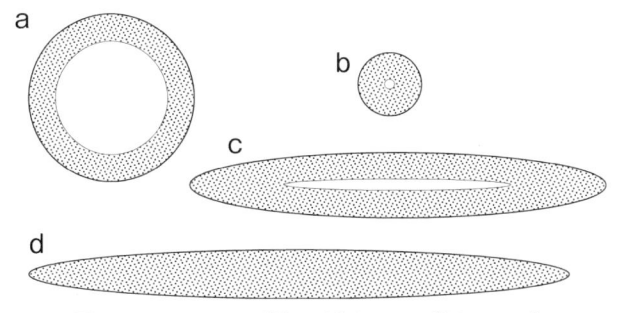

図 11-10　パッチの形状・面積とエッジ効果の及ぶ範囲

注：(1) a と b のように，同じ形状の場合，面積が小さいパッチのほうが，エッジ効果の働く範囲の占める割合が高い。
(2) a, c, d は面積の等しいパッチであるが，形状の違いによってエッジ効果の及ぶ範囲の占める割合が異なる。
資料：筆者作成。

　一般に，人為の作用が加わると，境界線の形状が単純化・直線化する傾向がある。そして，このような変化は形状の変化にとどまらず，実際には境界部の自然環境の質的な変化をともなっているのが一般的である。例えば千葉県印旛沼の湖岸は，1960年代末の干拓工事にともなう湖岸の改修によって直線的な湖岸に変化した（図11-9）。かつての湖岸付近には，水深に応じて構成種，植生高，植被率の異なる多様な湖岸植生が幅広く発達していたが，改修後は湖岸植生の面積は激減し，植生も貧弱な構成に変化した（清水，2007）。このような植生変化は水辺の鳥類相にも影響を及ぼした。

（3）　分断化とエッジ効果

　パッチの外縁部はエッジと呼ばれ，パッチの中央部とは環境が異なる。これは隣接するパッチからの影響を受けるためで，このような効果をエッジ効果と呼ぶ。例えば草原と森林が接する場合，森林の外縁部と中央部とでは，明るさ，気温，湿度，風速，土壌水分などが異なり，その結果そこに生育する植物やそこを利用する動物にも違いが生じる。

　エッジ効果が境界からどれくらいの距離まで及ぶと考えるかは，着目する生物や現象によって異なるが，小さなパッチでは，その領域のほとんどがエッジ効果を受けることになる。また，面積が同じであっても，形状によってエッジ部分の占める割合が異なってくる（図11-10）。したがってパッチのサイズや形は，パ

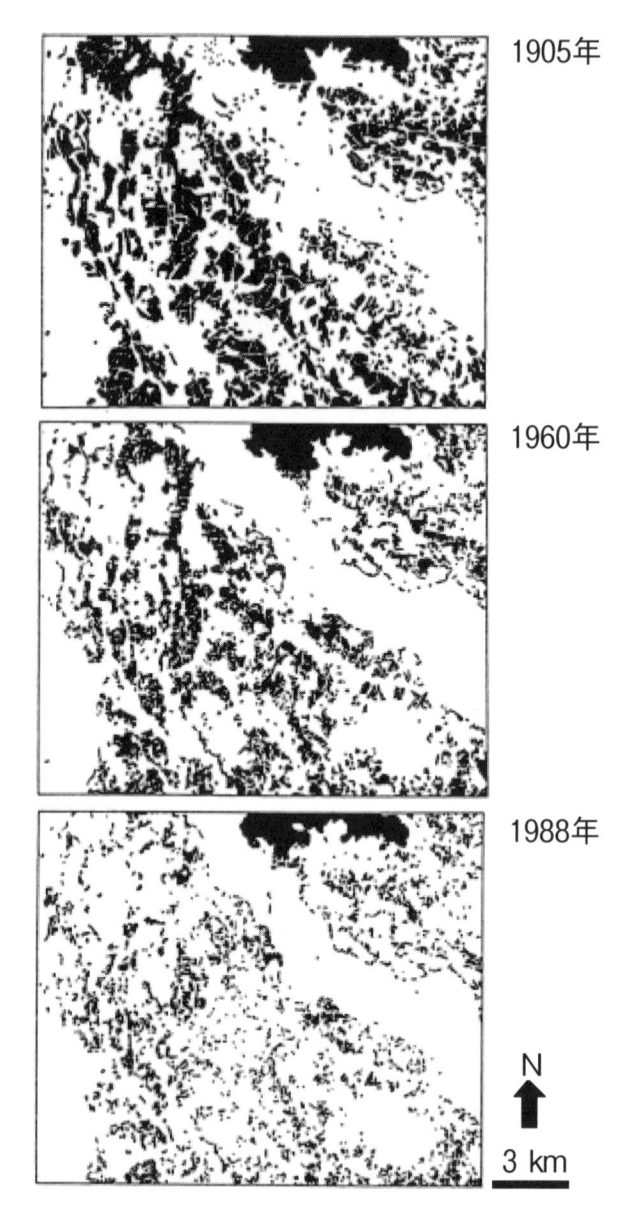

図 11 - 11 つくば市周辺における樹林地分布の変化

資料：井手任・守山弘・原田直國（1992）「農村地域における植生配置の特性と種子供給に関する生態学的研究」『造園雑誌』第56巻第1号の図-1。一部改変。

図 11-12 雑木林の分断化

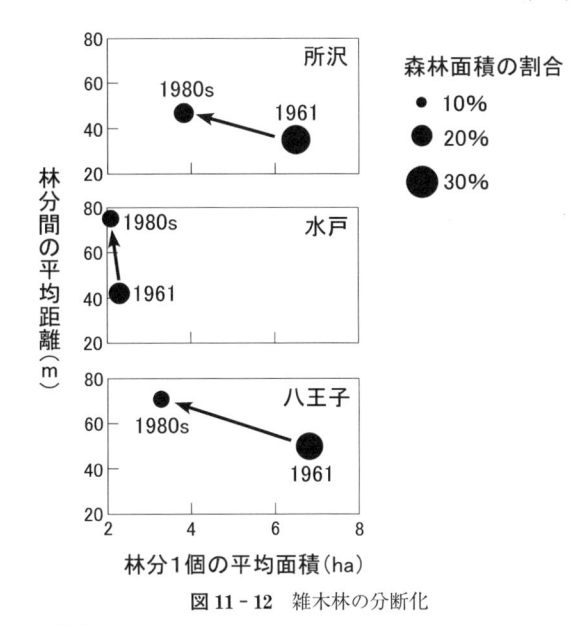

資料：Iida, S. and Nakashizuka, T. (1995), "Forest Fragmentation and Its Effect on Species Diversity in Suburban Coppice Forests in Japan", *Forest Ecology and Management*, Vol. 73, Nos. 1-3. のデータにより筆者作成。

ッチの性質を左右する指標として重要視される。

　都市近郊の里山では，開発の進行にともなって森林の分断化が進んでいる（図11-11）。道路や住宅地の建設などによって，単に森林総面積が減少するだけでなく，個々の林分の面積が小さくなるとともに，林分間の距離が大きくなる（図11-12）。分断化が進むと，エッジ効果の働きが相対的に強まったり，林分間での生物移動や遺伝子交流が起きにくくなったりすることによって，生物多様性が低下する（富松，2005）。

４　地生態学の課題

（１）地生態学の応用

　地生態学は応用科学としての展開も期待され，ドイツをはじめとするヨーロッパでは，地域計画や環境問題の分析・解決に寄与している（横山，1995）。日本で

はまだ，地生態学が応用分野で十分に役割を果たしているとは言えないかもしれないが，その潜在的な期待は大きい（渡辺，2004）。

地生態学が応用科学として有効なのは，その総合性・学際性にある。例えば自然地域での開発の影響を評価する際には，開発対象地区だけでなく，隣接地区を含む地域の自然の全体的把握が必要となる。自然環境の多様性をいかしつつ，その利用の永続性を保証するような土地利用計画を考えるには，土地・自然のもつ潜在的な特性を地形，地質，土壌，植生，気候などから総合的に評価していくことが必要である（井手・武内，1985）。

また，地図化をベースにした分析を行う点も，地生態学が応用分野で力を発揮する理由の1つである。単に生態系というだけでは漠然としていて，開発の影響が波及する範囲がとらえにくい場合があるが，エコトープとして地図に投影し，関連する地因子の情報を2次元的に整理したり重ね合わせたりすることで，適正なゾーニングや空間的シミュレーションが可能になる。

パッチの空間構造とその生態的機能に関する研究成果についても，生態系管理や林業に応用されている。例えば，八甲田山から蔵王まで，長さ約400km，面積7万7000haに及ぶ樹林帯を整備することによって，東北地方に孤立的に設けられている森林生態系保護地域などの保護林に連結性を持たせる計画（村野，2007）は，大規模なコリドーの整備の例である。このコリドーの整備に代表される，地生態学の生物多様性保全への応用の現場では，ビオトープ（フィトトープとズートープ）の空間的配置に視点が偏っている例も多く見られるが，ゲオトープの構成をも考慮した配置を考えることが大切であろう。

さらに近年，地形・地質の観察を核として，そこに成立する生態系や歴史・文化まで含めて野外で学習するジオパーク，ジオツーリズムの推進が図られているが，ジオパークの整備やインタープリター（解説者）の養成に地生態学は大いに貢献が期待される（小泉，2008）。地生態学的な視点をいかしたジオツーリズムの発展は，観光産業を核とした地域経済の活性化に利するだけでなく，そのような野外教育が間接的・長期的には自然環境の保全につながる。

（2）地生態学の基礎として必要なこと

本章の冒頭で，地生態学は1つの学問領域と述べたが，地生態学の独自性はその思考的枠組みにあるのであって，個々の地因子を研究する手法は，地形学，気

a

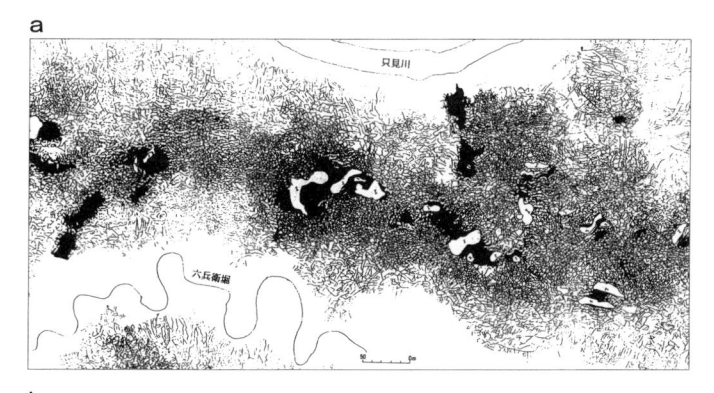

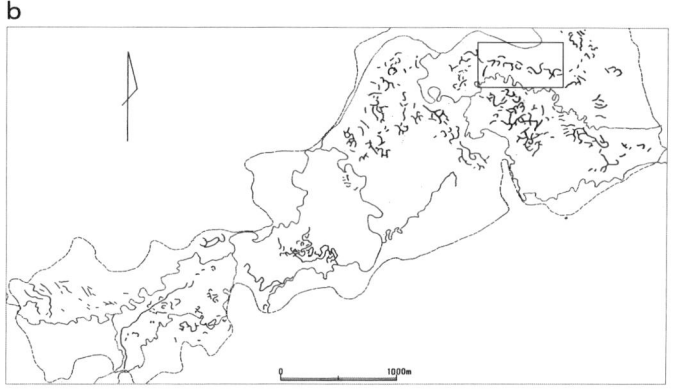

b

図 11-13 尾瀬ヶ原の埋没旧河道

注：aには融解の進みつつある薄い積雪面上に現れた模様がトレースしてある。bはaに示したような観察結果から推定された旧河道の分布。bの中の方形枠がaの範囲。

資料：阪口豊（2007）「尾瀬ヶ原の水分環境と泥炭湿原・ケルミーシュレンケ複合体の成因について——特異な空中写真から読み解けたこと」群馬県尾瀬保護専門委員会編『尾瀬の自然保護——群馬県特殊植物等保全事業調査報告書』第30号の図6および図13。

候学，水文学，土壌学，植生学など，関連諸分野の既存の手法に負うところが大きい。また，地形学者や気候学者と肩を並べて地生態学者が存在すると考えるより，個々の分野を核とする専門家が，地生態学的な枠組みにしたがって地生態学的研究を行っていると考えたほうが実情に近いかもしれない。

いずれにしてもエコトープの垂直的・水平的構造を総合的・学際的に考究していくには，特定の分野の専門性を深めるだけでなく，視野を狭く絞りすぎずに，

自然地理学全体，さらには人文地理学も含めた地理学全体や隣接分野に興味・関心を持ちながら知識を深め経験をつむことが大切である。

　また，前述したように地域の全体的把握や総合的思考を支えるのは空中写真や衛星データを用いたリモートセンシングである。GIS（地理情報システム，13章）やリモートセンシングの技術は急速に発達し，空中写真や衛星データの画像処理は以前に比べれば格段に簡単になった。より正確で見栄えのする図が誰でも容易に作れるようになったのである。しかし技術が進歩したからといって，それで誰もが，地域の自然の総合的理解に役立つ情報を空中写真や衛星画像から引き出せるとは限らない。阪口（2007）は，長年にわたって研究に携わってきた尾瀬ヶ原について新たに空中写真判読を行い，図11-13aに示すような網目状の模様の精緻な観察結果から尾瀬ヶ原一面に分布する旧河道の存在（図11-13b）について論考している。リモートセンシングデータから，地域の自然現象を最大限に読み取るためには，豊富なフィールドワークの経験とそれを背景とする深い洞察力こそが大切であることを阪口（2007）は教えている。

本章のまとめ

①地生態学は，生物共同体とそれを取り巻く環境条件の間に存在する，総合的・複合的な相互作用を解明する学問である。地生態学では，リモートセンシングの活用などにより地域の全体像をとらえ，そこから分析に向かうような方向で研究をすすめる。

②動物，植物，地形，地質，土壌，気候，水文などの地因子によって特徴づけられる，形態的・機能的に同質な最小空間単位をエコトープと呼ぶ。地生態学では，エコトープ内における地因子の相互作用や，エコトープ間の相互関係や空間的な階層構造を分析する。個々のエコトープは成因的，構造的，機能的に独自の世界を持ちつつ，エコトープ間の相互の関係の中で成立している。

③植生や土地利用の違いによって把握されるパッチと呼ばれる空間が，エコトープに代わる空間単位として，分析に用いられることがある。パッチの形状や分布パターンは，パッチ間の物質・エネルギーの移動やそこで働く生物的・非生物的プロセスに影響を与える。

④パッチの外縁部はエッジと呼ばれ，パッチの中央部とは環境が異なる。都市近

郊の里山では，開発の進行にともなって森林の分断化が進んでいる。分断化が進むと，エッジ効果の影響が増したり，林分間での生物移動や遺伝子交流が起きにくくなったりすることによって，生物多様性が低下する。
⑤地生態学はドイツをはじめとするヨーロッパでは，地域計画や環境問題の分析・解決に寄与している。日本ではまだ，地生態学が応用分野で十分に役割を果たしているとは言えないが，その潜在的な期待は大きい。

■ ■ ■

◉参考文献
井手久登・武内和彦（1985）『自然立地的土地利用計画』東京大学出版会。
井手任・守山弘・原田直國（1992）「農村地域における植生配置の特性と種子供給に関する生態学的研究」『造園雑誌』第56巻第1号。
茅根創・宮城豊彦（2002）『サンゴとマングローブ』岩波書店。
小泉武栄（1974）「木曽駒ケ岳高山帯の自然景観――とくに，植生と構造土について」『日本生態学会誌』第24巻第2号。
小泉武栄（2008）「地域振興・人材育成とジオパーク・世界遺産」『地理』第53巻第9号。
阪口豊（1989）『尾瀬ケ原の自然史――景観の秘密をさぐる』中央公論社。
阪口豊（2007）「尾瀬ケ原の水分環境と泥炭湿原・ケルミ―シュレンケ複合体の成因について――特異な空中写真から読み解けたこと」群馬県尾瀬保護専門委員会編『尾瀬の自然保護――群馬県特殊植物等保全事業調査報告書』第30号。
清水博之（2007）「千葉県北印旛沼における湖岸植物群落と鳥類の出現状況との関係」2007年度専修大学文学部卒業論文。
武内和彦（1991）『地域の生態学』朝倉書店。
富松裕（2005）「生育場所の分断化は植物個体群にどのような影響を与えるか？」『保全生態学研究』第10巻第2号。
中井達郎（1978）「与論島北東部の現成サンゴ礁地形」1977年度東京都立大学理学部卒業論文。
中井達郎（2007）「サンゴ礁裾礁における空間構造把握のための自然地理的ユニットの設定――与論島東部サンゴ礁を例に」『地学雑誌』第116巻第2号。
堀信行（1979）「奄美諸島における現成サンゴ礁の微地形構成と民族分類」『人類科学』第32号。
堀信行・室伏多門（1997）「熱帯・亜熱帯の沿岸域における分帯構造としてのサンゴ礁――マングローブ林景観」中越信和編『景観システムの基礎的解析法の開発と標準

化（文部省科学研究費補助金基盤研究(A)研究成果報告書：課題番号07308066)』広島大学。

水野一晴（1984)「赤石山脈における『お花畑』の立地条件」『地理学評論』第57A巻第6号。

村野紀雄（2007)「エコロジカルコリドーの整備」淺川昭一郎編著『北のランドスケープ 保全と創造』環境コミュニケーションズ。

横山秀司（1995)『景観生態学』古今書院。

横山秀司（2002)『景観の分析と保護のための地生態学入門』古今書院。

渡辺悌二(1986)「立山，内蔵助カールの植生景観と環境要因」『地理学評論』第59A巻第7号。

渡辺悌二（2004)「山岳地生態系の脆弱性と地生態学研究の現状・課題」『地学雑誌』第113巻第2号。

Bailey, R. G. (1995), *Ecosystem Geography*, New York: Springer-Verlag.

Forman, R.T.T. (1995), *Land Mosaics: The Ecology of Landscapes and Regions*, Cambridge: Cambridge University Press.

Iida, S. and Nakashizuka, T. (1995), "Forest Fragmentation and Its Effect on Species Diversity in Suburban Coppice Forests in Japan", *Forest Ecology and Management*, Vol. 73, Nos. 1-3.

Iwata, S. (1983), "Physiographic Conditions for the Rubber Slope Formation on Mt. Shiroumadake, the Japan Alps", *Geographical Reports of Tokyo Metropolitan University*, No. 18.

Miyagi, T. and Fujimoto, K. (1989), "Geomorphological Situation and Stability of Mangrove Habitat of Truk Atoll and Ponape Island in the Federated States of Micronesia", *Science Reports of the Tohoku University, 7th Series (Geography)*, Vol. 39, No. 1.

Sakaguchi, Y. (1980), "On the Genesis of Banks and Hollows in Peat Bogs: An Explanation by a Thatch Line Theory", *Bulletin of the Department of Geography, University of Tokyo*, No. 12.

第12章

土壌学と土壌地理学の基礎

三浦 英樹

　10章と11章では，環境地理学の重要な学問領域である植生地理学と地生態学について説明した。本章と次章では，植生地理学や地生態学とも深く関わり，さらに地形学，第四紀学や古環境学の研究とも重なる土壌学と土壌地理学について学んでみよう。

1　土壌とは何か

　地球の陸上地表面付近には，黒色や褐色のやわらかい物質が存在し，土，土壌などと呼ばれている。植生地理学や地生態学の章でも見てきたように，土壌は陸上生態系を構成する重要な自然要素とされている。しかし，動物，植物，岩石，鉱物などと比べて，土壌は，何が単位となるのか明確ではないため，とらえどころがなく，観察の着眼点を知らなければ，科学の対象物として扱うことは難しい。
　このような雑然とした土を，動植物や岩石，鉱物，地形と同じレベルの独立した自然物の1つとして初めて認識したのは，ロシアのドクチャエフ（V. V. Dokuchaev, 1864-1903年）である。彼は，肥沃な黒い土が自然状態でなぜ，どのようにできるのかについて考えた。その結果，黒い土は植物の葉や根が枯れたあとに土中の微生物の作用によって作られた独特な有機物の蓄積が長期間繰り返されるとともに，もともと存在した石灰質のレス（主に砂漠の物質や融氷河流堆積物が風によって運ばれて堆積した細粒物質）と結合することで形成されることを示した。さらに，彼は様々な気候帯にまたがる広大なロシアをフィールドに調査を行い，土壌の一般的な成因について1つの重要な考え方を導いた。それは，土壌とは，岩石や堆積物が，その場所の地形，生物の作用，気候の影響を大きく受けて，長い時間をかけて歴史的に生成された，地理的に広がる自然の産物であるという見方である。現在でも土や土壌という言葉は，扱う立場によって対象が様々に異な

り，多くの分野を満足させる定義はいまだに確定していない。しかしながら，このドクチャエフの理念や考え方は，現在でも多くの研究者に広く認められ，土壌を科学的な対象物とする際の重要な視点となっている。

近年になって，第四紀地質学や地形発達史のような地球表層環境の研究，第四紀の地域植生史や地球規模環境変動などの研究が大きく進展し，ドクチャエフの研究が行われた19世紀では考えられなかった，土壌の形成過程に具体的な時間軸を入れたり第四紀の環境変動の影響を取り入れた考察が可能になってきた。それにともない，土壌の生成や成因に関する基礎的研究は，これまでにない新たな段階を迎えている。本章では，関連分野の新しい資料が増加した現段階において，可能な限り新たな視点で，土壌学と土壌地理学の研究方法および日本の土壌とその生成環境の研究について体系化を試みながら紹介する。

2 土壌の定義と土壌地理学の目的

皆さんは地面に深い穴を掘ったことはあるだろうか？そのような経験が無くても，誰でも一度や二度は道路工事の切り割りや崖などで地表下の様子を見たことはあるだろう。現在の地表面から地下に向かって地面を掘り続けると，どこかの段階で必ず岩石が現れる。地表面と岩石の間には，細粒化した未固結で比較的柔らかい物質が存在している。それらは，様々な営力によって運ばれた細粒な堆積物や，岩石・堆積物の風化によって形成された細粒物である。

大気と地殻の境界に位置する陸上地表面は，空間的には地球環境における第一級の境界面である。地形学の章でも学んだように，そこは大気，生物の作用が直接地殻に働きかけるために，風化現象や表層物質の侵食や堆積作用などの独特の変質・変化が生じる場である。地殻表層部分の細粒な堆積物や風化物のうち，過去から現在までに，地表面付近に一度でも存在し，水，熱，生物によって変質を受けたことがあるすべての部分を本書では土壌と定義する。

樹木や草本植物が生育している現在の地表面の下位には，植物根系が発達する相対的に暗色や黒色の部分があり，さらにその下には褐色，赤色，灰色など様々な色を呈する垂直断面を観察することができる。このような垂直断面の全体を土壌断面と呼び，土壌断面から取り出した物質は，土壌物質または土壌試料と呼ぶ。土壌断面に見られる，色，粒度，割れ目の発達程度や締まり具合などの特徴や形

第12章 土壌学と土壌地理学の基礎　227

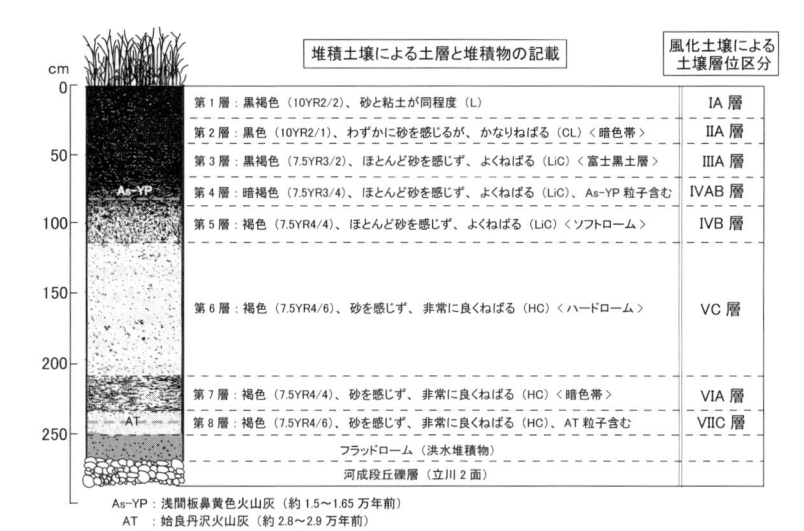

堆積土壌による土層と堆積物の記載	風化土壌による土壌層位区分
第1層：黒褐色（10YR2/2）、砂と粘土が同程度（L）	IA層
第2層：黒色（10YR2/1）、わずかに砂を感じるが、かなりねばる（CL）〈暗色帯〉	IIA層
第3層：黒褐色（7.5YR3/2）、ほとんど砂を感じず、よくねばる（LiC）〈富士黒土層〉	IIIA層
第4層：暗褐色（7.5YR3/4）、ほとんど砂を感じず、よくねばる（LiC）、As-YP粒子含む	IVAB層
第5層：褐色（7.5YR4/4）、ほとんど砂を感じず、よくねばる（LiC）〈ソフトローム〉	IVB層
第6層：褐色（7.5YR4/6）、砂を感じず、非常に良くねばる（HC）〈ハードローム〉	VC層
第7層：褐色（7.5YR4/4）、砂を感じず、非常に良くねばる（HC）〈暗色帯〉	VIA層
第8層：褐色（7.5YR4/6）、砂を感じず、非常に良くねばる（HC）、AT粒子含む	VIIC層
フラッドローム（洪水堆積物）	
河成段丘礫層（立川2面）	

As-YP：浅間板鼻黄色火山灰（約1.5〜1.65万年前）
AT：姶良丹沢火山灰（約2.8〜2.9万年前）

図12-1 土壌断面形態のスケッチと土層区分，記載の例（東京都立川市付近の河成段丘面上の土壌断面露頭を模式化）

資料：筆者作成。

態を土壌断面形態と呼ぶ。**図12-1**に示すように，土壌断面形態は，通常，異なる特徴を持つ部分が層状に重なるパターンを持つ。これは，その地点の地表面付近における様々な物理的，化学的，生物学的現象がもたらす変質作用・付加作用とその変化の歴史が総合的に反映されて形成されたものである。

　自然地理学における土壌地理学の目的は，①土壌断面形態の記載と分析に基づき，土壌の形成原因と形成過程および分布の規則性を解明すること，②現在を含む地球規模の環境変動がもたらした陸上地表環境の変遷と土壌断面形態との関係を解明すること，③気候地形学，変動地形学，古生物学，考古学等との接点となって，過去から現在までの地域的な陸上地表環境の変動史を総合的に解明すること，にある。なお，現在，自然の生産物としての土壌は，最新の地質時代である第四紀という時代（過去約260万年間）の環境下で形成されたものがほとんどである。そのため，土壌地理学で研究対象とする自然状態の土壌を特に第四紀土壌（自然土壌），その生成学的基礎研究を第四紀土壌学と呼ぶ。一方，地表面下1〜2m程度の表層部分を対象として，農林業などの産業に役立てようとする土壌学

は農林業土壌学（応用土壌学）と呼ぶ。両者はその目的が異なるので状況に応じて区別されるべきものである。

3 土壌地理学の方法論

(1) 調査地点と土壌断面の地形発達史的・層位学的位置づけ

　土壌地理学では，第四紀における地表環境の変動と土壌断面の形成過程の両者の関係を層位的・成因的に関連づけて明らかにしていく必要があるため，①対象とする土壌の材料物質の起源，②調査地点と土壌断面の地形発達史的・層位学的位置づけを，野外調査によって明らかにしなければならない。このような野外調査が行われた後に，初めて意味のある土壌断面形態の調査や土壌試料のサンプリング・分析が可能になる。このような調査には地形発達史の知識が必要不可欠であり，地形発達史の研究と土壌地理学の研究は表裏一体の関係にある。また，土壌の歴史的な変遷とその地理的分布の規則性を解明するためには，多点での調査が必要になるが，そのような場合も，やみくもに多くの地点で調査するのではなく，調査地点が持つ地形発達史における意味や位置づけを十分に考えることで，効率よく目的を達成することができる。

(2) 色や形態の特徴に基づく土壌断面形態の土層区分と試料の採取

　土壌地理学の研究の出発点は，野外調査によって，土壌断面形態を区分することにある。その基本的な方法は，肉眼観察に基づいて土壌断面内で認められる土壌の色や形態の特徴の違いを明らかにし（地質学的には岩相層序区分と言う），土壌断面を層状に区分し（第四紀土壌学ではこれを土層区分と呼ぶ），観察内容を様々な観点から記載することである（図12-1の土層と堆積物の記載を参照）。この記載内容は，土壌の形成原因と形成過程を考えるときの基本的かつ最も重要なデータとなる。土層を区分するときの着眼点は，土壌の色，粒度，土壌構造，土層間の境界の形状や明瞭さなどがある（例えば，日本ペドロジー学会，2008）。土壌断面の記載が終了した後に，土壌試料を採取する。試料を採取する層準は，土壌の種類や分析の目的に対応した採取が必要となるため，区分した各土層ごとに1試料ずつ採取する場合もあれば，土層とは無関係に地表面から下方まで土壌断面全体にわたって垂直に連続的に採取する場合もある。

（3） 区分された土層の意味づけの検討と土壌地理学の目的へのアプローチ

次いで，区分された各土層の意味づけを考えるために，過去から現在までの陸上地表環境の変化と土層との相互関係や因果関係を考察することになる．具体的には，①調査地点と土壌断面露頭の層位学的・地形発達史的な位置づけ，②土壌断面形態の観察による土層の特徴，③現在（およびそれを鍵とした過去）の地表面付近で生じている様々な物理的，化学的，生物学的現象（後述する土壌生成作用）の観察，④土壌構成物質の物理的・化学的・地質学的分析データ，の４つを主要な鍵として，各土層の意味やそれぞれが持つ情報を解読することになる．このようにして得られた情報に基づいて，先に挙げた土壌地理学の３つの目的にアプローチすることになる．

４ 土壌断面と土層の形成に関わる基本的概念

（１） 第四紀土壌の基本的な区分──「風化土壌」と「堆積土壌」

ドクチャエフの研究以降，伝統的な土壌学では，土壌の材料となる細粒物は，岩石や堆積物がその場で風化することによって形成されると考えられてきた．地表面には風化物質を培地として植物などの生物が成育して有機物が地表面に供給され，次第に無機物と混合していく．この下位の層には，もともとの岩石や堆積物の組織が失われるほどの風化が進んだ無機物質が存在し，上位の層から化学成分が移動・集積する．本書では，このようなメカニズムで形成される土壌を風化土壌（従来の土壌学の術語では残積土壌，また厚い堆積物が断続的に堆積した場合は運積土壌と呼ばれてきた）と呼ぶことにする（図12-2上(a)）．風化土壌では，上記のメカニズムで形成される，土壌断面中の土層を土壌層位と呼び，表層の有機物に富む層位をA層，その下位の腐植を含まない風化・変質した層をB層，さらにその下位のまだ風化が十分に進んでいない層位（母材）をC層というように，ABCという記号を用いて記載してきた（ABC層位法：図12-2下(a)）．また，土壌が短時間に急激に厚い堆積物に被覆されて，新たな地表面の風化が開始された風化土壌の場合は，堆積物ごとにセットとなるローマ数字を，Ⅰ，Ⅱ，ⅢのようにABC層位の前につけて区別してきた（図12-1）．

一方，岩石や堆積物がその場で風化して細粒物が形成されるのではなく，細粒

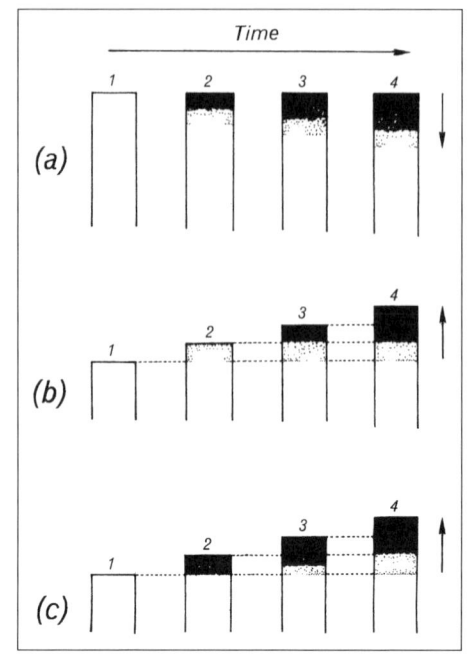

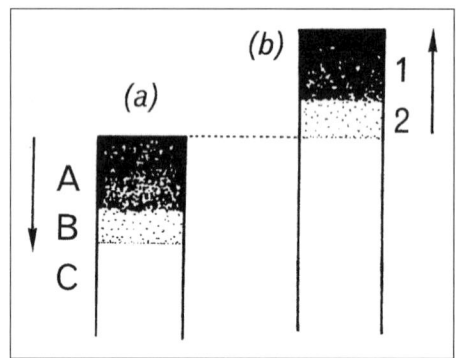

図 12 - 2 風化土壌と堆積土壌による土層の形成の考え方と区分の違い

注：上：(a)風化土壌の形成過程，(b)堆積土壌の形成過程（地表環境の変化にともない腐植の集積が始まるモデル），(c)堆積土壌の形成過程（時間の経過とともに古い腐植が消失していくモデル）。下：(a)ABC層位法による風化土壌の記載，(b)堆積土壌の岩相層序区分による記載。

資料：三浦英樹（1995）「第四紀土壌研究の方法論に関する試論——特に堆積土壌を中心として」近堂祐弘教授退官記念論文集刊行会編『近堂祐弘教授退官記念論文集』帯広，畜産大学土地資源利用学講座の図1および図5。

物質が外部から何らかの営力（通常は風や斜面葡行(ほこう)）で供給・運搬されて，地表面に継続的かつ緩慢に堆積して，堆積・風化および場合によっては有機物の集積がほぼ並行して土層が形成される土壌を堆積土壌と呼ぶこととする（**図12-2**上(b)(c)）。ここでいう緩慢な堆積とは，物質の堆積とその堆積物の地表付近での変質が並行して生じるような堆積速度を意味している。堆積土壌では，土層形成の基本的な過程が風化土壌とは根本的に異なるため，従来の風化土壌において伝統的に使用されてきたABC記号を用いた方法では記載できない。そのため，堆積土壌では，成因に関係なく，まずは岩相層序学的な方法で土層を区分する（**図12-2**下(b)）。

土壌断面形成に対する両者の概念の違いを，**図12-1**の土壌断面を用いて，具体的に解説しよう。解説と図を見比べながら，同じ土壌断面に対して両者にどのような考え方の違いがあるのか，皆さんにも考えていただきたい。

（2） 風化土壌による土壌断面形成の考え方

図12-1の右側の欄には，風化土壌のABC土壌層位法による土壌断面記載の例を記した。この土壌層位記号を元に，土壌断面の形成過程を時間の経過を追って示したものが，**図12-3**である。下記の数字は図中の数字に対応する。風化土壌と考えた場合の土壌断面の形成過程の解釈は以下のようになる。

①約3～4万年前に河成段丘面が離水した。

②離水した段丘堆積物の上に，短期間でAT（姶良丹沢火山灰）を含む堆積物（この土壌断面では主として火山灰）が約20cm堆積した。その後，堆積の中断期が存在した。この火山灰層は，火山灰の降灰中断期間にも，ほとんど風化・土壌化を受けなかった（ⅦC層）。

③短期間で約20cmの火山灰が堆積した（ⅥC層＝記載はなし）。その後，堆積の中断期が存在した。

④火山灰の降灰中断期間にⅥC層の表面に植物が繁茂し，有機物が集積してⅥA層が形成された。

⑤短期間で約100cmの火山灰が堆積した。その後，堆積の中断期が存在した。この火山灰層は，火山灰の降灰中断期間にも，ほとんど風化・土壌化を受けなかった（ⅤC層）。

⑥短期間で，As-YP（浅間板鼻黄色火山灰）を含む，約50cmの火山灰が堆積した

232　第Ⅳ部　環境地理学

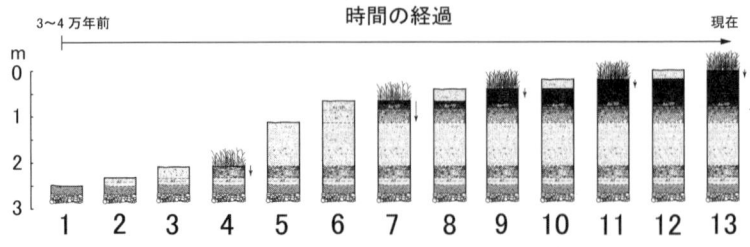

図12-3　風化土壌と考えた場合の土壌断面の形成過程（東京都立川市付近の河成段丘面上の土壌断面露頭）

資料：筆者作成。

（ⅣC層＝記載はなし）。その後，堆積の中断期が存在した。
⑦火山灰の降灰中断期間にⅤC層の表面に植物が繁茂し，有機物が集積してⅣAB層とその下層で，着色されたⅣB層が形成された。
⑧短期間で約25cmの火山灰が堆積した（ⅢC層＝記載はなし）。その後，堆積の中断期が存在した。
⑨火山灰の降灰休止期間にⅢC層の表面に植物が繁茂し，有機物が集積してⅢA層が形成された。
⑩短期間で約20cmの火山灰が堆積した（ⅡC層＝記載はなし）。その後，堆積の中断期が存在した。
⑪火山灰の降灰中断期間にⅡC層の表面に植物が繁茂し，有機物が集積してⅡA層が形成された。
⑫短期間で約10cmの火山灰が堆積した（ⅠC層＝記載はなし）。その後，堆積の中断期が存在した。
⑬火山灰の降灰中断期間にⅠC層の表面に植物が繁茂し，有機物が集積してⅠA層が形成された。

（3）　堆積土壌による土壌断面形成の考え方

　次に，**図12-1**と**図12-4**を用いて，堆積土壌の考え方での土壌断面形成過程を見てみよう。**図12-1**の中央の欄には，岩相層序学的に土層区分した土壌断面記載の例を記した。下記の数字は**図12-4**の数字に対応する。同じ土壌断面を堆積土壌と考えた場合の土壌断面の形成過程の解釈は以下のようになる。

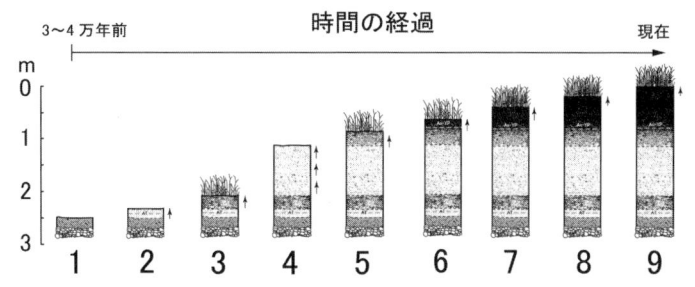

第12章　土壌学と土壌地理学の基礎　233

図 12 - 4　堆積土壌と考えた場合の土壌断面の形成過程（東京都立川市付近の河成段丘面上の土壌断面露頭）

資料：筆者作成。

①約3～4万年前に河成段丘面が離水した。
②段丘面の離水後から，薄い堆積物（火山灰の薄層，その二次堆積物，風成塵など）が緩慢に堆積していった（第8層）。その途中にはATの降灰もあった。堆積の過程では，顕著な有機物が蓄積しないような何らかの環境が継続した。
③引き続き薄い堆積物が緩慢に堆積していった。第8層と第7層の境界付近から有機物が蓄積するようになり，その後，このような環境が継続した（第7層）。
④引き続き薄い堆積物が緩慢に堆積していった。第7層と第6層の境界付近から有機物が蓄積できないようになり，その後，このような環境が継続した（第6層）。
⑤引き続き薄い堆積物が緩慢に堆積していった。第5層が堆積している間も有機物が蓄積できないような環境が引き続き継続した。第5層は，堆積物の堆積よりあとに上位からの酸化鉄などが移動してきて着色された。
⑥引き続き薄い堆積物が緩慢に堆積していった。第5層と第4層の境界付近で，As-YPが降下した。また，その頃から有機物が蓄積するようになり，その後このような環境が継続した（第4層）。
⑦引き続き薄い堆積物が緩慢に堆積していった。かなり多量の有機物が蓄積するような環境が継続した（第3層）。
⑧引き続き薄い堆積物が緩慢に堆積していった。有機物が蓄積するような環境が継続した（第2層）。
⑨引き続き薄い堆積物が緩慢に堆積していった。有機物が蓄積するような環境が継続した（第1層）。

風化土壌と堆積土壌の最大の相違点は，風化土壌では土壌の材料となる岩石あるいは堆積物に対して地表面が常に不変で1つしか存在しないのに対して，堆積土壌では土壌断面内のすべての部分が過去に地表付近に存在した履歴を持ち，その土壌断面全体が過去の地表環境の痕跡を重ね合わせて示しているという点にある。堆積土壌は，その特性から堆積物と土壌の2つの側面を持つので，土壌断面内で地層累重の法則が成り立つ。しかし，風化土壌ではこれが成り立たない。風化土壌では，複数の環境の影響が重複して同じ場所に記録されるため，時間的前後関係を明らかにすることが難しいのに対して，堆積土壌では，その時々の環境の影響が時間の経過にしたがって分離して（土壌断面内では位置的に上方に向かってずれて）記録される。堆積速度が速ければ速いほど，環境変動の記録は重複されずに記録されているが，記録の痕跡は弱まることにもなる。以上の点は，土壌断面と環境変動との関係を考察する上で重要な視点となる。したがって，研究対象とする土壌が堆積土壌であるのか風化土壌であるのかは，土壌地理学における，最も基本的で重要な土壌の区分である。

（4） 堆積土壌を支持する証拠

風化土壌の考え方が伝統的に農学分野で尊重されてきたのに対して，堆積土壌の考え方は，1960年代以降になって，主として地理学や第四紀地質学の研究者によって提唱されてきた。堆積土壌の存在の証拠となる，地表面の位置を緩慢に上昇させた具体的な事実は，これまで観測や野外の露頭観察結果から数多く示されている。それらの事例として，火山の噴火による遠方での薄い火山灰の降下（図12-5），火山灰の二次堆積物（図12-6），中国大陸から飛来するレスの観測，干上がった氷期の大陸棚や河原などから巻き上げられる風成塵の堆積（図12-7），斜面上部からの地表物質の重力による移動などの累積効果が挙げられる。また，土壌構成物質の分析からも，下位の母岩の風化によっては絶対に形成されることがない鉱物が上位の土壌断面中に含まれる事実や，現在の地表面で認められる植物の根系状孔隙や落葉に含まれる植物珪酸体が，地表面下の非常に深い土壌中からも認められる事実が知られるようになった。これらは堆積土壌であることを示す重要な証拠の1つとして挙げられるものである。

図12-1に示した土壌断面は，数百年に一回の割合で噴出物を放出した富士火山の東方約60kmに位置するとともに，土壌構成物質の分析によって上記に挙げ

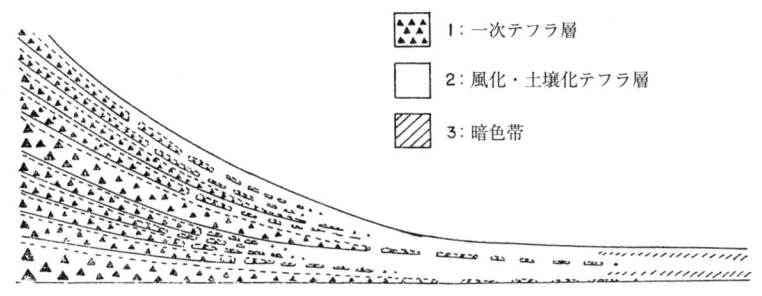

第12章 土壌学と土壌地理学の基礎 235

図 12-5 火口からの距離に応じたテフラの岩相変化の模式図

1：一次テフラ層
2：風化・土壌化テフラ層
3：暗色帯

注：暗色帯は，各部層間の降灰の大きな休止期間に形成された風化土壌のA層ではなく，降下・堆積と腐植の集積とがほぼ並行して形成されたと考えられる。
資料：町田洋・鈴木正男・宮崎明子（1971）「南関東の立川，武蔵野ロームにおける先土器時代遺物包含層の編年」『第四紀研究』第10巻第4号の第3図。

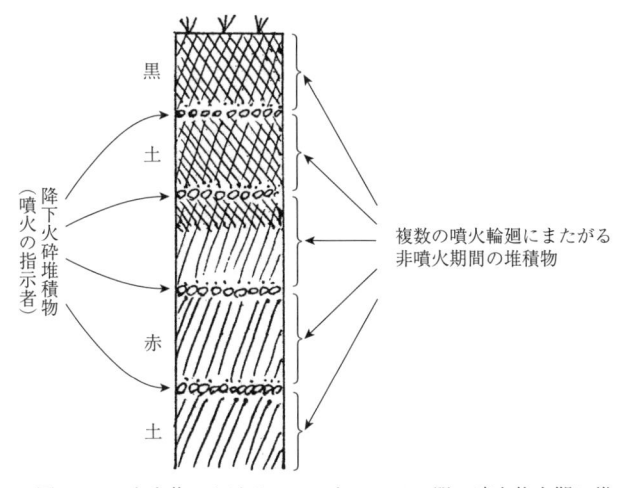

図 12-6 火山体におけるテフラとテフラの間の噴火休止期に堆積する赤土と黒土を示す模式図

降下火砕堆積物（噴火の指示者）

黒土
赤土

複数の噴火輪廻にまたがる非噴火期間の堆積物

注：赤土や黒土は，火山灰の降下によるものではなく，多くは噴火の終了後に噴火によって植生が破壊された場所から立ち上がる砂埃が植生のあるところまで来て堆積する。これが毎年繰り返されて厚くなる。土色は気候変動（植生変化など）を反映して変化する可能性を示している。
資料：中村一明（1970）「ローム層の堆積と噴火活動」『軽石学雑誌』第3号の第3図。一部改変。

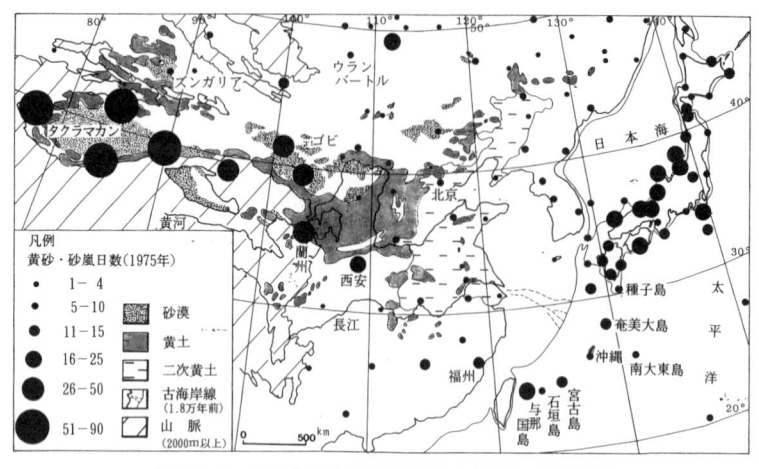

図 12-7 1975年における東アジアの黄砂・砂嵐日数

注：黄砂と砂嵐は北緯40度付近の砂漠で集中的に発生する。舞い上がった黄砂は偏西風に乗り，拡散して日本で広域に観測される。最終氷期には，南西諸島の西約200kmまで海岸線が広がり，黄河や長江がさかんに二次黄土を運搬・堆積した結果，大陸棚も最終氷期の風成塵の供給源となった。黄砂は，第四紀の日本列島の地表面に緩慢に堆積した。

資料：井上克弘・成瀬俊郎（1990）「大陸よりの使者――古環境を語る風成塵」サンゴ礁地域研究グループ編『熱い自然――サンゴ礁の環境誌（日本のサンゴ礁地域）』古今書院の図17.2。

た証拠がいくつも認められることから，堆積土壌の考え方で説明することができるものである（口絵10に，武蔵野台地におけるカラーの土壌断面の例を示した）。日本の多くの地域では，第四紀に活動した火山が多数存在するとともに，風成塵の飛来が確認されており，多くの土壌断面が，地形面を緩慢に被覆する形で形成された堆積土壌として説明できることが次第に明らかになってきた。土壌地理学の目的に立てば，複数の環境の影響が土壌断面中に重複して記録される風化土壌より，そのときどきの環境の影響が時間の経過にしたがってずれて記録されている堆積土壌の方が環境変動の指示者として有効であると言える。

（5） 土層を形成する土壌生成作用の種類とそのカテゴリー区分

地表面付近ではたらく物理的，化学的，生物学的現象による変質作用・付加作用によって地殻表層部分には特徴的な土層が形成される。このような特徴的な土層を形成する作用を総称して土壌生成作用と呼ぶ。土壌地理学の目的にとって，最も利用価値が高いのは，確実に地表付近で生じ，層位が把握できて，しかも埋

第12章　土壌学と土壌地理学の基礎　237

表12−1　示準化石としての意味合いの強さを基準に分類した土壌生成作用

①ほぼ地表面付近で生じる変質のタイプ（「示準化石」的意味合いが強い）	
・植物遺体の堆積・分解・腐植化と無機物の添加・混合による黒色の土壌断面形成（腐植集積作用）	○
・植物遺体の堆積と十分な水の存在によるその不完全な分解と無機物の添加・混合による黒色の土壌断面形成（泥炭集積作用）	◎
②地表面から下方に向かって生じる変質のタイプ	
・酸化鉄・アルミナの移動による灰色およびその集積による褐色・赤色の土壌断面形成（ポドゾル化作用・褐色化作用）	?
・凍結・融解の繰り返しによるアイスレンズの形成とその痕跡を残す土壌構造	○
③地表面とは無関係に生じる変質のタイプ（「示準化石」的意味合いが弱い）	
・水の存在に起因する鉄の還元による青灰色の土壌断面形成（グライ化作用）	×

注：括弧内は従来から用いられてきた土壌生成作用の一般的な名称
　　各行の最後の記号は保存されやすさのおおまかな目安
　　◎：極めて残りやすい，○：残りやすい，×：残りづらい，？：不明
資料：三浦英樹（1995）「第四紀土壌研究の方法論に関する試論——特に堆積土壌を中心として」近堂祐弘教授退官記念論文集刊行会編『近堂祐弘教授退官記念論文集』帯広畜産大学土地資源利用学講座の表1。一部改変。

没後も変化しづらい特性を持つ土層を形成する土壌生成作用である。したがって，土壌地理学では，各々の土壌生成作用が，どのような地表面付近の環境と対応しているものなのか，層位学的に意義を持つものなのか（形成された層準が認定できるとともに変化しづらい特性を持つような土壌生成作用であるか）という2つの視点から整理・分類しておく必要がある。

　このような点から土壌生成作用を類別すると，①大気-地表面のほぼ境界付近で生じる土壌生成作用，②地表面から下方に向かって断面全体に生じる土壌生成作用，③地表面とは無関係に生じる土壌生成作用の3つのカテゴリーに大きく分けられる。**表12−1**には①〜③に対応する具体的な土壌生成作用の内容（括弧内は従来から用いられてきた土壌生成作用の一般的な名称）を示した。いずれも「示相化石」的な意味を持つが（＝その化石がどのような生息・堆積環境下にあったかを類推できること），①は主として陸上生物の生産活動に関係するもの，②と③は主として風化や水の存在・移動にともなうものであり，③から①の順に層位学的な重要性は高くなり，「示準化石」的な意味が大きくなる（＝地層の相対的年代決定や広域的な地層の対比に有効とされる）。

（6）　土層の区分と土層の種類

　風化土壌では，地表面の位置が常に不変であるため，表層下数m以内の断面

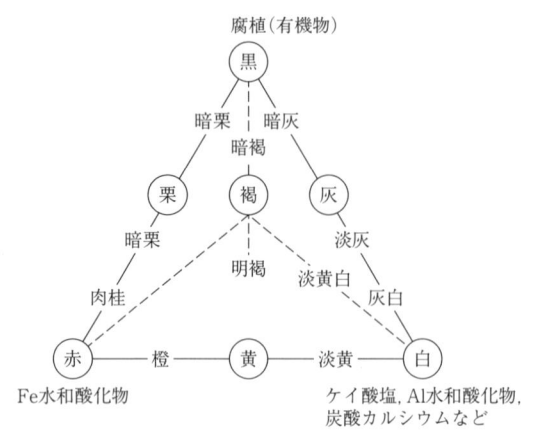

図12-8 土壌の色を決める基本原因物質の相互関係
資料：岡崎正規・佐藤幸夫（1989）「水和酸化物」『季刊化学総説　土の化学』学会出版センターの図1。

全体に過去から現在までの様々な環境の影響の結果・痕跡が重複して記録されている。そのため，特徴的な土層は全体として重複して環境変動を記録している。風化土壌では，土層の区分はすでに述べたようにABC土壌層位法で記載される。

一方，堆積土壌では環境変化の影響・痕跡が比較的分離して上方に向かい時間順に記録されるので，土壌断面形態の変化する部分に注目することで環境変化との対応がつきやすい。堆積土壌の場合は，この土壌断面形態の変化する部分に着目して，特徴的な土層を区分し，その土層ごとに個々の名称を与えて，環境との対応関係を明らかにすることが望ましい。例えば，これまでに「黒色相」，「褐色相」，「黒ボク土層」，「暗色帯」，「灰白色層」，「ミルクチョコ層」，「灰白色土層」，「腐植を含むローム質土層」，「泥炭層」，「黒泥層」，「褐色粘土層」，「灰白色粘土層」などの名称が堆積土壌学的な視点の研究で使用されている。

このような土層の分類単位の認定や名称については，まだ現状では統一した明確な定義はなされていないが，現段階では，単位となる土層を認定した記載的根拠を明確に示すことが重要である。特に土壌の色は土層を区分する際に重視される特徴であり，その色によって土層の名称がつけられることが多い（**図12-8**）。基本的に黒色は有機物，赤色や橙色は鉄の水和酸化物，珪酸塩やアルミニウムの水和酸化物，炭酸カルシウムは白色を呈するので，これらの組み合わせで土層の

色が決まってくる。土層の色は，生物の遺体やそれから新たにつくられる腐植と総称される様々な有機物の化学的・光学的性質，緩慢に堆積する無機物の起源（レスと火山物質の量比），風化状態を示す酸化鉄の結晶化度，水分条件，酸化還元条件などの環境を反映している重要な指標である。そのため，土層の色は，過去の環境を復元するためにどのような室内分析を進める必要があるかを検討する上で，最初の重要な情報を与える鍵になる。

　地表面付近で形成される土層の特徴をもたらす土壌生成作用（表12-1の①）の出現には，堆積する物質の化学的・鉱物学的性質，堆積速度，植生などの様々な地表環境の条件が関与している場合が多い。例えば，火山起源物質の風化生成物である非晶質な活性アルミニウムは黒色の有機物である腐植の集積，重縮合の強力な担い手になって，黒色を強めている。また，堆積速度の点では，南関東の立川ローム層で認められる黒土層（暗色帯）がテフラ給源の富士山に近づくにつれて不明瞭になるのは，給源に近いほど母材（テフラ）の堆積速度が増加するためと考えられる（図12-5）。これらの例からも分かるように，特徴的土層の成因の解釈には，地表環境に関する幅広い情報を総合的に検討していく必要がある。

本章のまとめ

①細粒な地殻表層部分のうち，過去から現在までに大気と地殻の境界である地表面付近に存在した履歴があり，何らかの変質作用を受けた部分を土壌と呼ぶ。土壌を研究する学問分野に土壌学と土壌地理学がある。

②土壌地理学の目的は，第四紀土壌の土壌断面形態の特徴に基づいて，土壌の形成原因と形成過程および分布の規則性，陸上地表環境の変遷との関係，地域的な陸上地表環境の変動史を解明することにある。自然状態の土壌研究を第四紀土壌学，農林業などの産業に応用する土壌学を農林業土壌学として，両者は研究目的の上で区別される。

③土壌地理学では，野外調査によって，①調査地点と土壌断面露頭の層位学的・地形発達史的な位置づけ，②土壌断面形態の観察による土層の特徴，③現在（およびそれを鍵とした過去）の地表面付近で生じている様々な物理的，化学的，生物学的現象（土壌生成作用）の観察を行い，これに④土壌構成物質の物理的・化学的・地質学的分析データを含めた４つの観点から，区分された各土層

の意味づけを考えて，過去から現在までの陸上地表環境の変化と各土層との相互関係を考察する。

④土壌は，岩石や堆積物がその場で風化・細粒化した母材から形成される風化土壌と，土壌の材料が何らかのプロセスによって他の場所から運ばれ，地表面に緩慢に堆積しながら堆積・風化および有機物の集積がほぼ並行して土層が形成される堆積土壌に大きく区分される。風化土壌では土壌の材料となる岩石あるいは堆積物に対して地表面が常に不変で1つしか存在しないのに対して，堆積土壌では土壌断面内のすべての部分が過去に地表付近に存在した履歴を持ち，環境の変動を分離して記録しているため，土壌断面形態の変化と古環境変動との関係を明らかにする研究において有利である。

⑤土壌生成作用とは，地表面付近で特徴的な土層を形成する変質・付加作用のことである。これらは，①主として陸上生物の生産活動に関係するもの，②主として風化や水の存在・移動にともなうものであり，①の方が②よりも層位学的な重要性が高くなる。

⑥土壌の色は，土層を区分する際に重視される特徴であり，堆積土壌ではその色によって土層の名称が与えられる場合が多い。

●参考文献
井上克弘・成瀬俊郎（1990）「大陸よりの使者——古環境を語る風成塵」サンゴ礁地域研究グループ編『熱い自然——サンゴ礁の環境誌（日本のサンゴ礁地域）』古今書院。
岡崎正規・佐藤幸夫（1989）「水和酸化物」『季刊化学総説　土の化学』学会出版センター。
中村一明（1970）「ローム層の堆積と噴火活動」『軽石学雑誌』第3号。
日本ペドロジー学会編（2008）『土壌調査ハンドブック』博友社。
町田洋・鈴木正男・宮崎明子（1971）「南関東の立川，武蔵野ロームにおける先土器時代遺物包含層の編年」『第四紀研究』第10巻第4号。
三浦英樹（1995）「第四紀土壌研究の方法論に関する試論——特に堆積土壌を中心として」近堂祐弘教授退官記念論文集刊行会編『近堂祐弘教授退官記念論文集』帯広畜産大学土地資源利用学講座。

第13章

土壌学と土壌地理学の応用

三 浦 英 樹

　堆積土壌の断面と土層の形成には，主として土壌物質の堆積と植生の変化が関与する。本章では，前章に続いて堆積土壌断面と土層の形成要因を解明するための考え方と方法について解説・整理した上で，それらの方法を用いた土壌地理学研究の例と，土壌地理学の課題について見ていくことにしよう。

1　土壌断面の編年と土層の形成要因の解明のための考え方と方法

（1）　テフロクロノロジーによる堆積土壌の土層の編年

　テフロクロノロジー（火山灰編年学）は，段丘面の編年ばかりでなく，堆積土壌の土層そのものに時間軸を入れる上でも，重要な役割を果たす。例えば，**図13-1**は，火山の山麓から山頂に向かって，堆積土壌表層の黒色土層の下限の形成年代が新しくなる事例を模式的に示したものである。この例で示すように，広域で同時間面を示す鍵テフラを指標として用いることで，同じ特徴を持つ土層であっても，その形成が開始された時代が，地域や場所によって異なっていることを明確に示すことができる。

（2）　堆積土壌の斜交関係と暗色帯の形成――地形発達史の中での土壌断面の位置づけ

　日本各地の海成段丘や河成段丘面上には，地形面の形成（離水）以降の陸上環境の変化が，堆積土壌の断面の変化として欠落することなく記録されている場合が多い。このような土壌断面は環境の連続的な記録者として理想的である。ところが，**図13-2**に示すように，平坦な段丘面の末端部から下る斜面では，一部の土壌が侵食されて，土壌中に切り合い関係（不整合や斜交関係）が生じている層準が認められ，それがさらに暗色帯やクラック帯（割れ目を含む層）に続くことがあ

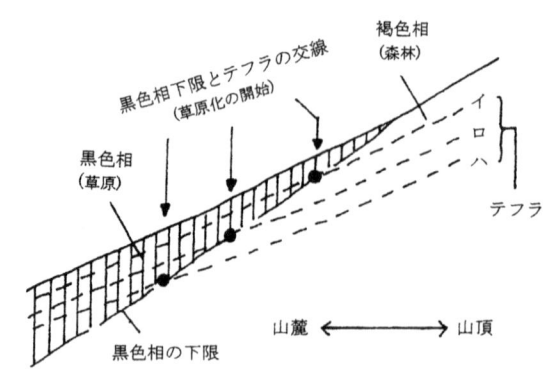

図13‐1 テフラと表層黒色土層の斜交関係を示す模式図
資料：加藤芳朗（2007）「黒ボク土生成の問題」『軽石学雑誌』第15号の図8。

る。**図13‐3**に示すように，この関係は，斜面が侵食作用によって，**図13‐2**のｄの位置まで後退したときに新しい堆積物が降下堆積したことを意味しているが，この土壌断面観察地点において，長い間堆積が中断したことを示すものではない。すなわち，この図で示す暗色帯やクラック帯は，必ずしも物質の堆積の中断が原因で生じたものではなく，連続して堆積している物質そのものの内容が途中で変化したことを反映しているか，あるいは，堆積しながらその時代の地表環境条件の変化を反映して堆積物の変質作用の内容が変化して形成された土層のどちらかであると言える。

　なお，段丘面を形成するような海面や河床面高度の変動は，第四紀の地球規模の海水準や気候変動とも密接に関係することから，下位の段丘面の形成時期や離水時期と上位の段丘にのる堆積土壌の土層の変化・欠落の関係について検討することには意味がある可能性がある。このように，地形発達史の中で土壌断面を位置づけることは，土壌断面と環境変動史を関連づける上で必要不可欠である。

（３）　**植物珪酸体分析が示す古植生と黒色土層生成との関係**

　植物珪酸体は，植物の細胞や組織の間の空隙に沈積した非晶質の含水珪酸からなる微粒子である（**図13‐4**）。これは，植物遺体から土壌中に豊富に供給されるとともに，堆積物中での風化抵抗性も強いことから，土壌の形成環境に関する重要な情報を提供する示相化石（12章4節(5)項参照）である。

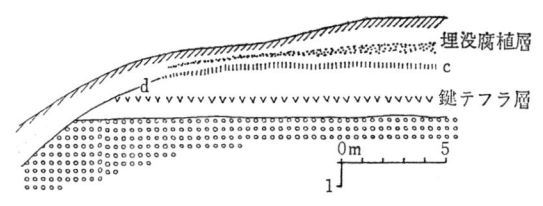

図13-2　堆積土壌の中の不整合を示す露頭の例

注：c：クラック帯，d：不整合。
資料：町田洋（1977）『火山灰は語る』蒼樹書房の図V-4。

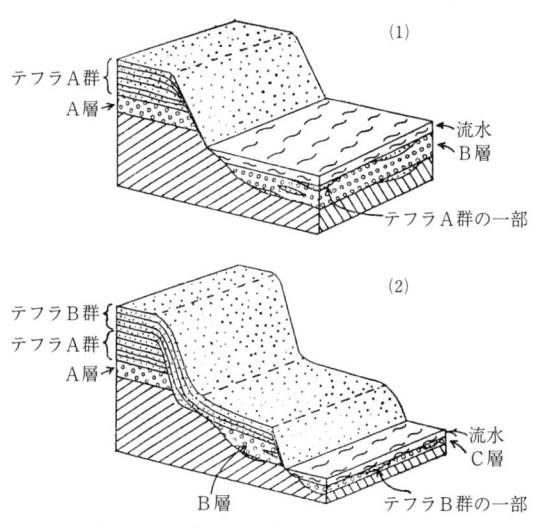

図13-3　段丘の形成と堆積土壌との関係

注：海成段丘堆積物や河成段丘堆積物のような水成層Bの形成期（(1)の時期）にも土壌の材料となる堆積物が堆積していたとする。その堆積物は当然，Bより高い段丘面の堆積物である水成層Aの上にも堆積する。しかし，B層中には流水の働きでA層はほとんど堆積しない。次の(2)の時期に，海面や河床高度が低下して，B層の堆積が終わったとする。降下している堆積物は，B層が離水して段丘化したとたん，その上に堆積する。B段丘とA段丘の間の斜面は，もはや直接激しい侵食作用を受けないので，ゆっくりとした葡匐作用でのみ後退するだけである。このため，斜面上も新しい堆積物によって覆われはじめる。このような場合，A段丘の崖の斜面では，Bが段丘になる直前まで降っていた堆積物と新しい堆積物は斜交する場合が生じる。こうした関係は，2つの堆積物群の間に大きな時間間隙がなくても生じる。
資料：町田洋（1977）『火山灰は語る』蒼樹書房の図V-5。

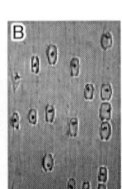

図13-4　イネ科葉部表皮組織中の短細胞（珪化細胞）の配列を示す灰像写真の例

注：(1)A：*Sasanipponica* ミヤコザサ（ササ属），B：*Eragrostisferruginea* カゼクサ（ススメガヤ亜科），C：*Echinochloacrus-galli* イヌビエ（キビ亜科），D：*PaspalumThunbergii* スズメノヒエ（キビ亜科），E：*Calamagrostislangsdorffii* イワノガリヤス（イチゴツナギ亜科），F：*Calamagrostishakonensis* ヒメノガリヤス（イチゴツナギ亜科）。

(2)葉脈上の表皮組織に配列する短細胞には珪酸体が形成され，その形状は植物分類の基準として用いられてきた。タケ亜科，ヒゲシバ亜科には鞍状，キビ亜科には亜鈴状，イチゴツナギ亜科にはボート状の珪酸体がそれぞれ形成される。この植物珪酸体は花粉化石，大型植物化石が保存されにくい乾性の酸化的土壌，また陸生貝類化石等の石灰質の化石が保存されにくい酸性土壌でもよく保存されているので，土壌の堆積，形成環境について貴重な情報を提供することができる。

資料：佐瀬隆・町田洋・細野衛（2009）「相模原周辺の関東ローム層中の植物珪酸体からみた過去8万年間の気候植生変化」『相模原市史調査報告書』第3巻の付録CD-ROM中の資料1の図2。

　植物珪酸体は，あらゆる高等植物で生産されるものではないが，特にイネ科植物では，亜科レベルで特徴的な形態を有する珪酸体を豊富に生産することが知られている。イネ科植物は汎世界的に分布するとともに，その各構成群が気候条件に対応した地理的分布をすることから，過去の環境指標として有用な微化石である。現在の日本列島におけるイネ科の分布を概観すると，亜寒帯の北海道地方ではイチゴツナギ亜科とササ属，冷温帯の東北地方ではキビ亜科とササ属，暖温帯の関東地方以西ではメダケ属とキビ亜科が，それぞれ優勢となっていることが知られている（表13-1）。

　また，植物珪酸体は黒色土層の成因を考える上でも重要な情報を提供する。図13-5は，我が国の様々な地点における現生の草本植生下の表層土壌の植物珪酸体分析結果を示したものである。この結果から，黒色土層の生成には草原的植生，褐色土層の生成には森林植生が深く関与していることが強く示唆される（図13-6）。このように形成される土層の違いが生じる理由の1つは，森林植生に比べて，草原的植生では多量の有機物が供給できるためと考えられる。すなわち，黒色土層の生成にとって，草原的植生は不可欠な自然条件と考えられている。なお，森林植生下で明瞭な黒色土層が形成されない理由は，森林植生下で落葉から形成される腐植物質が，草原的植生下で形成される腐植物質に比べて分解が容易であ

表 13 - 1　日本における草地植生型の分布と各地の表土の植物珪酸体

植物珪酸体組成における優勢な小型珪酸体	イネ科植物相の優勢種	気候帯
イチゴツナギ型	イチゴツナギ亜科	寒帯〜亜寒帯
イチゴツナギ型 タケⅠ型（ササ亜型）	イチゴツナギ亜科 ササ属	亜寒帯
タケⅠ型（ササ亜型）	ササ属	亜寒帯〜冷温帯
キビ型 タケⅠ型（ササ亜型）	キビ亜科 ササ属	冷温帯
キビ型	キビ亜科	冷温帯〜暖温帯
キビ型 タケⅡ型（タケ亜型）	キビ亜科 メダケ属	暖温帯
タケⅡ型（タケ亜型）	メダケ属	

資料：佐瀬隆・細野衛・宇津川徹・加藤定男・駒村正治（1987）「武蔵野台地成増における関東ロームの植物珪酸体分析」『第四紀研究』第26巻第1号の表1。一部改変。

るために，土層の上方成長に伴い，森林植生下では下位の腐植が順次分解されて黒色土層から褐色土層に早く変化するためと考えられている（**図 12 - 2** 上（c）のモデル）。

　また，逆に，ある地点において自然状態の極相が森林植生となる気候条件にあるにもかかわらず，表層に黒色土層が形成されている地点があれば，それは草原的植生を維持させるような何らかの作用が地表面に働いていたことを示唆する。この作用には，森林を破壊する火山活動などの自然現象の他にも，人類の活動による森林の伐採も可能性の1つとして挙げられる。実際に，日本国内の火山物質を主な材料とする地域の堆積土壌では，表層に厚い黒色土層，その下位には褐色土層が認められる場合が多いが，表層の黒色土層の形成開始時代（黒色土層の下限の時代）は，地域や時代によって異なることがテフロクロノロジーを用いた土層の編年の研究から知られている（**図 13 - 1** はその例を模式的に示したものである）。

　黒色土層の開始時期の違いの原因を地形変化や火山噴火史，考古学や人類学的な観点から探ることは，土壌地理学や第四紀土壌学の大きな課題である。そのためには，土層とそれに含まれる植物珪酸体の変化とそれらの編年研究が必要になる。このように，植物珪酸体分析は，土壌地理学研究において極めて重要な土壌分析手法の1つである。

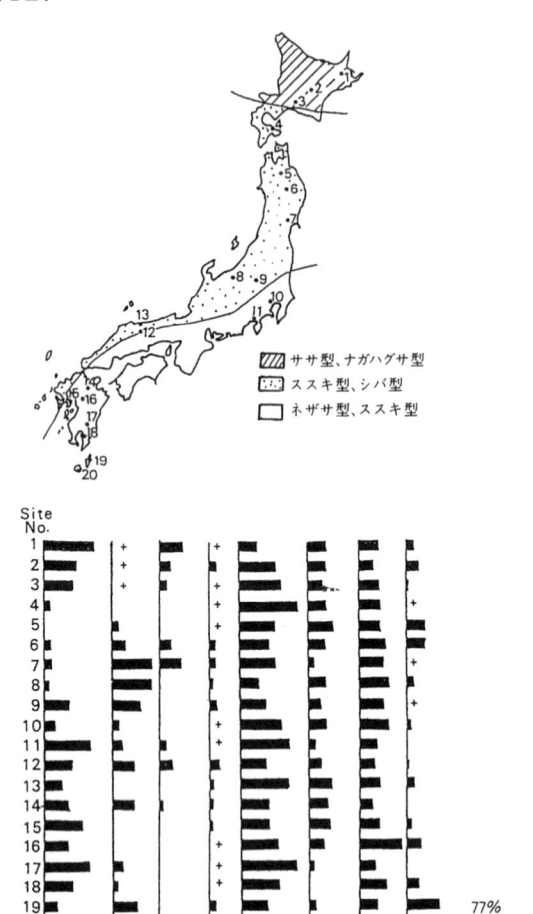

図 13-5　日本における草地植生型の分布と各地の表土の植物珪酸体

注：(1)(上)日本の草地植生型の分布区分と表土の採取地点。草地植生型で区分されたA帯は亜寒帯，B帯は冷温帯及び日本海側，C帯は暖温帯にそれぞれ対応する。(原図はNumata, 1969)

　　(2)(下)各地の表土の植物珪酸体ダイアグラム。植物珪酸体の省略名はそれぞれ，Bambu.＝Bambusoid：ササ型珪酸体，Pani.＝Panicoid：キビ亜科型珪酸体，Festu.＝Festucoid：ウシノケグサ（イチゴツナギ）亜科型珪酸体，Chlo.＝Chloridoid：ヒゲシバ亜科型珪酸体，Fan.＝ファン型珪酸体，Point.＝ポイント型珪酸体，Elong.＝棒状型珪酸体，Tree＝樹木起源珪酸体，を示す。表土の植物珪酸体の組成の傾向は，現在の草地植生型の分布区分とよく一致する。(原図はKondo et al., 1988)

資料：佐瀬隆（1989）「黒色腐植層（黒土層）の生成に関する覚書」『岩手県文化振興事業団埋蔵文化財センター紀要』第IX巻の図5。(公財)岩手県文化振興事業団埋蔵文化財センター提供。一部改変。

図13-6 火山物質の緩慢な堆積条件下における植被と腐植層の関係

資料：地学団体研究会責任編集／小池一之・坂上寛一・佐瀬隆・高野武男・細野衛（1994）『地表環境の地学——地形と土壌』東海大学出版会の図7-8。

2 土壌地理学研究の例——日本における土壌生成環境と特徴的な土層

本節では，12章4節と本章1節で示した，第四紀土壌の土壌断面と土層の形成に関わる基本的概念および特徴的な土層の編年や形成要因の考え方を用いて，黒色土層を中心とした日本国内の土壌地理学の研究例を紹介する。

（1） 黒色土層と褐色土層の成因および地理的分布の規定要因

図13-7は，表層に腐植含量が高い特徴的な厚い黒色土層が認められる地域の

分布の概要を示したものである。この図を見ると，黒色土層の分布は主要な火山の東側に多いことがよくわかる。これは，緩慢に堆積する火山灰に含まれる火山ガラスなどの風化物質（活性アルミニウム）が腐植物質と化学的に結合しやすいためと考えられている。一方，明らかに活性アルミニウムが多くても，図12-5で模式的に示したように，火山に近く堆積速度が速い地点では，相対的に腐植の含量が低下して黒色土層にはならない。また，図13-7では，火山から遠い東海地方や西日本などの一部にも黒色土が点在していることから，河床などから舞い上がる風塵や大陸から飛来する風成塵などの細粒物の緩慢な堆積によっても黒色土層は形成され得ることを示している。これらの事実は，活性アルミニウムをもたらす火山灰の含量だけでなく，細粒な堆積物が緩慢に堆積して枯死した植物地上部とともに積み重なることも，黒色土層の形成にとって重要であることを示している。

　植生の点から見ると，植物珪酸体の項（13.1.(3)項）でも述べたように，黒色土層の形成要因の1つは草原的植生である。ここでいう「草原的植生」とは，草原や疎林のように，年間を通じて十分な日光が地表に届くとともに，腐植の生成に必要な土壌温度が上昇できる解放空間を持つ植生とそれを取り巻く環境を意味している。具体的には，現在の亜高山帯下部のササ草原下表層においても黒色土層の生成が認められる事実から，黒色土層の生成には「暖かさの指数 WI＞30～35（℃・月，10.2.(2)項），ケッペンの乾燥度指数 K＞18（mm/℃）の気候条件（年降水量をPmm，年平均気温をT℃とした時，一年中多雨の地方ではK＝P/(T/7)，夏に雨が多い地方ではK＝P/(T/14)，冬に雨が多い地方ではK＝P/T）」と「草原的植生」が必要条件になると考えられている。この閾値を植生帯に置き換えれば，亜寒帯針葉樹林帯の下部（針広混交林帯）が黒色土層の生成の分布限界であると推定できる。したがって，現在とほぼ同じ気候条件になって以降の時代の土壌断面中に黒色土層が認められるにもかかわらず，現植生が森林である場合には，自然現象や人為的影響による植生撹乱によって，過去に草原的植生が成立できる解放空間が生じた可能性を指摘できる。一方，褐色土層は森林植生の下ならば温暖期にも生成されるので，必ずしも寒冷期に生成されたとは言えない。

（2）堆積土壌と第四紀環境変動

　図13-8は，堆積土壌の野外調査と土壌分析，植物珪酸体分析に基づいた，十

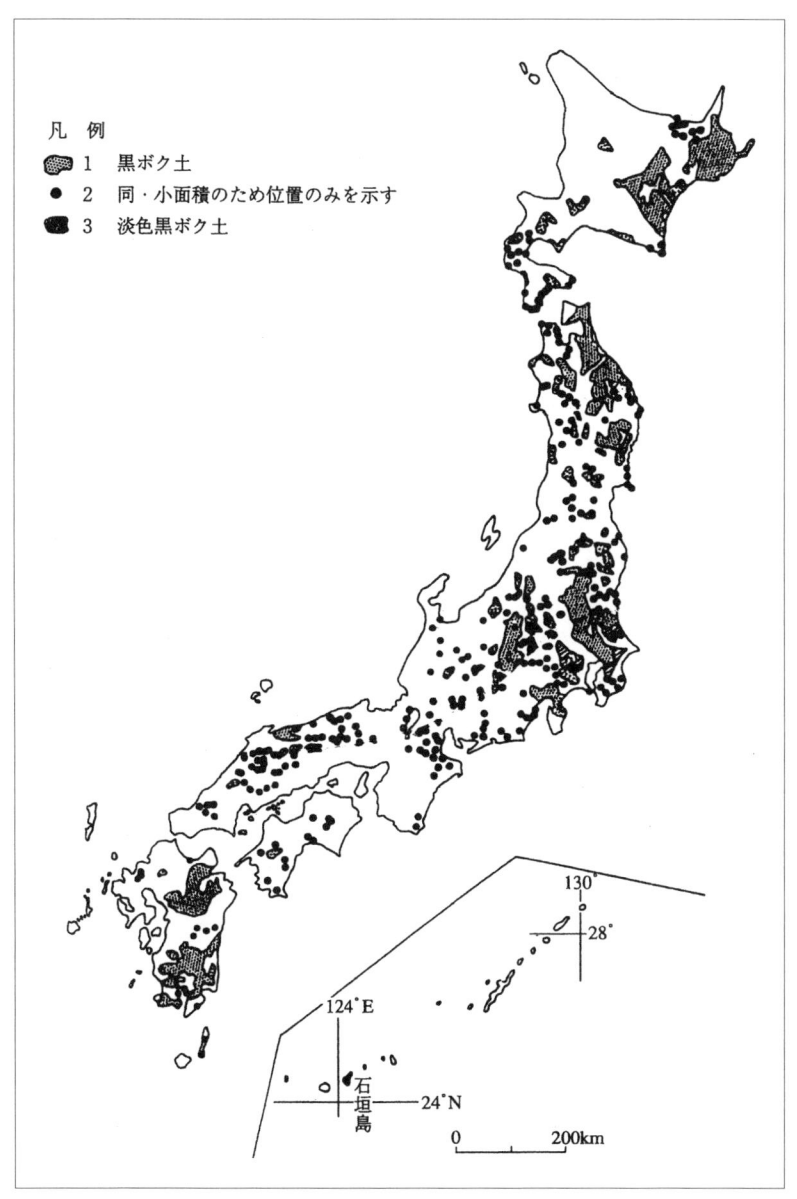

第13章　土壌学と土壌地理学の応用　249

凡例
1　黒ボク土
2　同・小面積のため位置のみを示す
3　淡色黒ボク土

図13-7　表層に腐植含量が高い特徴的な厚い黒色土層をもつ土壌（黒ボク土・淡色黒ボク土）の分布

資料：地学団体研究会責任編集／小池一之・坂上寛一・佐瀬隆・高野武男・細野衛（1994）『地表環境の地学——地形と土壌』東海大学出版会の図10-1。一部改変。

250 第Ⅳ部 環境地理学

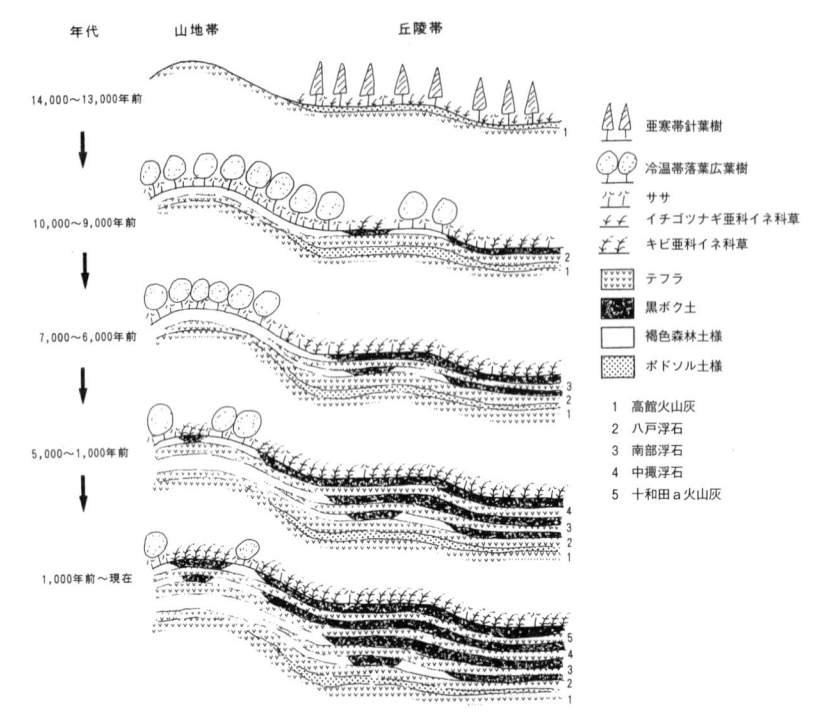

図13-8 十和田火山テフラ分布域における堆積土壌の黒色土層生成についての模式図

資料：佐瀬隆・細野衛（1995）「1万年前の環境変動は火山灰土壌の生成にどのような影響を与えたか？――黒ボク土生成試論」近堂祐弘教授退官記念論文集刊行会編『近堂祐弘教授退官記念論文集』帯広畜産大学土地資源利用学講座の図2。

和田火山の東方地域における土壌生成とそれを形成した環境の時系列変化を示したものである。十和田火山周辺では，最近2万年間に少なくとも6層のテフラが噴出し，これらは緩慢に堆積した堆積土壌を編年する上の時間指標となっている。

この図に基づくと，現在，落葉広葉樹林帯である台地や丘陵部は，最終氷期の最寒冷期のころ（約2万年前）には亜寒帯針葉樹に覆われていた。約1万年前の完新世に入ると，台地上ではすぐに黒色土層の生成が始まったが，丘陵部では黒色土層はモザイク状に分布するのみで，さらに標高が高い山地部ではまだ黒色土層は形成されていなかった。約7000年から6000年前の完新世中期になると，丘陵部でもほぼ全域で黒色土層の生成が始まったが，山地部ではまだ黒色土層は生成していない。約5000年前以降の完新世後期になって，初めて山地の一部地域で黒

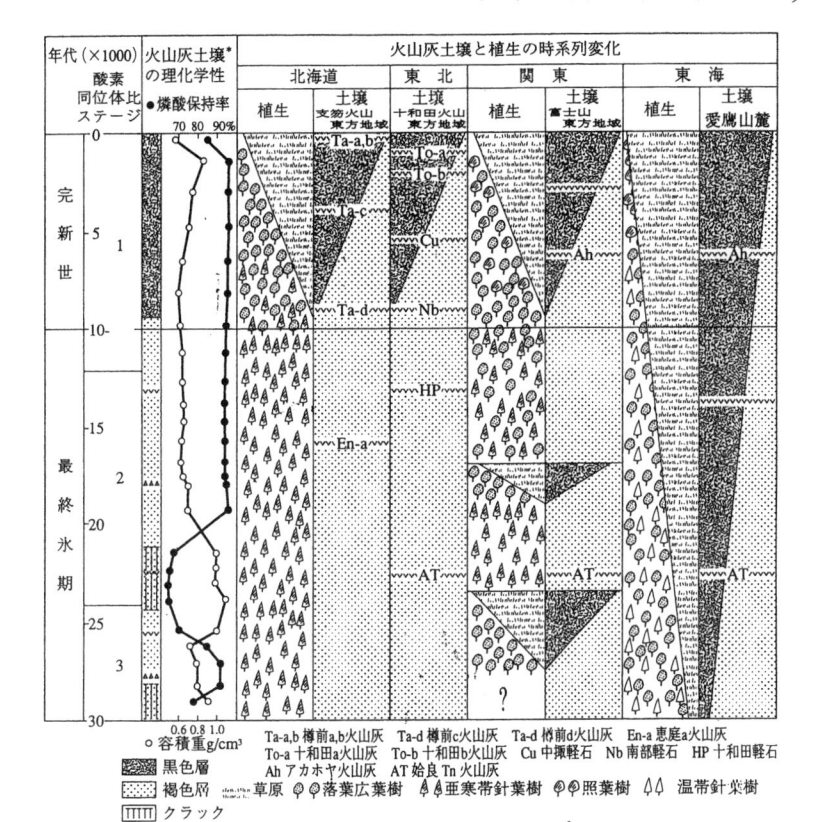

図 13-9 最近3万年間の火山灰土壌と植生環境の時系列変化

資料：地学団体研究会責任編集／小池一之・坂上寛一・佐瀬隆・高野武男・細野衛（1994）『地表環境の地学――地形と土壌』東海大学出版会の図11-6。

色土層が生成されるようになった。現在の自然植生が落葉広葉樹林帯であり，かつ，褐色土層が形成されるべき地域の表層に黒色土層が存在することは，人為的に森林が破壊されて草原が広がったことと深く関連していることを示唆する。そのため，丘陵部や山地部で黒色土層の生成が遅れた理由として，標高が高く，人が進出しづらいために森林の破壊と草原の広がりが平地に比べて遅れた可能性が指摘されている。

テフラを指標として，東海地方以北の日本列島各地の黒色土層の生成開始時期をまとめたものが**図13-9**である。北海道と東北地方では，黒色土層の生成開始時期は1万年前より若干新しい。関東地方では，1万年前以降に本格的な黒色土

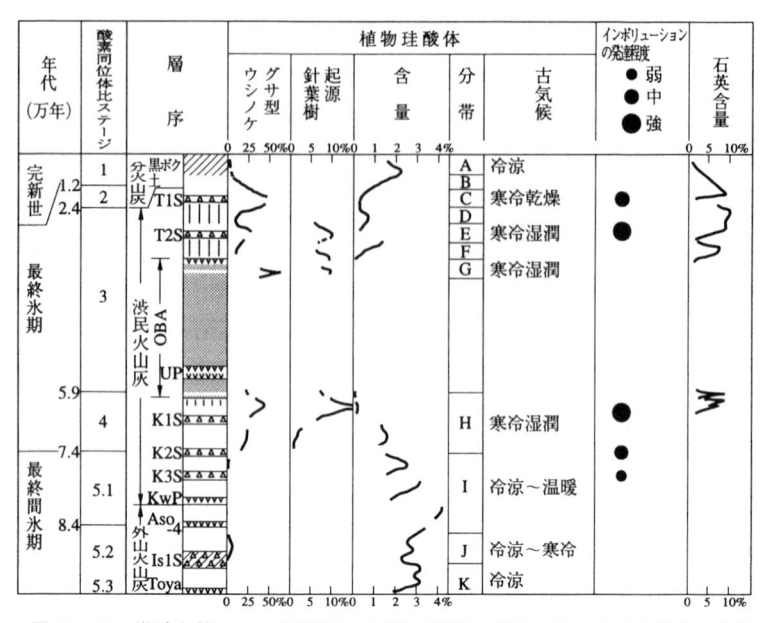

図 13-10 岩手山麓における洞爺火山灰降下以降の堆積土壌の土層と植物珪酸体群集と古環境の変化

注：最終間氷期の洞爺火山灰（Toya）降下から加賀内第3スコリア（K3S）降下までの時期は，石英含量で示される広域風成塵の堆積は少なく，一次テフラと二次テフラを主体とした堆積土壌が形成され，植物珪酸体によって示される植生はササ属を主体とするイネ科植物相が継続して成立した比較的温暖な気候であった。最終氷期の加賀内第2スコリア（K2S）降下から滝沢第1スコリア（T1S）降下までの時期は，広域風成塵の堆積が大きく，縦線で示す顕著な広域風成塵付加層（クラック帯）による堆積土壌が形成され，それらの層準には化石周氷河現象（インボリューション，過去の周氷河作用による地層の変形，3.1.(3)項参照）も認められる。植生はウシノケグサ（イチゴツナギ）亜科が卓越するイネ科植物相とそれにともなう針葉樹を成立させた寒冷期が繰り返された。完新世になると，再び一次テフラと二次テフラを主体とした堆積土壌が形成され，植被密度の増加と，非タケ亜科のイネ科植物相の継続的な成立によって腐植の集積が平行して生じて，斜め斜線で示す黒ボク土層（黒色土層）が形成された。これらの変化は，グローバルな気候変動である海洋酸素同位体ステージ（図序-3）にもよく対応している。

資料：地学団体研究会責任編集／小池一之・坂上寛一・佐瀬隆・高野武男・細野衛（1994）『地表環境の地学──地形と土壌』東海大学出版会の図11-7．

層の生成が開始されたが，それ以前にも断続的に黒色土層が形成されていた時期があった。また，東海地方や更に南の九州地方では，約3万年前から継続的に黒色土層が生成していることが知られている。これらの事実は，気候条件が黒色土層の生成を規定しており，寒冷な地域ほどその生成開始時期が遅れたことを示しているが，もう1つの条件として，十和田火山東方地域でも示されたように，人

の植生への働きかけの影響が黒色土層の生成をもたらした可能性も示唆している。なお，約3万年前以前の黒色土層が日本ではどこにも認められないのは，環境変化の影響よりも，腐植と結合しやすい非晶質の活性アルミニウムが，風化の進行にともなって結合しづらい結晶性の粘土鉱物に変化して，土層が腐植を保持する能力を失ったことが原因と考えられている。

　完新世より古い日本各地の更新世の土層に目を向けると，微細石英を多く含むクラック帯の土層として観察される広域風成塵（レス）の付加層準が氷期層準の特徴的な土層（クラック帯など）として知られている。また，植物珪酸体含量や組成が第四紀に認められるグローバルな気候変動にともなって変動していることも明らかにされてきている（**図13-10**）。近年のこれらの研究成果から，日本の堆積土壌は第四紀の氷期－間氷期サイクルの環境変動に連動するとともに人為的な活動の影響を受けて形成されてきたことが指摘されている。このように，堆積土壌中の土層の時系列的な変化，その地理的な分布の変化を明らかにした上で，各地の土壌断面を同一時間軸に沿って相互に比較検討することで，土壌から第四紀の古環境の変遷や人類活動との関連を議論することが可能になる。

③ 土壌地理学の課題

　堆積土壌の実践的研究はまだ緒についたばかりである。最後に，土壌地理学，特に第四紀土壌学をさらに体系化し，自然地理学の一分野として確立するために，今後進めていかなければならない課題について述べる。

①現在の環境下における土壌生成プロセスの定量的な研究

　過去の特徴的土層から古環境を復元するためには，現在の環境下における土壌生成プロセスのモニタリングを行う必要がある。現在の環境諸条件と表層土層の断面形態・組成との関係をできるだけ定量的に明らかにすることによって，それを鍵として過去の地表環境を詳細に復元していくことが可能になる。

②第四紀土壌（堆積土壌）の特徴的土層の比較・対比・分類体系の確立

　12.4.(3)項で述べたように，堆積土壌では従来のABC層位法に基づいた土壌分類が適用できない。そこで，第四紀の地表環境の変化を反映した岩相（土相）の違いを重視した土層（単位となる堆積土壌）を新たに土壌の基礎単位とする，土

壌の認定と各地の土層の比較・対比，および共通した命名・分類体系の確立が必要である。

③土壌中に含まれる環境指示者の追究

　土壌断面の変化から陸上の環境変動史を明らかにするためには，土壌中で変化しづらく，定量的に環境を復元できるプロキシ（代替指標データ）をできるだけ多く見出す必要がある。

④日本各地の堆積土壌の正確な層位学的位置づけとその変遷史の解明

　本章2節(1)項と(2)項で示したように，日本全体の堆積土壌を取り上げて，各地の土層の変遷，およびその地域的な違いを同時間面で面的に議論していく必要がある。

⑤土壌と人類活動との関わり合いの解明

　土壌は，陸上での環境変化と人類活動の関係を総合的に把握し復元できる唯一の媒体である。考古学との共同研究から人類活動を含めた陸上地表の総合的な環境変動史を復元していく研究もさらに進めていく必要がある。

本章のまとめ

①堆積土壌の土層の編年と，地域と時代による変遷を比較する上で，テフロクロノロジーは重要な役割を果たす。

②植物珪酸体は，土壌の形成環境に関する貴重な情報を提供する示相化石である。植物珪酸体分析の結果を応用することで，過去の気候変化や，特徴的土層の形成に関与した植生を復元することができる。

③植物珪酸体の研究によって，黒色土層の生成に草原的植生，褐色土層の生成に森林植生が，それぞれ深く関与していることが明らかにされている。特に黒色土層の生成に関しては人為的な影響による森林破壊の歴史との関係も考慮する必要がある。

④黒色土層の形成年代とその地域的な違いに着目すると，日本の堆積土壌に認められる土層の変化は，氷期－間氷期サイクルに連動して形成されてきたことが指摘できる。堆積土壌の変遷を用いて，第四紀の古環境の変遷や人類活動との関連を議論することもできる。

⑤今後進めていかなければならない土壌地理学の課題としては，①現在の環境下

における土壌生成プロセスの定量的な研究，②堆積土壌中の特徴的土層の比較・対比・分類体系の確立，③土壌中に含まれる環境指示者の追究，④日本各地の堆積土壌の正確な層位学的位置づけとその変遷史の解明，⑤土壌と人類活動との関わり合いの解明，などがある。

●**参考文献**

加藤芳朗（2007）「黒ボク土生成の問題」『軽石学雑誌』第15号。

小池一之・坂上寛一・佐瀬隆・高野武男・細野衛（1994）『地表環境の地学――地形と土壌』東海大学出版会。

佐瀬隆（1989）「黒色腐植層（黒土層）の生成に関する覚書」『岩手県文化振興事業団埋蔵文化財センター紀要』第Ⅸ巻。

佐瀬隆・細野衛（1995）「1万年前の環境変動は火山灰土壌の生成にどのような影響を与えたか？――黒ボク土生成試論」近堂祐弘教授退官記念論文集刊行会編『近堂祐弘教授退官記念論文集』帯広畜産大学土地資源利用学講座。

佐瀬隆・細野衛・宇津川徹・加藤定男・駒村正治（1987）「武蔵野台地成増における関東ロームの植物珪酸体分析」『第四紀研究』第26巻第1号。

佐瀬隆・町田洋・細野衛（2009）「相模原周辺の関東ローム層中の植物珪酸体からみた過去8万年間の気候植生変化」『相模原市史調査報告書』第3巻。

町田洋（1977）『火山灰は語る』蒼樹書房。

三浦英樹（1995）「第四紀土壌研究の方法論に関する試論――特に堆積土壌を中心として」近堂祐弘教授退官記念論文集刊行会編『近堂祐弘教授退官記念論文集』帯広畜産大学土地資源利用学講座。

Kondo, R., Sase, T. and Kato, Y. (1988), "Opal Phytolish Analysis of Andisols with Regard to Interpretation of Paleovegetation", in Kinloch, D. I., Shoji, S., Beinroth, F. H. and Eswaran, H. eds., *Properties, Classification and Utilization of Andisols and Paddy Soils* (Proceedings of the 9th International Soil Classification Workshop), Sendai: Japan Committee for the 9th International Classification Workshop.

Numata, M. (1969), "Progressive and Retrogressive Gradient of Grassland Vegetation Measured by Degree of Succession-ecological Judgement of Grassland and Condition and Trend IV", *Vegetatio*, Vol. 19.

第 V 部
地理情報学

第14章

自然地理情報解析の概要

松山　洋

　前章までで紹介した内容は，伝統的な自然地理学に関するものであった。本章と次章では，自然地理学と人文地理学にまたがる新しい学問「地理情報学」のうち，自然地理情報解析に関する内容について学ぶことにしよう。

1　地理情報学とは何か

【問題】
　今，あなたが考えている「地理情報学」とはどのようなものであるか，思うところを述べて下さい。

　筆者の「地理情報学」の授業は，いきなりこのような小テストから始まる。多くの学生さんは，以下で述べる正解に類することを書いてくるが，どうも地理情報学とは得体の知れない学問のようである。中には「全く想像がつかなかった」と一言だけ書いてきた学生さんもこれまでにいた。
　地理情報学とは，地理情報を扱う学問のことである（地理情報については，次の段落で述べる）。英語で書くとGeographical Information Sciencesとなり，地理情報科学とも言う。地理情報学とは，コンピュータおよびインターネットの発達にともなって出現してきた学問であり，「地理情報を系統的に処理する方法，および方法論を研究する学問」（野上ほか，2001）と定義される。具体的には，「地理情報を系統的に取得・構築し，管理し，分析し，総合して表示・伝達する方法および方法論を研究する学問」が地理情報学である。地理情報学で扱うデータは膨大になるため，地理情報を系統的に処理するためにはコンピュータの使用が必要不可欠になってくる。そして，ここで述べた地理情報学を実現するための道具が地理情報システム（Geographical Information System）となる。なお，地理情報学も地

理情報システムも，どちらも略語は GIS（ジーアイエス）となる。

　ここまで「地理情報」という用語を定義せずに使ってきたが，そもそも地理情報とは，「場所と属性がセットになった情報」のことを指す。具体的には，地図や気象データ，あるいは『世界国勢図会』に出てくるような国別の統計などが地理情報になる（いずれも，ある場所に関する属性情報になっている）。地理学に関する研究をしていると，地理情報以外の情報を探すことの方が難しいくらいであり，地理情報とは極めて広い情報であることが分かる。

　本章と次章では，地理情報学のうち主として「自然地理学」に関する話（自然地理情報解析）について述べる。「人文地理学」に関する地理情報解析は，本書の姉妹書である『人文地理学』（竹中ほか，2009）を参照されたい。また，地理情報学の出現に関する歴史的経緯については，上述した野上ほか（2001）に詳しく述べられているので，本書では触れない。興味のある読者の皆さんは，そちらを参照されたい。

２　地理情報学の実際

（１）　地理情報の取得と構築

　前項で定義した地理情報学の定義のうち，地理情報の取得とは，「実世界の現象を地理情報として取得すること」である。また，地理情報の構築とは，「データ処理できるように地理情報の形式を整えること」である。これらの中には，統計書にある地理情報をコンピュータに入力してデジタル化することも含まれるが，ここでは，筆者の研究室（首都大学東京　地理情報学研究室）で2002年以降継続的に行っている積雪調査を例に，地理情報の取得・構築について具体的に紹介したい。

　図14-1は，2002年3月10日に人工衛星 Landsat 7号が新潟県中越地方に飛来してきた時に撮影された画像を用いて積雪域を抽出したものに，DEM（Digital Elevation Model）と呼ばれる数値標高データを重ね合わせて海上を黒く塗りつぶしたものである。人工衛星 Landsat はアメリカ合衆国によって1972年に打ち上げられて以来，陸域の資源探査や環境監視のために用いられている衛星である。現在は，Landsat 5号と7号が，高度約700kmの円軌道上を子午線方向に飛行して地球を周回し，地球環境を監視している（日本リモートセンシング研究

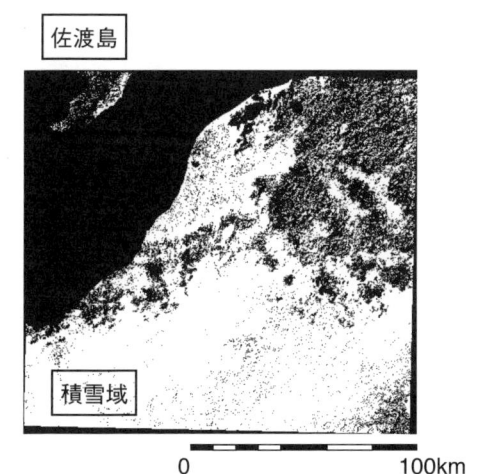

図 14-1　人工衛星 Landsat 7 号によって2002年3月10日に撮影された画像を用いて新潟県中越地方の積雪域を抽出したものに，標高データを重ね合わせて海上を黒く塗りつぶしたもの

資料：島村雄一氏（元東京都立大学大学院理学研究科）作成。

会，2004）。Landsat が地球を一周するのには約90分かかるが，その間にも地球は自転しているため，同一地点に Landsat がやってくるのは16日後になる。

　Landsat に限らず，衛星画像はそれだけでは地理情報にはならない。**図 14-1** で言えば，図の左上と右下の緯度・経度を衛星画像に与えて初めて地理情報になる（この図は UTM 座標という，原点が赤道にある座標系で図化されている）。Landsat 7 号に搭載されている ETM＋という測器の空間分解能は約15mであり，緯度・経度を与えることによって初めて衛星画像は地理情報になるのである。また，**図 14-1** では，日本海を黒色でマスクするのに国土地理院の数値地図 50mメッシュ（標高）というデータ（建設省国土地理院，1994）が用いられている。この DEM は，緯度・経度と標高がセットになったデータ（空間分解能は約50m）であるから，これもまた地理情報である。DEM の詳細と，空間分解能が異なる地理情報の重ね合わせについては次節で述べるが，DEM で標高 0 m のところが海岸線になる。**図 14-1** では，そのような情報に基づいて日本海がマスクされている（佐渡島は陸地となっていることに注意）。また，3月に入っているとはいえ，国内有

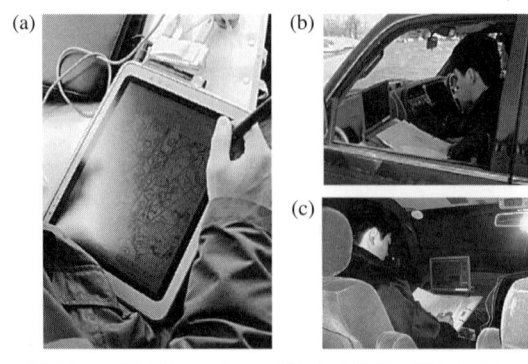

図14-2 (a) GPSによって得られた現在位置をタブレット型ノートパソコンの画面上に表示したうえで、地表面状態（積雪の有無）を画面に直接書き込んでいる様子。(b)・(c) GPSによって得られた現在位置をノートパソコンの画面上に表示し、それを見ながら紙地図に地表面状態を書き込んでいる様子

資料：島村雄一・泉岳樹・松山洋（2007）「タブレットPCを用いた高速マッピングシステムの構築とこれを用いたグランドトゥルースの取得——新潟県中越地方の積雪調査の例」『地学雑誌』第116巻第6号の図2。

数の豪雪地帯である新潟県中越地方において、16日に1回しか飛来しないLandsat 7号がやってきた時に、晴天の画像が取得できたのはとても珍しいことである。曇天時には、画像が雲で覆われてしまうので、その下の地表面状態（積雪の有無）を衛星からとらえることは難しい。

人工衛星による地表面観測は、離れたところから地表面を見るという意味で「リモートセンシング」と呼ばれる。リモートセンシングは、離れたところから地表面を見ているため、人工衛星による地表面状態の観測結果（この場合、積雪の有無）が本当に正しいかどうかは分からない。そのため、この場合には、人工衛星が飛来する日時に現場に行って積雪が本当にあるかどうかを確かめる必要がある。これを地上検証実験、または衛星同期実験という。

地上検証実験では、車にGPS（Global Positioning System）を積んでおき、現在位置とその場の地表面状態（積雪の有無）を把握する。最近では、携帯電話にGPSがついているものもあり、GPSは我々にとって身近な存在になっている。そして、GPSは地理情報を取得するための大事な手段でもある。GPSは、人工衛星（GPS衛星）からの信号を受けて地球上の位置を決めるシステムであり、ア

メリカ国防総省によって運用されている。GPS衛星は，高さ約2万kmの円軌道上を飛行している。そして，円軌道は6つ，GPS衛星は30個（2007年4月現在）となっており，このうち4個以上のGPS衛星からの信号を受信して地球上の位置（緯度，経度，高さ）と時刻を決める。GPS衛星には高精度の時計が搭載されており，決めるべき変数に，地球上の位置だけでなく時刻も含まれる。そのため，4個以上の衛星を使うことになる（ホフマン-ウェレンホフほか，2005）。

　GPSを使うと，短時間で広範囲の位置決めが可能になる。しかしながら，GPSでは地球上の位置と時刻に関する情報が得られるだけであり，これだけでは地理情報にはならない（地理情報とは，場所と属性がセットになった情報である）。そこで，GPSによって決められる位置情報をタブレット型ノートパソコンに取り込み，車から見える範囲の積雪の有無をノートパソコンの画面上に記録していく（これをグランドトゥルースという。図14－2a）。これによって，場所と属性（この場合，積雪の有無）がセットになった地理情報が得られる。昔は，図14－2(b)・(c)のように，GPSによる位置情報の取得（ノートパソコンの画面上への現在位置の表示）と，地表面状態を記録する媒体（紙地図）が別々であったため，現場での作業効率が芳しくなかった。しかしながら，画面上に直接情報を記入することができるタブレット型ノートパソコンの導入により（図14－2a），現地での作業効率は大幅に向上した（島村ほか，2007）。

　もう1つ，この地上検証実験では，タブレット型ノートパソコンによる地理情報の取得だけでなく，デジタルカメラによる道の両側の写真撮影も行っている。ここでもGPSは大活躍である。デジタルカメラによって撮られた写真は，場所に関する情報がないので，それだけでは地理情報にならない。しかしながら，デジタルカメラには時計が内蔵されており，GPSによって正確な時刻を決めることができるので，現地調査に出かける前に，デジタルカメラの時刻とGPSの時刻を合わせておき，現地では何も考えずに写真を撮りまくる。

　図14－3にあるように，水田地帯では雪が突然なくなり，地表面状態が突然変化することがある。現地では，図14－3を撮影した正確な場所は分からないが，この時のGPSの記録（位置＋時刻）とデジタルカメラの時刻を後ほど比較することによって，図14－3は場所と属性がセットになった地理情報になる。なお，GPSによって得られたデータは位置と時刻に関するテキストデータであり，これをMicrosoft社のExcelで読み込んで，その後のデータ処理をしやすいよう

図14-3 衛星同期実験で得られた積雪域と無積雪域の境界に関するグランドトゥルース

資料：筆者撮影。

に体裁を整えたり，本書の冒頭で挙げた口絵12を作成するためにデータの書式を揃えたりするのも，地理情報の構築の範疇（はんちゅう）に入ると言えよう。

（2） 地理情報の管理と分析

　前項で取得したような，「大量の地理情報を効率的に保存し迅速（じんそく）に取り出せるようにすること，あるいは地理情報をデータベース化すること」が，地理情報の管理である。天候に恵まれ，苦労して取得した地理情報が，必要な時に取り出せないようでは，せっかくの苦労も水の泡である。そのため，地理情報の効率的な管理方法を模索することも地理情報学の研究対象となる。前項で述べた積雪調査に関して言えば，これまでに撮った写真の一部が行方不明であるし，効率的な管理方法と言っても，とりあえず時系列的にデータを保存することぐらいしか思いつかない（松山・谷本，2008）。

　本節で述べる地上検証実験の目的は，Landsat 7号によって推定された積雪分布（口絵11）と，実際に地上で取得された積雪分布（口絵12）とを比較することであった。これが地理情報を用いた現象の分析になる。口絵11は，**図14-1**が撮影された16日後の2002年3月26日に行われた地上検証実験の結果を示したものである。口絵11と口絵12を比較すると，口絵12の南側は100％積雪に覆われていることが分かる。そして，北に向かうにつれて積雪がパッチ状になり，しまいには積雪がなくなることも分かる。

実は口絵11は，斎藤・山崎（1999）の積雪指標S3というものの分布を描いたものである。積雪指標S3の説明は専門的すぎるので割愛するが，この指標は，「S3がある値より大きければ積雪があり，ある値より小さければ積雪はない」といった使い方をする。そして，口絵12の地上検証データから逆に，積雪の有無に関する積雪指標S3の閾値を求めることができる。積雪指標S3は常緑針葉樹の林床にある積雪を抽出する指標として提案されたものであるが，まだ提案されてから日が浅いため，積雪域の抽出に関する事例を蓄積する必要がある。3月に晴天の衛星画像を得ることの難しさを考えると，今回のように，衛星画像とグランドトゥルースがセットで得られたこと，そして得られた地理情報を分析して積雪分布に関する知見が得られたことは，とても重要なことなのである。

（3） 地理情報の総合と表示・伝達

地理情報の総合とは，「分析結果を総合し，地理的な計画を作成したり，地域政策の立案・支援を行ったりすること」である。上述した積雪分布に関して言えば，2002年3月10日の地上検証実験によって，積雪の有無に関する積雪指標S3の閾値が得られた。それを，別の地上検証実験で検証してその妥当性・汎用性が評価されれば，今後は積雪域を抽出するために，これらの地上検証実験で得られた積雪指標S3の閾値を用いればよい。

2回目の地上検証実験は2002年3月26日に行われ，この日も晴天の衛星画像が得られた（口絵11，口絵12）。そして，2セットの衛星画像と地上検証データを比較した結果，3月10日のデータを用いて決定した積雪の有無に関する積雪指標S3の閾値と，3月26日のデータから決めた閾値の値はほとんど同じになることが分かった（Shimamura et al., 2006）。つまり，積雪の有無に関する積雪指標S3の閾値は頑健であり，汎用性があると言える。

今回紹介した地上検証実験は平野部の積雪分布に関するものであったが，ここで得られた知見は山地の積雪分布の推定にも応用可能である。山地の積雪は，貴重な水資源であるとともに融雪洪水の要因でもある。しかしながら，一般に山地では気象観測地点が少ないため，これまでに述べてきた人工衛星データの利用が有効である。融雪期に晴天の画像を得ることさえできれば，地理的な計画（この場合，山岳域の積雪分布，ひいては積雪水資源量の把握と融雪－流出量の精度良い推定）を作成するのに有効であろう。それはまた，地域政策の立案・支援にもつながる。

以上のような一連の分析結果を，分かりやすく表示したり伝達したりすることも地理情報学の重要な研究対象である。図，表，画像，音，動画といった様々なメディアを駆使して，この分野の専門家でない人たちを相手に分かりやすい発表をすること，あるいは，インターネットを通じて発表内容を全世界に発信することも重要なことである。特に，この「地理情報の表示・伝達」については文章で伝えることは難しい。口頭では，Microsoft 社の Power Point を使って地理情報の分析結果を表示・伝達することが多くなると思われるが，この点に関しては「実践あるのみ！」としか言いようがない。

本節を終えるにあたって，「地理情報学はコンピュータとにらめっこするだけの学問ではない」ということを強調しておきたい。地理情報システムを用いた人工衛星画像の解析と，衛星同期実験で得られた地上検証データを組み合わせることにより，積雪分布に関して初めて明らかになった知見がいくつもある。真実は現場にある。現地調査こそ，地理情報学のみならず地理学全体の醍醐味である。

3　地理情報の構造

（1）ラスタ型データとベクタ型データ

地理情報には，大きく分けて2種類のデータがある。1つはラスタ型データであり，もう1つはベクタ型データである。

ラスタ型データは，現実の世界を格子点のみで表現するものであり，現実の世界の属性が格子点に入る。図14-4aの現実世界には，建物，土地，道路，樹木，上下水道といった5つの属性を持つ事物がある。このうち，ラスタ型データ（図14-4b）では現実世界が格子点で表現されており，5つの属性を持つ事物の位置情報は格子点の位置として与えられる。そして，すべての格子点の中に5つの属性のいずれかが入っており，地理情報となっている。ただし，図14-4bのラスタ型データでは，上下水道は表現できていないようである。

一方，図14-4cのベクタ型データでは，建物（面），土地（面），道路（面），樹木（点），上下水道（線）が，点（ポイントともいう），線（ラインともいう），面（ポリゴンともいう）のいずれかで表現されている。この場合，それぞれの点，線，面の位置情報は座標として与えられ，属性はこれとは別に与えられる。特に，面（図14-4cでは，建物，土地，道路）の場合は，その事物が閉曲線の内側か，外側

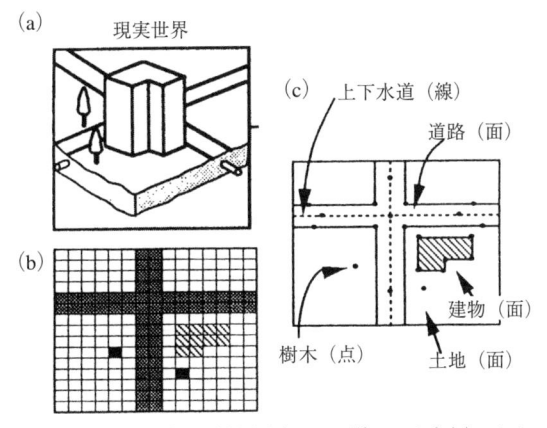

図 14 - 4 (a)現実の世界を(b)ラスタ型データと(c)ベクタ型データで表現した例

資料：日本リモートセンシング研究会（2004）『改訂版　図解リモートセンシング』日本測量協会の図 13 - 2.1。

かの指定が別に必要になる。

　本章 2 節で述べた人工衛星の画像や DEM はラスタ型データになる。また，GPS によって得られる位置情報はベクタ型データ（点データ）になる。以下では，これらのデータの特徴について説明する。

（2）　ラスタ型データの特徴と具体的な処理

　ラスタ型データでは，空間分解能によってデータの空間精度とデータの大きさが変わる（**図 14 - 5**）。空間分解能が高いほど，精度よく対象を表現することができるが，データ量は空間分解能の二乗に比例して大きくなる。また，**図 14 - 5** を見て分かるように，ラスタ型データは拡大・縮小（縮尺の変更）には適していない。拡大の場合は境界線がギザギザになり，縮小の場合は平均操作が必要になる。このような特徴を持つラスタ型データは，気温，降水量や地形（標高）などの自然物（河川網や分水界を除く）を表現するのには適している。そのため，自然地理情報解析では，ラスタ型データを用いて解析を行う場合が多い。

　ラスタ型データの処理は，おおまかにいって①編集，②統計計算，その他の演算，③出力という流れになる。そして，ラスタ型データでは，プログラミングや画像処理のためのノウハウ，安価なパッケージがそのまま利用できるという特長

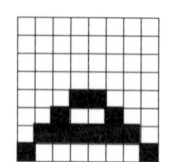

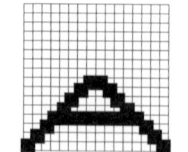

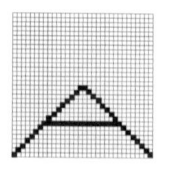

図 14-5 解像度を変えた時のラスタ型データの表現力
資料：野上道男・岡部篤行・貞広幸雄・隈元崇・西川治（2001）
『地理情報学入門』東京大学出版会の図3.5。一部改変。

がある。

　ここでは，本章2節同様に，具体的な事例を通じてラスタ型データの処理方法について説明する（島村ほか，2003）。この事例は，2時期における黒部湖集水域の積雪水量（雪をとかして水にしたときの深さのこと，単位mm）を求め，黒部第四ダムへの流入量と比較したというものである。2時期（1986年4月14日，4月30日）における積雪水量は本章2節で説明した人工衛星 Landsat 5号に搭載された Thematic Mapper という測器で観測されたデータ（空間分解能約30mのラスタ型データ）を用いて推定している。ここでも，16日に1回しか来ない Landsat 5号の飛来日に，2回続けて晴天の画像が得られたというのはとても珍しく，貴重な機会であることを強調したい。

　編集作業として，まず DEM（国土地理院の数値地図50mメッシュ（標高））を使って黒部湖集水域の範囲を決定する必要がある。国土地理院の数値地図50mメッシュ（標高）は，1：25,000地形図の1図幅が1つのデータとなっており，黒部湖集水域は1：25,000地形図6枚分に相当する範囲にまたがっている。そこでまず，1：25,000地形図6枚分に相当する DEM のデータを接合して1枚のベースマップとした（**図 14-6**）。

　次に，衛星データと DEM を重ね合わせて積雪域を抽出する必要がある。この場合，衛星データの空間分解能は約30m，DEM の空間分解能は約50mなので，このままでは両者は重ならない。そこで，格子間隔を変更して，両データともに正確に30m×30mのラスタ型データに変更した。空間分解能を変更するに際しては，共一次内挿法という方法を用いた。この方法は，簡単に説明すると，周囲の値に重み付けをして新しい格子点の属性値を決めるものである。さらに，DEM を用いて任意の地点よりも上流の河川流域を抽出することができるので，ここでは黒部第四ダムよりも上流域の範囲を決定した（**図 14-6** の白色部，その手順は専

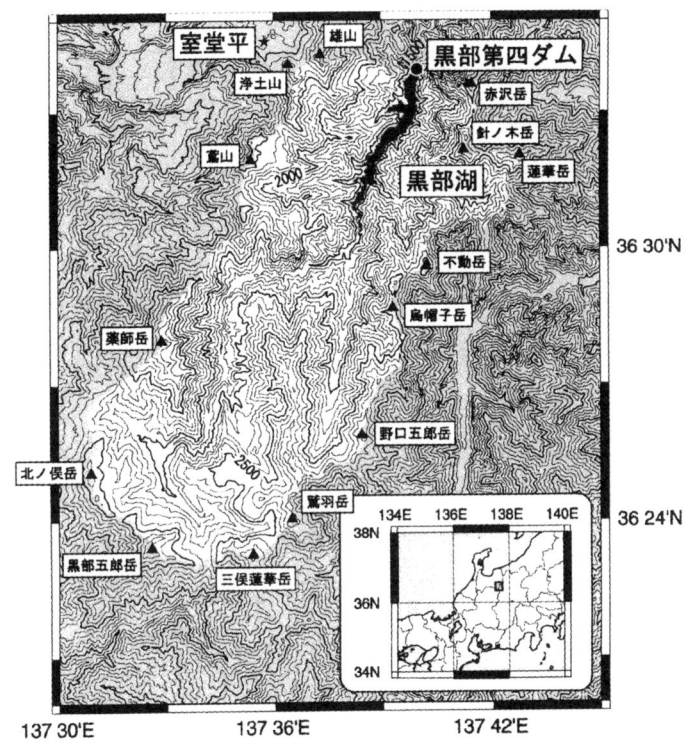

図14-6　1：25,000地形図6枚分の領域の国土地理院　数値地図50mメッシュ（標高）を接合して作成した黒部湖集水域のベースマップ

注：白抜きで示した範囲が黒部湖集水域になる。
資料：島村雄一・泉岳樹・中山大地・松山洋（2003）「積雪指標を用いた積雪水当量・融雪量の推定——黒部湖集水域を事例に」『水文・水資源学会誌』第16巻第4号の図-1。一部改変。

門的すぎるので詳細については省略）。

　山岳地域において，森林限界よりも低いところでは，標高とともに積雪水量が直線的に増加する。そして，その直線の傾きは，融雪期であればほぼ一定の値を取る（例えば松山，1998，**図14-7**）。そのため，積雪分布（積雪の有無）は衛星画像を用いて求め（**図14-8**），積雪水量は**図14-7**に示した関係を用いて推定する。DEMは標高のラスタ型データなので，**図14-7**の直線の傾き a が分かれば，流域内の各地点における積雪水量の分布が分かる。ここでは，黒部第四ダム建設のため，1959年の融雪期に行われた積雪調査の結果（関西電力株式会社工務部，

270 第Ⅴ部 地理情報学

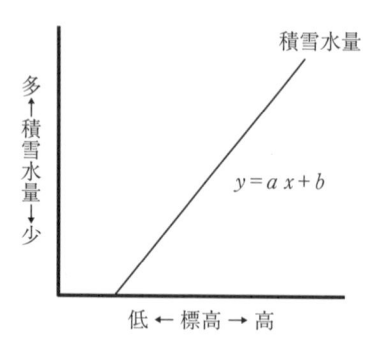

図14-7 山岳地域における，森林限界以下のところの標高と積雪水量との関係
資料：筆者作成。

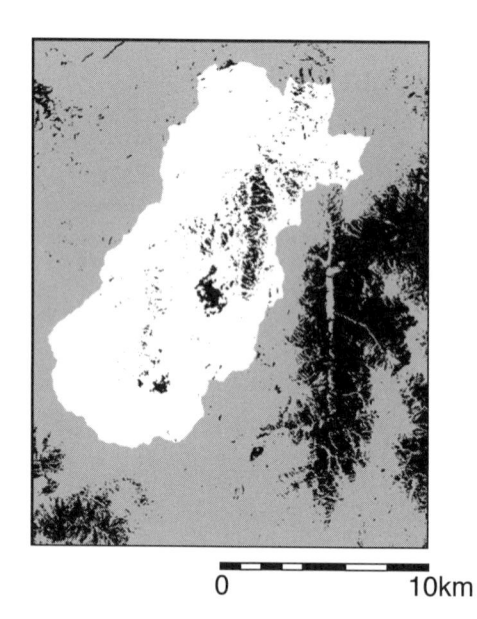

図14-8 黒部湖集水域において，Landsat 5号のデータに積雪指標S3を適用して求めた1986年4月14日の積雪分布
注：白色は積雪あり，黒色は積雪なし，灰色は黒部湖集水域外であることを示す。
資料：島村雄一・泉岳樹・中山大地・松山洋（2003）「積雪指標を用いた積雪水当量・融雪量の推定——黒部湖集水域を事例に」『水文・水資源学会誌』第16巻第4号の図-3(b)。

1960）を用いた（a=0.34mm/m）。なお，直線の傾き a は，同じ山岳地域であっても年によって値が変化することが知られている（松山，1998）。しかしながら，近接する平野部にある富山市においては，1958～59年と1985～86年の降積雪の状況はよく似ており（島村ほか，2003），1959年の観測結果を1986年のデータに適用することは問題ないと考えられる。

口絵13は，ⓐ1986年4月14日とⓑ4月30日について，黒部湖集水域の積雪水量の分布を示したものである。それぞれ，流域内の積雪水量の集計を行い，ⓐからⓑを引いたものがこの期間の融雪量となる。この場合，流域内の積雪水量の集計を行うことは，「(2) 統計計算，その他の演算」に相当する。実際，口絵13から推定された融雪量は10.6mm/day，この期間に黒部第四ダムに流入した水量は10.7mm/dayになり，推定値は観測値とほぼ一致する。すなわち，リモートセンシングによって山岳地域の積雪分布を定量的に推定することの妥当性が示された。

ラスタ型データの特長として，複数のデータを組み合わせて解析を進められることが挙げられる。口絵14は，黒部湖集水域における土地利用図であり，これもまた30m×30mに正確に正方化されている。すなわち，図14-6や図14-8と重ね合わすことができる。図14-8と口絵14を比較すると，口絵14において緑色で示された針葉樹のところであっても，図14-8では「積雪あり」と判定されているところがある。すなわち，林床の積雪を抽出できる指標として提案された積雪指標 S3（斎藤・山崎，1999）の有効性が，図14-8と口絵14の比較から示されたことになる。

以上，ラスタ型データの処理のうち，「(3) 出力」については特に触れなかったが，研究目的を達成するのに必要な，説得力のある図を出力することがこれに相当する。近年のコンピュータやプリンタの発達にともなって，きれいな図を出すことは簡単になったが，その内容を考えるのは依然として人間の仕事である。電子機器の発達にともなって浮いた時間は，研究内容をより深く吟味するのに費やしたいものである。

（3） ベクタ型データの特徴と具体的な処理

ラスタ型データとは異なり，ベクタ型データでは解像度によってデータの空間精度とデータの大きさは変わらない（図14-9）。すなわち，縮尺を変更しても空間精度は変わらない。空間精度は座標の表現方法（整数か，小数か）に依存する。

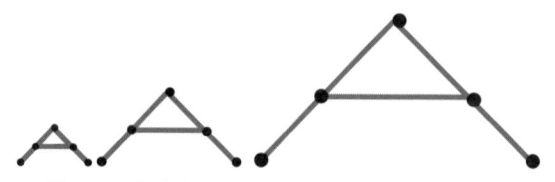

図 14 - 9　解像度を変えた時のベクタ型データの表現力
資料：筆者作成。

もちろん，小数の方が空間精度は高くなるが，データ量は大きくなる。また，曲線を直線で近似して表現する場合など，データの大きさは点の数にも依存する。このような特徴を持つベクタ型データは，道路，行政界などの人工物を表現するのに適している。そのため，自然地理情報解析では，ベクタ型データを用いて解析を行う場合はそれほど多くないと考えられる。

いま，**図 14 - 4** の上下水道（線）のデータをベクタ型で取得することを考える。この場合，縦方向と横方向の線分の両端の (x, y) 座標を読み，座標を読むことを線分の本数分だけ繰り返せばよい。もちろん，「上下水道」という属性は，座標とは別に与えることになる。このように，ベクタ型データでは，地表の位置が点，線，面で表現されており，それぞれの図形要素に，番号や属性などが付与されている。

ベクタ型データの処理も，ラスタ型データ同様，おおまかにいって①編集，②統計計算，その他の演算，③出力という流れになる。ベクタ型データはデータの構造が複雑なため，ラスタ型データとは異なり自力でのプログラミングは困難である。そのため，充実したソフトウエアを利用することになる。

ここでも，本章2節同様に，具体的な事例を通じてベクタ型データの処理方法について説明する（泉・松山，2004）。この事例では，建設省（現 国土交通省）によって一律86％とされてきた屋上緑化可能な面積の割合（建設省，1995）が，実は，建物階数や建物用途によって異なることが明らかになった。使用したデータは，東京都都市計画地図情報システム（**図 14 - 10**a）とデジタル空中写真（**図 14 - 10**b）である。前者では，建物ポリゴンに階数・構造・建物用途，延べ床面積の属性データが付与されており，208図郭で東京都23区がカバーされている（**図 14 - 11**）。このベクタ型データが作成されたのは1996年である。また，デジタル空中写真（**図 14 - 10**b，これはラスタ型データ）は1997年に撮影されたものである。

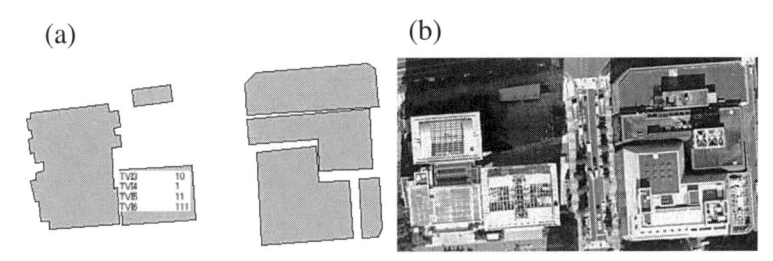

図 14 - 10 「東京都23区における屋根面積の実態把握と屋上緑化可能面積の推計」で用いた(a)東京都都市計画地図情報システムの一部と(b)それに対応するデジタル空中写真

資料：泉岳樹氏（首都大学東京 都市環境科学研究科）作成。

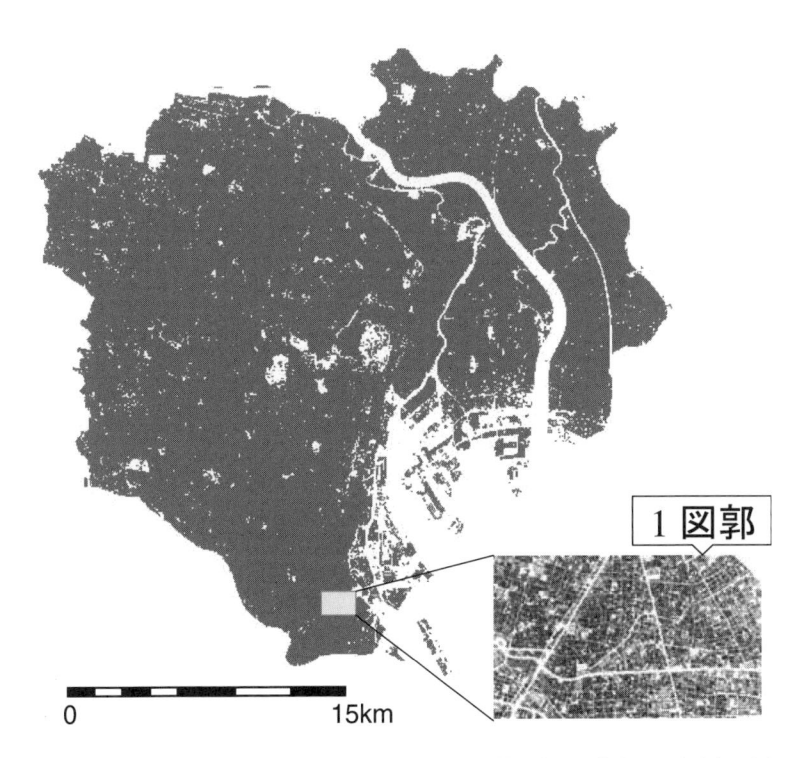

図 14 - 11 東京都都市計画地図情報システムを208枚接合して作成した東京都23区のベースマップ

資料：泉岳樹・松山洋（2004）「東京都23区における屋根面積の実態把握と屋上緑化可能面積の推計」『日本建築学会計画系論文集』第581号の図3。一部改変。

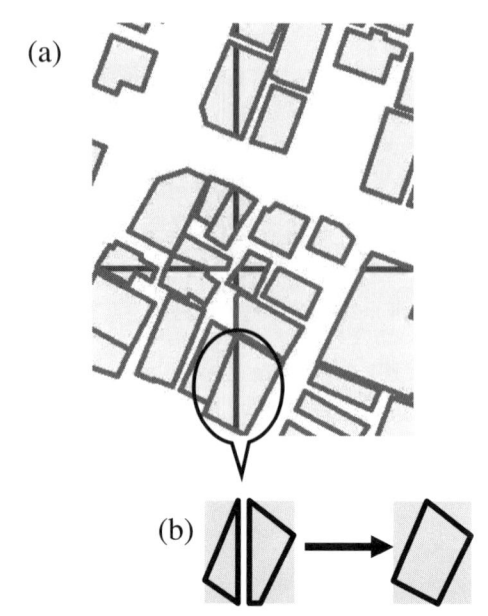

図 14 - 12 東京都都市計画地図情報システムの境界部において，図郭で分断されたポリゴンを再構築し，同一の属性を与えている様子

注：(a)の太線は，図郭の境界を示している。
資料：泉岳樹・松山洋（2004）「東京都23区における屋根面積の実態把握と屋上緑化可能面積の推計」『日本建築学会計画系論文集』第581号の図3。一部改変。

「(1) 編集」作業として，まず208図郭ある東京都都市計画地図情報システムを接合しなければならない。ラスタ型データ（**図14 - 6**）の場合には，接合して1枚のベースマップを作成するだけでよかったが，ベクタ型データの場合には，これに加えて部分的に属性データを更新しなければならない（**図14 - 12**）。つまり，図郭の境界で同一の建物が分断されている場合，データ上は，それぞれの図郭で別々の建物ということになっている。**図14 - 12**(b)では，2つのポリゴンを接合して1つのポリゴンにすると同時に，新しく構築されたポリゴンに同一の建物の属性データを与えることが示されている。

このように編集されたデータを用いて，「(2) 統計計算，その他の演算」を行う。**表14 - 1**は，東京都23区内における耐火構造の建物を対象に，用途・階数別

表14-1 東京都23区内の耐火構造の建物を対象とした用途・階数別屋根面積とその割合

		建物用途(ha)				合計(ha)
		公共系	商業系	住居系	工業系	
低層	～2階	394.2 (5.8％)	207.6 (3.1％)	347.2 (5.1％)	245.1 (3.6％)	1,194.1 (17.6％)
中層	3～5階	760.0 (11.2％)	622.7 (9.2％)	1,954.9 (28.8％)	395.2 (5.8％)	3,732.8 (54.9％)
高層	6～15階	161.9 (2.4％)	716.8 (10.5％)	810.3 (11.9％)	93.7 (1.4％)	1,782.7 (26.2％)
超高層	16階～	7.9 (0.1％)	67.3 (1.0％)	14.7 (0.2％)	0.1 (0.0％)	89.9 (1.3％)
合計		1,324.0 (19.5％)	1,614.4 (23.7％)	3,127.0 (46.0％)	734.0 (10.8％)	6,799.5 (100.0％)

資料：泉岳樹・松山洋（2004）「東京都23区における屋根面積の実態把握と屋上緑化可能面積の推計」『日本建築学会計画系論文集』第581号の表3に加筆。

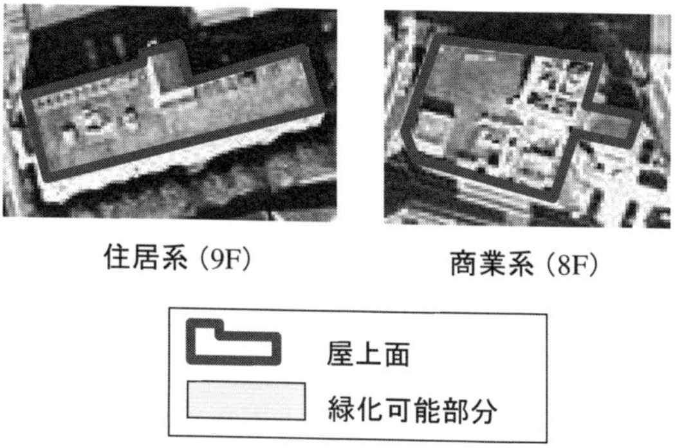

住居系（9F）　　　商業系（8F）

▮ 屋上面
▯ 緑化可能部分

図14-13　東京都都市計画地図情報システムとデジタル空中写真が一致した建物について，空中写真判読を行った例

資料：泉岳樹氏（首都大学東京 都市環境科学研究科）作成。

屋根面積とその割合を求めたものである．このクロス集計表より，建物用途としては住居系のものが，高さとしては中層（3～5階）のものが，それぞれ多いことが分かる．また，住居系と中層の建物が，それぞれ50％近くを占めていることも分かる．東京都都市計画地図情報システムでは，建物ポリゴンに階数・構造・建物用途などの属性情報が与えられているため，このようなクロス集計表を作成することができる．

表14-2 新宿区の耐火構造の建物を対象とした用途・階数別緑化可能面積率

		建物用途				平均
		公共系	商業系	住居系	工業系	
低層	～2階	78.8	86.1	87.3	85.5	83.6
中層	3～5階	77.1	77.2	83.4	66.2	79.2
高層	6～15階	64.2	70.5	76.1	79.0	72.9
超高層	16階～	55.3	39.7	30.5		39.5
平均		75.8	73.6	81.4	73.8	77.6

資料：泉岳樹・松山洋（2004）「東京都23区における屋根面積の実態把握と屋上緑化可能面積の推計」『日本建築学会計画系論文集』第581号の表8。

　このように，東京都23区の建物の全貌について把握した上で，東京都都市計画地図情報システム（**図14-12**a）とデジタル空中写真（**図14-12**b）が一致した建物について空中写真判読を行い，屋上緑化可能面積の算出を行った（**図14-13**）。しかしながら，東京都23区のすべての建物についてこの作業を行うことは作業量的に膨大すぎるので，ここでは新宿区の建物についてサンプリング調査を行った。新宿区を対象としたのは，新宿区について**表14-1**のような表を作ってみたところ，東京都23区の特徴とよく対応したからである。

　表14-2は，新宿区における耐火構造の建物を対象に，建物用途と階数別緑化可能面積率を示したものである。屋上緑化可能面積率は建物用途や高さによって異なり，30.5～87.3％となっている。すなわち，建設省（現 国土交通省）によって，これまで屋上緑化可能な面積の割合は一律86％とされてきたが，ベクタ型GISデータとデジタル空中写真の組み合わせによる解析によって，必ずしもそのようには言えないことが明らかになった。

本章のまとめ

①地理情報学とは，地理情報を系統的に取得・構築し，管理し，分析し，総合して表示・伝達する方法および方法論を研究する学問である。そして，地理情報とは，場所と属性がセットになった情報のことである。
②地理情報にはラスタ型データとベクタ型データがある。ラスタ型データは，現

実の世界を格子点で表現するものである。場所は格子点の位置で与えられ，属性が格子点に入る。ラスタ型データでは，格子点の間隔によってデータの空間精度とデータの大きさが変わる。
③ベクタ型データは，現実の世界を点（ポイント），線（ライン），面（ポリゴン）で表現するものである。場所はこれらの図形の座標で与えられ，属性は座標とは別に与えられる。ベクタ型データでは，拡大・縮小してもデータの空間精度とデータの大きさは変わらない。
④地理情報学は，コンピュータとにらめっこするだけの学問ではない。現地調査こそ，地理情報学を含む地理学全体の醍醐味である。

● 参考文献

泉岳樹・松山洋（2004）「東京都23区における屋根面積の実態把握と屋上緑化可能面積の推計」『日本建築学会計画系論文集』第581号。

関西電力株式会社工務部（1960）「1959年3月末に実施した黒部川上流における積雪調査報告」『電力気象連絡会彙報　第二輯』第11巻。

建設省（1995）『緑化空間創出のための基盤技術の開発報告書（第1分冊）』建設大臣官房技術調査室。

建設省国土地理院監修（1994）『数値地図ユーザーズガイド　改定版』日本地図センター。

斎藤篤思・山崎剛（1999）「積雪のある森林域における分光反射特性と植生・積雪指標」『水文・水資源学会誌』第12巻第1号。

島村雄一・泉岳樹・中山大地・松山洋（2003）「積雪指標を用いた積雪水当量・融雪量の推定――黒部湖集水域を事例に」『水文・水資源学会誌』第16巻第4号。

島村雄一・泉岳樹・松山洋（2007）「タブレットPCを用いた高速マッピングシステムの構築とこれを用いたグランドトゥルースの取得――新潟県中越地方の積雪調査の例」『地学雑誌』第116巻第6号。

竹中克行・大城直樹・梶田真・山村亜希編著（2009）『人文地理学』ミネルヴァ書房。

日本リモートセンシング研究会（2004）『改訂版　図解リモートセンシング』日本測量協会。

野上道男・岡部篤行・貞広幸雄・隈元崇・西川治（2001）『地理情報学入門』東京大学出版会。

ホフマン-ウェレンホフ, B.・リヒテネガー, H.・コリンズ, J. (2005)『GPS 理論と応用』西修二郎訳, スプリンガー・フェアラーク東京。

松山洋 (1998)「日本の山岳地域における積雪水当量の高度分布に関する研究について」『水文・水資源学会誌』第11巻第3号。

松山洋・谷本陽一 (2008)『UNIX/Windows/Macintosh を使った実践 気候データ解析 第二版』古今書院。

Shimamura, Y., Izumi, T. and Matsuyama, H. (2006), "Evaluation of a Useful Method to Identify Snow-covered Areas under Vegetation —— Comparisons among a Newly-proposed Snow Index, Normalized Difference Snow Index, and Visible Reflectance", *International Journal of Remote Sensing,* Vol. 27, Nos. 21-22.

第15章

地理情報の取得方法と解析方法

松山　洋

　前章では，自然地理情報解析の概要と，ラスタ型データ・ベクタ型データについて学習した。本章では，地理情報の具体的な取得方法と，基本的な解析方法について学ぶことにしよう。

1　地理情報の取得

（1）他力本願

　14章で述べた地理情報を用いて何か解析しようとする場合，まず地理情報を手元にそろえる必要がある。ここで言いたいのは「データは必ずどこかにある」ということである。それゆえ，作業を始める前にまずデータの所在について確認しよう。そして，データを見つけたら必ずデータの作成方法および品質について確認しよう。

　「聞くは一時の恥，聞かぬは一生の恥」という。分からなかったら知っていそうな人（＝専門家）に相談しよう。大学は専門家の集まりであり，専門家と呼ばれる人たちはみな研究経験が豊富である。その場合重要なのは，一応，自分なりに努力してから相談に行くことである。

　専門家に相談してもデータが見つからない場合には，自分で観測しに行けばよい（14.2参照）。この場合，オリジナリティ抜群のデータが得られることは間違いない。

【問題】
① 日本地図センターの Web Site を検索して，以下のデータの所在を確認して下さい。URL（http://…）についても自分で調べてください。
　ⓐ数値地図　25000/200000（地図画像）

ⓑ数値地図50m/250mメッシュ（標高）
　　　ⓒ数値地図2500（空間データ基盤）
　　　ⓓJMCマップ（日本）
　　　ⓔ細密数値情報（10mメッシュ土地利用）
　　　ⓕ数値地図25000（地名・公共施設）
　　　ⓖ新版日本国勢地図（ナショナルアトラス）
②　リモートセンシングデータに関する，以下の課題を行って下さい。URLについても自分で調べてください。
　　　ⓐ高知大学気象情報頁のWeb Siteを検索して，気象衛星ひまわりのデータについて調べてください。
　　　ⓑ千葉大学環境リモートセンシングセンターと東北大学ノア画像データベースのWeb Siteを検索して，人工衛星NOAAのデータについて調べてください。
　　　ⓒリモートセンシング技術センターのWeb Siteを検索して，人工衛星Landsatのデータについて調べてください。

　地理情報学はコンピュータおよびインターネットの発達にともなって発達してきた学問であり，データの検索に関してもWorld Wide Webの利用は欠かせない。ここで挙げた①，②の課題は，野上ほか（2001）で挙げられている地理情報であり，その所在やデータの内容について，コンピュータを使って実際に検索してもらうという課題は，学生さんにとって好評である。14.2節で使用した地理情報のありかは，この課題を行うことで明らかになるし，自然地理学で扱う人工衛星データも，おおむね②の課題でカバーされている。
　なお，地理情報の検索に関しては，以下のような課題も宿題として出している。

【問題】
　インターネットを通じて得られる地理情報のうち，自然地理学と人文地理学に関するものを1つずつ探し出して，そのURLを示して下さい。そして，それらの地理情報の具体的な内容について説明してください（ただし，この授業で紹介したデータは除きます）。

この問題に対する解答は多種多様であるが，受講者の解答をまとめると毎年似たような傾向になる。毎年，複数の学生さんが挙げてくるWeb Siteには，気象庁，警視庁，国土交通省，国土地理院，総務省統計局（順不同）などがある。これらのWeb Siteにどんな地理情報があるのかについては，読者の皆さんが自分で実際に調べてみて下さい。

（2） 自力解決

専門家に尋ねても，インターネットで検索しても，求める地理情報が見つからない場合には，自力で何とかするしかない。

ラスタ型データの場合，例えば14.3節では黒部川上流域における国土地理院数値地図50mメッシュ（標高）を使用した。しかしながら，このラスタ型データがなかった時代には，1：25,000地形図に一定間隔の格子点を記入して，各格子点（交点）の標高を目視で読むしかなかった。実際に，春日（1989）は，黒部川上流域を対象にこのような作業を黙々と行って，標高のラスタ型データを作成した。これは，自然地理学における「地形計測」という分野ではコンピュータが普及する前から行われてきたことであり，島村ほか（2003）は，国土地理院 数値地図50mメッシュ（標高）と積雪指標S3（斎藤・山崎，1999）を使って春日（1989）をリメークしたことになる。

このほか，ラスタ型データの取得として，気温や降水量といった空間的に連続して変化する物理量をラスタ化することが挙げられる（**図15-1**）。気温や降水量は不規則に分布する観測地点で観測されていることが多い。これらの点データ（一種のベクタ型データ）を用いて**図15-1**のような降水量分布図（等値線図）を作成する場合，GISソフトの中で必ず補間処理がなされている。**図15-1**はGMT（Generic Mapping Tool; Wessel and Smith, 1998）というソフトウェアで描画されている。

この場合，注意しなければならないことが2つある。1つ目は，同じGISソフトを使っても，補間処理のパラメータの設定次第で補間後の値は様々であるということである。2つ目は，外挿されている部分には，とんでもない値が入る場合があるということである。

具体例を挙げると，**図15-1**は熱帯南アメリカ大陸の12〜2月の積算降水量分布図を示したものである（松山・谷本，2008）。**図15-1**(a)は，陸上の観測地点の

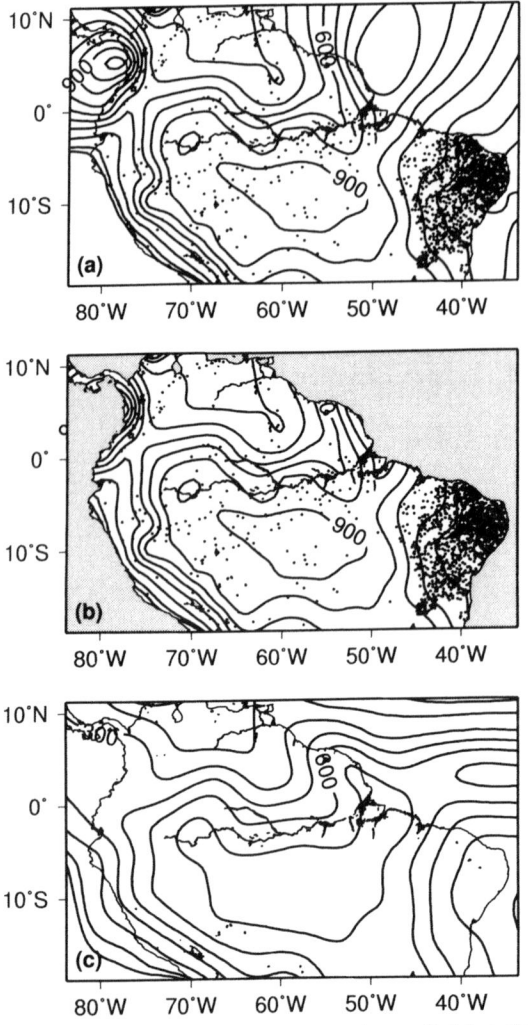

図 15-1 降水量の地点観測値（a, bのドット）から作成した熱帯南アメリカにおける12〜2月の積算降水量分布図（単位：mm）

注：(1) 1981年12月〜91年2月の10年間の平均値である。
　　(2) (a)は陸上のデータのみを用いた外挿によって海上にも等値線が引かれた図。
　　(3) (b)は海上の等値線をマスクした図。
　　(4) (c)は CMAP という陸上と海上の降水量データ（Xie and Arkin, 1997）を用いて作成した同じ期間の分布図。
　　(5) (a)〜(c)において、等値線の間隔は150mmまでが30mm間隔、150mm以上は150mm間隔である。

資料：松山洋・谷本陽一（2008）『UNIX/Windows/Macintosh を使った実践　気候データ解析　第二版』古今書院の図3。一部修正。

データのみを用いて外挿を行い，海上にも等値線を引いたものであるが，この場合，海上の等値線には意味がなく図として不適切である．そのため，図15-1(b)のように，海上の等値線はマスクしなければならない．参考のために，地点観測値，衛星からの複数の推定値，気象モデルの予報値を組み合わせて，陸上と海上の全球降水量を求めたデータ（Xie and Arkin, 1997）による分布図も図15-1(c)に示す．この図における海上の降水量は，気象衛星による観測値と数値予報モデルの出力によって推定されているので，推定にはある程度の誤差があっても根拠があり，陸上と海上の等値線をつなげることには意味がある．

　GISソフトによる補間処理では，パラメータの設定自体がブラックボックス的なので，補間処理によってラスタ型データを自力で作成することは，あまりお勧めできない．どうしても気温や降水量をラスタ化したいのであれば，ラスタ化したい範囲に一定間隔の格子を記入し，格子内に含まれる地点データを算術平均するかボロノイ分割するかして（これらの手法については，いずれも次節で述べる），格子の平均値として気温や降水量のラスタ型データを求めるのがよい．

　一方，ベクタ型データを自力で取得する場合，以前はデジタイザという機械が用いられた．しかしながら，最近はスキャナで紙地図などを読み込んで，コンピュータの画面上をマウスでなぞることが多いだろう．この方法のよいところは，マウスでなぞる対象を任意に選択できることである．この一例として，スキャナで読み込んだ地質図のうち，自分たちが必要な部分だけを図化した例を挙げる（図15-2）．もともとの地質図（1：50,000 地質図 宮原）にはもっと多くの情報が含まれていたが（図省略），地質図をスキャナで読み込んだままの状態では情報量が多すぎるので，ここでは図15-2を用いた研究（松山ほか，2006）に必要な情報だけをマウスでなぞって抽出し，ベクタ型データとした．図15-2では，地質図の上に水質の分布が重ね合わせて表示されており，この図を用いて地質と水質の関係に関する考察がなされた．

　この他，ベクタ型データ（点データ）の取得として，14.2節で具体的に述べたGPSがある．その詳細については，14.2節を参照されたい．

② 地理情報の分析

　地理情報の分析手法は多数あり，ここではとてもすべてを紹介しきれない．本

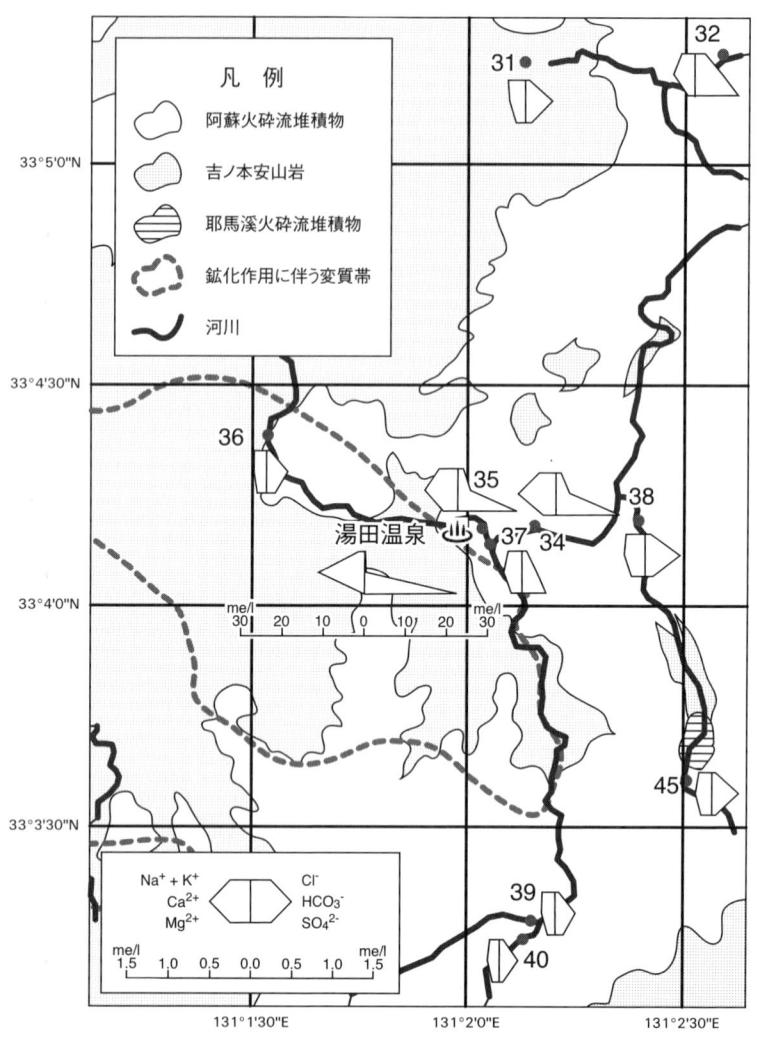

図15-2 1:50,000 地質図 宮原のうち，必要な情報だけをマウスでなぞって抽出して作成したベクタ型データ

資料：松山洋・八木克敏・中山大地・鈴木啓助（2006）「阿蘇外輪山北麓杖立川上流域の河川水質の特徴について」『水文・水資源学会誌』第19巻第5号の図-4。

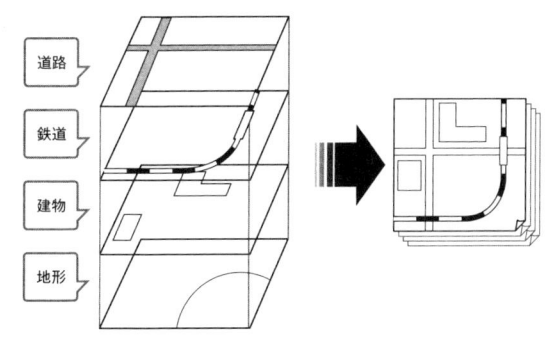

図 15-3　地理情報システムにおけるオーバーレイの概念図
資料：東明佐久良（2002）『完全図解　ビジュアルGIS』オーム社の図1-3。

節では，地理情報学を学んだ者が最低限知っておきたい，オーバーレイ，バッファリングとボロノイ分割について紹介する。これらについては，自然地理情報解析でも頻繁に用いられる。

（1）　オーバーレイ

オーバーレイとは，座標系や地図投影法が統一された複数の地理情報を重ね合わせることをいう（**図15-3**）。地理情報システム（GIS）というと，即座にこの図が思い浮かぶくらい，オーバーレイは地理情報の代表的な分析手法である。**図15-3**では，1つ1つの地理情報として道路，鉄道，建物，地形が挙げられており，これら1つ1つをレイヤという。GISソフトでは，任意のレイヤを取捨選択して重ね合わせ表示し，必要な分析を行うことができる。例えば，本章1節で見せた**図15-2**も複数のレイヤによって構成されている。

図15-2のような最終的な図や，**図15-3**のような概念図ではオーバーレイのイメージがつかみづらいと思うので，ここでも具体例を挙げる。口絵15(a)は，2006年3月28日に新潟県中越地方で行われた積雪調査の現地調査結果である（島村ほか，2007；現地調査の詳細については14.2節参照）。一方，口絵16(b)は，衛星画像による積雪の有無の推定値に，口絵15(a)の現地調査結果を重ねたものである。現地調査結果と衛星画像による積雪の有無の推定値は，それぞれ別のレイヤになっており，両者をオーバーレイしたものが口絵15(b)になる。口絵15(a)では，北から南に向かって，「積雪なし」，「積雪が部分的に存在」，「積雪あり」という分布に

なっており，口絵15(b)の衛星画像による積雪の有無の推定値もこれとよく対応している。

このように，別々のレイヤを重ね合わせることによって，地理情報の分析を行うことができる。そして，オーバーレイによって，新たな知見が得られることが期待される。

（2）バッファリング

バッファリングとは，施設の利用圏や影響圏，商圏などを施設からの距離に応じて同定し，ポリゴンデータを作成する作業のことである（図15-4）。この場合の施設は，点（ポイント），線（ライン），面（ポリゴン）のいずれでもよい。具体的には，点（ポイント）の場合はバス停など，線（ライン）の場合は道路など，面（ポリゴン）の場合は公園などが想定される。いずれの場合もポリゴンデータが作成され（図15-4），バッファリングによって作成されたポリゴンのことをバッファ領域という。

ここで，駅から1kmの範囲についてバッファ領域を作ることを考えてみよう。この場合，通常のバッファリングでは駅を中心とした半径1kmの円がバッファ領域になる（図15-5a）。しかしながら，現実の世界では，人は道路に沿ってしか移動することができない。そのため，「駅から1kmの範囲についてバッファ領域を作る」といった場合，厳密には，駅を中心とした道路沿いに1kmの範囲がバッファ領域になり，この場合には正方形に近い形になる（図15-5b）。ここで，道路沿いの距離のことをネットワーク距離と言い，これはベクタ型データ解析の1つになる。

バッファリングを利用した自然地理情報解析の例の1つとして，1998年の台風5号が山梨県に接近した時の中部日本から東北南部にかけての降水量分布を示す（口絵16）。気象庁の定義では，「日本に接近した台風」とは，日本の海岸線から300km以内に接近した台風のことを言う。この定義を援用して，「山梨県に接近した台風」を，山梨県境から300km以内に接近した台風と定義した（渡邊，2007）。この場合，口絵16の赤線内がバッファ領域になる。

1998年の台風5号は，このバッファ領域を南から北に向けて通過した（口絵16）。台風の中心がいつどこに位置していたかは分かっているので，この台風が「山梨県に接近していた期間」を求めることができる。さらに，「山梨県に接近してい

(a) 点

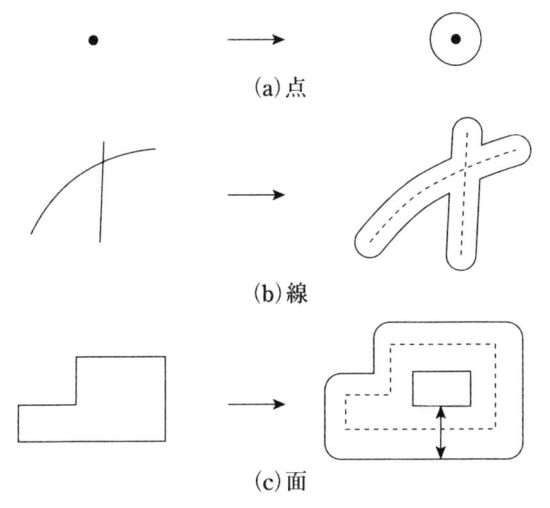

(b) 線

(c) 面

図 15-4 各種のバッファリング

注：(a)点（ポイント）データ。(b)線（ライン）データ。(c)面（ポリゴン）データ。
資料：地理情報システム学会編（2004）『地理情報科学事典』朝倉書店の図6-2-1。

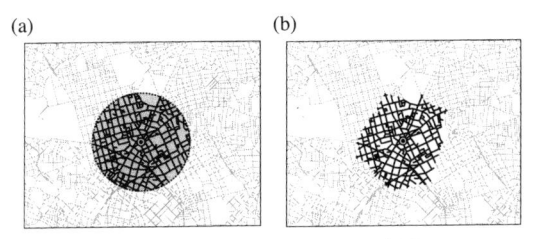

図 15-5 (a)通常のバッファリングと，(b)ネットワークデータへのバッファリングの適用

資料：野上道男・岡部篤行・貞広幸雄・隈元崇・西川治（2001）『地理情報学入門』東京大学出版会の図4.7。一部改変。

た期間」について，気象庁のAMeDASデータを集計して，この期間における降水量分布を描くことができる（口絵16）。これはほんの一事例であるが，バッファリングは，このほかにも幅広く適用可能な解析手法である。

（3） ボロノイ分割

もう1つ，自然地理情報解析にとって重要な解析手法の1つにボロノイ分割が

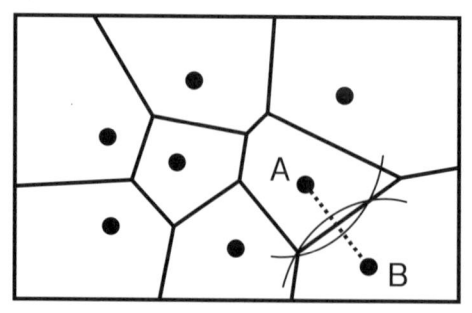

図15-6 ボロノイ分割の概念図とボロノイ領域の作成手順

資料：吉川茂幸氏（元首都大学東京大学院 都市環境科学研究科）作成。一部改変。

ある（**図15-6**）。これは，平面をいくつかの領域に分ける操作（これを空間分割という）の1つであり，位置情報のみが用いられる。多くの場合，**図15-6**のように点データを対象としてボロノイ分割は行われる。

ボロノイ分割とは，施設（点データ）の勢力圏図を示したものである（**図15-6**）。ボロノイ分割の結果生成された多角形（ポリゴン）は，最寄りの点が同じである地点の集合であり，これをボロノイ領域と言う。ボロノイ領域は，各点の垂直二等分線の重ね合わせによって作成される（**図15-6**）。例えば**図15-6**のA点にコンパスを置いて円弧を描く。次に，B点にコンパスを置いて円弧を描く。円弧が交わったところを結ぶと，これが線分ABの垂直二等分線になる。この作業を隣接する点の数だけ繰り返す。

筆者の「地理情報学」の授業では実際に，学生さんに手作業でボロノイ分割を行ってもらっている。そしてその後に，数理科学美術館というところのWeb Siteを紹介している。このWeb Siteでは，ボロノイ分割を行うフリーソフトが公開されており，コンピュータ上で，リアルタイムでボロノイ分割が行われる様子を見た学生さんは，皆，感動するようである（と同時に，ため息も聞こえてくる）。

ボロノイ分割は，施設利用圏の同定に用いられることが多い。具体的には，コンビニエンスストア，郵便局，ポスト，駅，バス停などが点データとして用いられる。この場合，人々は平面上を自由に移動できるわけではないので，厳密にはネットワーク距離（**図15-5b**）を用いてボロノイ分割をすべきである。

自然地理学におけるボロノイ分割の使用法として，降水量の補間を行ったり，

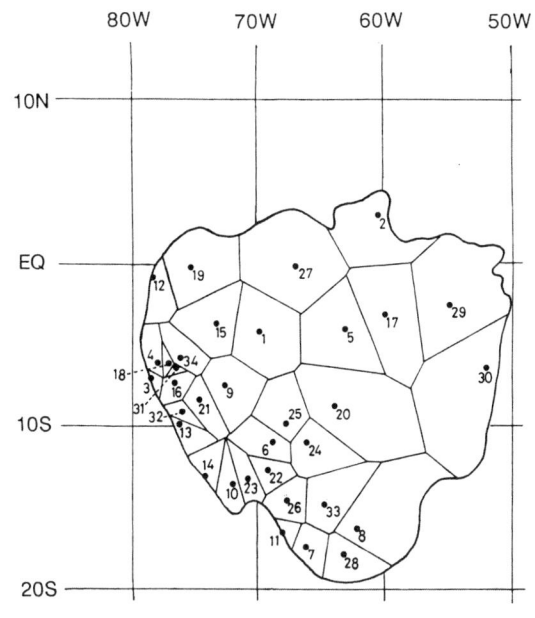

図 15-7 アマゾン川流域を，気象観測地点でボロノイ分割した例

資料：Matsuyama, H. (1992a), "The Water Budget in the Amazon River Basin during the FGGE Period", *Journal of the Meteorological Society of Japan*, Vol. 70, No. 6 の Fig. 2.

降水量の面積平均値を求めたりする例が挙げられる（**図 15-7**）。**図 15-7** は，アマゾン川流域内にある34地点の降水量観測地点の位置情報を用いて，アマゾン川流域をボロノイ分割したものである（Matsuyama, 1992a）。**図 15-7** より，アマゾン川流域では東側の低地における地点密度は粗であり，西側のアンデス山脈における地点密度は密であることが分かる。なお，ボロノイ分割のことを，水文学（7～9章参照）ではティーゼン分割とも言い，ティーゼン分割によって降水量の面積平均値を求めることをティーゼン法と言う。

ティーゼン法による降水量の算定手順は以下の通りである。**図 15-7** の場合，まず，34地点のそれぞれについて，各地点の「ボロノイ領域の面積／流域面積」を求める。次に，この割合に各地点の降水量を乗じて，それらの総和を求める。つまり，各地点の「ボロノイ領域の面積／流域面積」の重みづけをして得られた降水量の積算値が，ティーゼン法による面積平均降水量になる。

図 15 - 8 1978年12月～79年11月のアマゾン川流域における月降水量

注：ティーゼン法（△）と算術平均法（×）による算定結果を示す。
資料：Matsuyama, H. (1992b), "An Application of the TRMM Data to Water Budget in the Basin—Case Study in the Amazon River Basin during the FGGE Period", in the Meteorological Society of Japan, ed., *Reports on Investigation Concerning Utilization of TRMM Data to the Field of Meteorology*, Tokyo: The Meteorological Society of Japan の Fig. 3. 一部修正。

　アマゾン川流域をボロノイ分割したのは，アマゾン川流域における1978年12月～79年11月の月降水量の面積平均値を求めるためであった。**図 15 - 8** は，**図 15 - 7** を用いてティーゼン法で求めたアマゾン川流域の月降水量と，算術平均法による月降水量とを比較したものである（Matsuyama, 1992b）。算術平均法とは，ティーゼン法の「ボロノイ領域の面積／流域面積」の割合を，各地点一律に「地点数分の1」（**図 15 - 7** の場合 34分の1）としたものである。すなわち，算術平均法では，各地点の重みづけがどの地点も同じ値になる。

　図 15 - 8 より，どの月に関しても，ティーゼン法で求めた降水量の方が算術平均法による降水量よりも大きいことが分かる。すなわち**図 15 - 8** では，季節を問わず，地点密度が粗な流域東側の降水量がより大きく重みづけされたことになる。「ティーゼン法と算術平均法のどちらが適切な降水量の値か？」については，**図 15 - 8** からだけでは分からない。しかしながら，アマゾン川流域では，年降水量の約2分の1が河口から大西洋へ流出しており（Dickinson, 1987），1978年12月～79年11月におけるアマゾン川河口から大西洋への河川流出量が1000mm強であったことを考えると，ティーゼン法で求めた降水量の方がより適切であると考えら

れる（Matsuyama, 1992a）。

本章のまとめ

①データは必ずどこかにある。データの所在が分からなければ，専門家に尋ねたり，インターネットで検索したりしよう。専門家に相談してもデータの所在が分からない場合には，自力でデータを取得しよう。この場合，自力で取得したデータのオリジナリティは抜群のはずである。

②空間内挿によってラスタ型データを構築する場合，GISソフトによってどのような補間処理がなされているか気をつけよう。特に，外挿されている部分の値には注意しよう。

③地理情報の分析手法は多数あるが，本章では代表的な手法として，オーバーレイ，バッファリング，ボロノイ分割を紹介した。これらの手法は汎用性が高く，自然地理情報解析でも広く用いられる。

以上，14章と15章では，自然地理情報解析にとって最低限知っておいていただきたいことを駆け足で述べてきた。地理情報学は，それだけで本が一冊書けるぐらい奥が深い学問である。本書を読んで自然地理情報解析に興味を持ってくれた読者の皆さんには，14章と15章，および巻末に挙げた文献のうち，地理情報学に関する専門書をいくつか通読することをお勧めしたい。

●参考文献
春日仁（1989）「リモートセンシングデータと数値地形モデルを用いた黒部ダム流域の積雪分布と融雪量の推定」1988年度東京都立大学大学院理学研究科地理学専攻修士論文．

斎藤篤思・山崎剛（1999）「積雪のある森林域における分光反射特性と植生・積雪指標」『水文・水資源学会誌』第12巻第1号．

東明佐久良（2002）『完全図解 ビジュアルGIS』オーム社．

島村雄一・泉岳樹・中山大地・松山洋（2003）「積雪指標を用いた積雪水当量・融雪量の推定——黒部湖集水域を事例に」『水文・水資源学会誌』第16巻第4号．

島村雄一・泉岳樹・松山洋（2007）「タブレットPCを用いた高速マッピングシステムの構築とこれを用いたグランドトゥルースの取得――新潟県中越地方の積雪調査の例」『地学雑誌』第116巻第6号．

地理情報システム学会編（2004）『地理情報科学事典』朝倉書店．

野上道男・岡部篤行・貞広幸雄・隈元崇・西川治（2001）『地理情報学入門』東京大学出版会．

松山洋・谷本陽一（2008）『UNIX/Windows/Macintoshを使った実践　気候データ解析　第二版』古今書院．

松山洋・八木克敏・中山大地・鈴木啓助（2006）「阿蘇外輪山北麓杖立川上流域の河川水質の特徴について」『水文・水資源学会誌』第19巻第5号．

渡邊嵩（2007）「台風経路の違いと山梨県内の雨量分布特性との関係について」2006年度東京都立大学理学部地理学科卒業論文．

Dickinson, R. E. (1987), *The Geophysiology of Amazonia,* New York: Wiley.

Matsuyama, H. (1992a), "The Water Budget in the Amazon River Basin during the FGGE Period", *Journal of the Meteorological Society of Japan,* Vol. 70, No. 6.

Matsuyama, H. (1992b), "An Application of the TRMM Data to Water Budget in the Basin — Case Study in the Amazon River Basin during the FGGE Period", in the Meteorological Society of Japan, ed., *Reports on Investigation Concerning Utilization of TRMM Data to the Field of Meteorology,* Tokyo: The Meteorological Society of Japan.

Wessel, P. and Smith, W. H. F. (1998), "New, Improved Version of the Generic Mapping Tools Released", *EOS Transactions of AGU,* Vol. 79, No. 47.

Xie, P. and Arkin, P. A. (1997), "Global Precipitation: A 17-year Monthly Analysis Based on Gauge Observations, Satellite Estimates, and Numerical Model Outputs", *Bulletin of the American Meteorological Society,* Vol. 78, No. 11.

文献案内

▶序　章

① 杉谷隆・平井幸弘・松本淳（2005）『風景のなかの自然地理　改訂版』古今書院。
② 高橋日出男・小泉武栄編（2008）『自然地理学概論』朝倉書店。
③ 鈴木秀夫（1975）『風土の構造』大明堂。
④ 貝塚爽平（1990）『富士山はなぜそこにあるのか』丸善。
⑤ 米倉伸之（2001）『海と陸の間で』古今書院。
⑥ 松岡憲知・田中博・杉田倫明・村山祐司・手塚博・恩田裕一編『地球環境学』古今書院。

　①は，基本的に日本の自然地理に関する内容である。しかしながら，自然地理学の入門書として非常に充実しており，筆者も，本書の内容に沿って「自然地理学」の講義を行っている。②は全体の半分が気候学に関する内容であるが，自然地理学全体がカバーされている。③は人と自然のダイナミックな関係が，複数の単純な分布図によって実証的に示されている。さすがは，専門が「（形容詞のつかない）地理学」という著者によって書かれた書物である。④は，ある事象（主として自然現象）について自分で調べて理解を深めるきっかけになる書物である。⑤では，地形を見る目を身につけながら地形を学ぶ楽しさが語られ，ひいては人と環境との間にまで話が広がっている。⑥は，筑波大学生命環境学群地球学類（学部）1年生対象の，授業用教科書としてまとめられたものである。自然地理，人文地理，環境システムを広範に扱い，地球環境学の序論として書かれている。本書と比較しながら，通読すると良い。

▶第1章

① 貝塚爽平・太田陽子・小疇尚・小池一之・野上道男・町田洋・米倉伸之編（1985）『写真と図で見る地形学』東京大学出版会。
② 杉村新（1973）『大地の動きをさぐる』岩波書店。
③ 松田時彦（1992）『動く大地を読む』東京大学出版会。
④ 町田洋・白尾元理（1998）『写真で見る火山の自然史』東京大学出版会。
⑤ 中村一明（1989）『火山とプレートテクトニクス』東京大学出版会。
⑥ 鈴木康弘（2001）『活断層大地震に備える』筑摩書房。

①は大地形や変動地形，火山地形を含む国内外の様々な典型的な地形を取り上げ，写真と地形図を用いて解説している地形学の入門書である。②は自らの具体的な研究史に基づいて，地形や地層の変形の概念がもたらされてきた道筋を分かりやすく解説している。③は断層をともなう地形と地質の変形に基づいて過去の地震の様子を復元し，将来の地震の予測に対する考え方を示している。④は国内外の代表的な火山の噴出物や地形から火山の成り立ちや噴火史を明らかにする方法を具体的に示している。⑤は伊豆大島の火山噴火史や火山地質から始まり，次第に伊豆周辺地域に見られる火山やテクトニクスなどの地球物理・地質現象を統一的に説明していく著者の思考過程が示されている興味深い著書である。⑥は，兵庫県南部地震をきっかけに書かれた新書であり，「いつ，どこで，どのような地震が起こるか？」について分かりやすく説明されている。

▶第2章

① 池田宏（2001）『地形を見る目』古今書院。
② 松倉公憲（2008）『山崩れ・地すべりの力学——地形プロセス学入門』筑波大学出版会。
③ 松倉公憲（2008）『地形変化の科学——風化と侵食』朝倉書店。
④ 貝塚爽平（1988）『平野と海岸を読む』東京大学出版会。
⑤ 鈴木隆介（1997〜2004）『建設技術者のための地形図読図入門　全4巻』古今書院。
⑥ 斉藤享治（1998）『大学テキスト　日本の扇状地』古今書院。

　①は著者独特の地形の観察や実験に基づいて，外的営力によって形成される地形がどのようにつくられるのかをわかりやすく示した好著である。②は地形プロセスの観点から，山崩れ，地すべりがなぜ起こるか，そのメカニズムをやさしく解説した入門書である。③は風化と侵食という地形プロセスを中心とした地形変化のより高度な専門的教科書である。④は河川や波の作用によってつくられる平野の地形について分かりやすく解説している。⑤は地形図の読図を中心に据えた地形学の体系的な教科書である。特に第2巻の「低地」では，河川や波浪のプロセスがどのように低地の地形を形成するかを具体的に解説している。⑥は扇状地の分布，形態，成因を軸にして，山地から平野にかけての地形発達史や第四紀の環境変化との関係が学べる良書である。

▶第3章

① 小疇尚研究室編（2005）『山に学ぶ——歩いて観て考える山の自然』古今書院。
② 貝塚爽平（1976）『東京の自然史　第二版』紀伊國屋書店。
③ 米倉伸之（2000）『環太平洋の自然史』古今書院。
④ 町田洋・小島圭二（1996）『自然の猛威』岩波書店。

⑤　小池一之（1997）『海岸とつきあう』岩波書店。

　①は高山や高緯度における氷河地形や周氷河地形について，多くの写真とともに解説している。②は東京の地形を例にして，第四紀の気候変化・海面変化にともなって，どのように東京の台地や低地の地形が形成されてきたのかを分かりやすく解説している。③ではさらにグローバルな視点から，第四紀の海面変化や環境変化，地殻変動によって環太平洋地域における自然史を総合的に考察している。④は火山，地震，津波，洪水，地すべりといった日本の国土で生じる様々な自然現象を取り上げ，それの原因とそれに対する人間側の対応のありかたについて述べている。⑤は特に海岸と人間生活との関わり方と今後の課題について触れられている。

▶第4章～第6章

①　吉野正敏（1978）『気候学』大明堂。
②　仁科淳司（2007）『やさしい気候学　増補版』古今書院。
③　福井英一郎・浅井辰郎・新井正・河村武・西沢利栄・水越允治・吉野正敏編（1985）『日本・世界の気候図』東京堂出版。
④　吉野正敏（2007）『気候学の歴史――古代から現代まで』古今書院。
⑤　野上道男編（2006）『環境理学』古今書院。
⑥　バローズ，W. J.（2003）『気候変動　多角的視点から』松野太郎監訳・大淵済・谷本陽一・向川均訳，シュプリンガー・フェアラーク東京。
⑦　スペンサー，R. ワート（2005）『温暖化の〈発見〉とは何か』増田耕一・熊井ひろ美訳，みすず書房。
⑧　鈴木秀夫（1990）『気候の変化が言葉をかえた――言語年代学によるアプローチ』日本放送出版協会。
⑨　小倉義光（1999）『一般気象学　第2版』東京大学出版会。
⑩　青木孝（2003）『いのちを守る気象学』岩波書店。
⑪　近藤純正（2000）『地表面に近い大気の科学』東京大学出版会。
⑫　近藤純正編著（1994）『水環境の気象学――地表面の水収支・熱収支』朝倉書店。
⑬　牛山素行編（2000）『身近な気象・気候調査の基礎』古今書院。
⑭　廣田勇（1999）『気象解析学』東京大学出版会。
⑮　松山洋・谷本陽一（2008）『Unix/Windows/Macintosh を使った実践　気候データ解析　第二版』古今書院。

　「気候学　この一冊！」ということになれば①である。この本では，大気候から小気候，世界の気候から日本の気候まで懇切丁寧な説明がなされている。しかしながら，気候学を

初めて学ぶ人は，まず②を通読するのがよいだろう。筆者も「気候学」の講義では本書を用いた。③には日本と世界における基本的な図が多数載せられており，事典的な使い方もできる。④は気候学史であり，気候学の様々な分野において，これまでになされてきた研究がよくまとめられている。これから気候学の研究を始める人は目を通すとよい。

（地質時代を含めた）気候変動の実態に関しては⑤と⑥に詳しい。そして，地球温暖化が社会的に認識されるに至った経緯は⑦に述べられている。⑧は，気候変化が人間の移動を促し，その結果，現在の言語の分布が規定されているという内容である。

⑨～⑪は気象学関連の基本図書であり，⑨は気象予報士を目指す人にとって必須である。⑩の内容は，日本人ならば誰でも皆知っておかなければならない内容である。⑪では地表面の熱収支・水収支に関する説明がなされており，これをもっと専門的にした内容が⑫である。気候学・気象学の研究を志す人は必ず手元に置きたい。

実際に気候データを取得したい人（独自の観測および既存資料の入手）は⑬を読むのがよい。取得したデータをどのような作戦で解析するかについては⑭に述べられている（本書は，ある意味哲学書のようでもある）。データの具体的な解析方法は⑮に詳述されているが，拙著のため講評は避ける。

▶第7章～第9章

① 榧根勇（1980）『水文学』大明堂。
② 新井正（2004）『地域分析のための熱・水収支水文学』古今書院。
③ 池淵周一・椎葉充晴・宝馨・立川康人（2006）『エース　水文学』朝倉書店。
④ 榧根勇（1989）『水と気象』朝倉書店。
⑤ 恩田裕一・奥西一夫・飯田智之・辻村真貴編（1996）『水文地形学』古今書院。
⑥ 塚本良則編（1992）『森林水文学』文永堂出版。
⑦ 新井正（2003）『水環境調査の基礎　改訂版』古今書院。
⑧ 半谷高久・小倉紀雄（1995）『水質調査法　第3版』丸善。
⑨ 杉田倫明・田中正編（2009）『水文科学』共立出版。
⑩ 榧根勇（2002）『水と女神の風土』古今書院。

「水文学　この一冊！」ということになれば①である。30年ほど昔の教科書であるが，地球規模の水循環，蒸発散，土壌水，地下水，地表水と，水文学の基本的な内容がほぼ網羅され，自然科学的に厳密に解説されている。これを超える，日本語で書かれた単著の水文学の教科書は，未だない。初学者にはやや難しく，また絶版になっているが，水文学のエッセンスにふれたい人は，図書館などで探して挑戦してほしい。②は地域分析という縦糸と，熱・水収支解析という横糸とを融合させて，水文学を講じている良書である。初学者は，まず②を通読してから，①に進むのが良いだろう。

水文学は，自然地理学の一分野であるだけでなく，他分野にまたがる学際的学問である。③は土木工学の雄である京都大学のグループがまとめたものである。異なる分野の視点から見た水文学を学ぶことも重要であり，とくにモデルに関する解説は秀逸である。水文学と気象学の接点という視点から書かれたのが，④である。地域という視点も含まれているため，地理学徒にとっても読みやすいはずである。水文プロセスと地形プロセスの相互作用という観点からまとめられた教科書が⑤である。私事で恐縮だが，筆者が⑤を上梓したとき，師である榧根勇氏から，「『水文学』に待望の孫ができたようだ」と言われたことは望外の喜びであった。内容的に若干古くなっている点もあるが，水文学と地形学の接点という視点は，自然地理学を学ぶ者には重要であるので，参照されたい。森林水文学の分野は，水文学の中で，近年大きく進展した領域の1つである。森林という限定された場の条件下における水文学を講じたものだが，水文学の重要な要素が多く含まれている。

⑦は，水文学的な立場から水環境調査の方法を，初学者や一般の人にも分かりやすく，かつ実践しやすくまとめたもので，1994年の初版発行から重刷を重ね，2003年に改訂版が出た名著である。また，水文学研究に欠かせない水質調査について，原理から実践までをまとめたものが⑧であり，こちらも名著といえよう。

⑨は，筆者を含めた筑波大学の水文科学分野の教員が，地球学類2年生の授業「水文科学」用にまとめた教科書である。筆者の執筆部分については，本書と重複する部分がある一方，「自然地理学」の一分野としての水文学という観点から，本書では全くふれていない蒸発散，接地境界層プロセス等についても詳細に解説されている。⑨では，用語や解説項目について著者と編者との間で意見が合わない部分については，編者の意向を尊重してあるが，本書は，あくまで筆者の考える水文学である。

⑩は，水文学の教科書というよりも，風土論の書である。しかし，自然地理学としての水文学のあり方や方向性を示しているように思われるので，地理学徒にはぜひ読んでほしい。

▶第10章

①大場秀章（1991）『森を読む』岩波書店。
②福嶋司・岩瀬徹編著（2005）『図説　日本の植生』朝倉書店。
③菊池多賀夫（2001）『地形植生誌』東京大学出版会。
④福嶋司編（2005）『植生管理学』朝倉書店。
⑤水野一晴編著（2001）『植生環境学――植物の生育環境の謎を解く』古今書院。

日本の植生の概要を知る入門書として①と②がある。①は誰にでも読みやすく書かれている。②はより専門的だが，たくさんの写真や図が理解を助けてくれる。③は自然地理学的な関心から植生を学びたいなら，ぜひとも読んでほしい。④は代表的な植物群落を選ん

で，それらの性質や管理・保全上の問題点を記している。⑤は植生に関するトピックを取り上げて，謎解きをしている。

▶第11章

① 武内和彦（1991）『地域の生態学』朝倉書店。
② 横山秀司（1995）『景観生態学』古今書院。
③ 横山秀司（2002）『景観の分析と保護のための地生態学入門』古今書院。
④ ターナー，M.G.・ガードナー，R.H.・オニール，R.V.（2004）『景観生態学——生態学からの新しい景観理論とその応用』中越信和・原慶太郎監訳，文一総合出版。
⑤ 小泉武栄（1993）『日本の山はなぜ美しい』古今書院。

①と②は地生態学の生い立ちも含めて，基礎的概念とその応用的側面が分かりやすく記されている。また③では，地生態学の方法論が地因子別に詳述してある。これらの文献では十分にページが割かれていない，北アメリカの生態学者が中心になって発達させた地生態学（ランドスケープ・エコロジー）については，④が詳しい。日本の代表的な地生態学者による著書⑤では，この分野の調査研究の面白さに触れることができる。

▶第12章

① 大正正隆（1983）『森に学ぶ』東京大学出版会。
② 松井健（1979）『ペドロジーへの道』蒼樹書房。
③ 永塚鎮男（1997）『原色日本土壌生態図鑑』フジ・テクノシステム。
④ デュショフール，Ph.（1986）『世界土壌生態図鑑』永塚鎮男・小野有五訳，古今書院。
⑤ 大羽裕・永塚鎮男（1988）『土壌生成分類学』養賢堂。

①は著者の豊富なフィールドワークの経験に基づいて，日本の森林と土壌の関係や著者の自然観が描かれており，フィールド科学としての土壌学の面白さをよく伝えている。②は著者の自らの研究史と重ね合わせながら，農学だけでなく，第四紀学や考古学など幅広い分野に土壌学が貢献できることを示した土壌学への情熱があふれる著書である。③と④は，それぞれ日本と世界の土壌断面の写真を集めた図鑑であり，様々な環境で多様な土壌断面形態が形成されることが一目で分かり，見ているだけで楽しい。土壌学の一般的な教科書は数多く出版されているが，その中でも⑤は風化土壌の立場に立った土壌生成作用と土壌の分類体系について非常に丁寧に解説した優れた教科書の1つである。

▶第13章

① ダーウィン，C.（1994）『ミミズと土』渡辺弘之訳，平凡社。
② 加藤芳朗（1988）『地学・土壌・考古環境——地表環境の研究37年の歩み』加藤芳朗先生自選論文集刊行会。
③ 久馬一剛・永塚鎮男編（1987）『土壌学と考古学』博友社。
④ 日本火山学会テフロクロノロジーによる火山噴火史研究ワーキンググループ（1995）「特集　堆積物による火山噴火史研究」『火山』第40巻第3号。
⑤ 佐瀬隆・町田洋・細野衛（2009）『相模原周辺の関東ローム層中の植物珪酸体からみた過去8万年間の気候植生変化史』相模原市。

堆積土壌の立場に立った土壌学の教科書はまだ存在しないが，ここではそれに準ずる著書を挙げておく。①は土壌を改良し，景観をかたちづくるミミズの働き・生態を初めて明らかにし，地表面の土壌が上方に堆積していくことを長年の実験で示したダーウィンの生涯最後の著書である。②は地表環境と土壌生成の関係を丁寧に研究してきた著者の代表的論文が収録された論文集であり，多くの論文から堆積土壌的な視点が読み取れる。③は，土壌学が考古学にいかに寄与できるかという趣旨のシンポジウムの講演をまとめた論文集であり，考古学者の立場から堆積土壌の概念を確立する必要性が読み取れる。④は火山灰土やロームと呼ばれてきた土壌の成因に関する日本火山学会の学会誌特集号であり，収録された多くの論文に堆積土壌の証拠が記述されている。⑤は堆積土壌である関東ローム層中の植物珪酸体分析を用いて，気候と植生と土壌の関係とその変遷史をまとめた報告書である。付録のCDには，植物珪酸体分析の方法や黒色土層の成因についてのまとめの考察も挙げられており，現時点での第四紀土壌研究に関する最新の成果が紹介されている。

▶第14章～第15章

① 野上道男・岡部篤行・貞広幸雄・隈元崇・西川治（2001）『地理情報学入門』東京大学出版会。
② 東明佐久良（2002）『完全図解　ビジュアルGIS』オーム社。
③ 高阪宏行・村山裕司（2001）『GIS——地理学への貢献』古今書院。
④ 林春男監修・浦川豪・大村径・名和祐司著（2007）『モバイルGIS活用術——現場で役に立つGIS』古今書院。
⑤ 日本地図センター（2003）『新版　地図と測量のQ&A』日本地図センター。
⑥ 日本リモートセンシング研究会（2004）『改訂版　図解リモートセンシング』日本測量協会。

⑦　秋山侃・石塚直樹・小川茂男・岡本勝男・斎藤元也・内田論（2007）『農業リモートセンシング・ハンドブック』システム農学会。
⑧　長谷川均（1998）『リモートセンシングデータ解析の基礎』古今書院。
⑨　建設省国土地理院監修（1994）『数値地図ユーザーズガイド　改定版』日本地図センター。
⑩　宇宙開発事業団地球観測センター（1986）『地球観測データ利用ハンドブック』リモートセンシング技術センター。

　地理情報学を初めて学ぶ人は，まずは①を読むのがよい。地理情報学の背景，基礎から応用まで説明がなされている。②は見開き2ページで，左側に説明，右側に図が配置されており，コンパクトにまとめられている。
　地理学の各分野へGISを適用した実例については③にまとめられている。また，現場でのGISの適用に関しては④に詳しい。⑤を読むと，地図学・地理情報学に関する基礎事項だけでなく，トリビアな知識（＝雑学）も身につく。
　リモートセンシングを初めて学ぶ人については⑥がお勧めであり，筆者は定期的に授業で輪講している。⑦には，農業に関する多くの衛星画像が掲載されており，ページをめくるだけでも楽しい。リモートセンシングデータの解析を行う場合には，⑧を読むことから始めるのがよいだろう。
　実際にDEM（数値標高データ）を扱う場合には⑨を，リモートセンシングデータを扱う場合には⑩を参照することになるだろう。これらは，本棚にあるだけで心強いものである。

あ と が き

　その昔，都内某所で一緒に仕事をしたことがある竹中克行さん（愛知県立大学）から「『人文地理学』と『自然地理学』という本を，ミネルヴァ書房からセットで出版しませんか？」というお話をいただいたのは，2007年8月のことでした。翌年度がサバティカル期間ということもあって，深く考えずに引き受けてしまったのですが，執筆を始めてみると実は大変な作業であることを思い知らされました。知識の体系化というのは予想以上に難しく，正直言って慣れない英文であっても，自分自身の研究論文を書いている方がずっと楽だと思いました。

　竹中さんからお話をいただいたときにまず思ったのは，「これは一人では書けない」ということでした。内容の大枠は，筆者の勤務する首都大学東京地理学教室の自然地理学の研究室でやっていることとし，(1)筆者と同世代の若手〜中堅どころで，(2)学界で活躍されている方々で，(3)筆者が気軽にお願いできる皆様，にお声をかけて出来上がったのが本書です。いただいた原稿はどれも熱く，序章で述べた「自然地理学の醍醐味」が満喫できるものになっていると思います。また本書は，現段階での筆者たちの自然地理学に関する理解に基づいて書かれています。内容に誤りがございましたら，御指摘いただければ幸いです。

　最後になりますが，本書で引用した図表の掲載を許可された筆者・出版社に感謝いたします。また，本書の出版を御提案いただいた冨永雅史さんと，本書の編集を引き継いだミネルヴァ書房の東寿浩さんには本当にお世話になりました。冨永さんがミネルヴァ書房で仕事をしていらっしゃるうちに本書を出版できなかったことだけが心残りです。記して御礼申し上げます。

　人文・社会科学の学術専門書などの出版を主要業務としているミネルヴァ書房から出る『自然地理学』は，他の専門書と比べて異色の存在であることは間違いありません。本書の姉妹書『人文地理学』ともども『自然地理学』を末永くよろしくお願いします。

著者を代表して　松　山　　洋

303

索　引

あ　行

秋雨前線　101
浅間山　23
阿蘇山　25
温かさの指数　188
新しい水　153, 154
圧力　148
圧力水頭　142, 143
圧力ポテンシャル　143
亜熱帯収束帯　94
天橋立　60
有明海　38
暗色帯　241
EMMA (end-member mixing analysis)　156
池　147
諫早湾　59
石垣島　42
異常気象　112
イチゴツナギ亜科　244
一時河川　169
一斉林　198
イネ科植物　244
インドモンスーン　114
V字谷　34
Web Site　279
運積土壌　229
雲仙普賢岳　24
衛星画像　261
A層　229
ABC層位法　229
液状化現象　59
液相　140
エコトープ　208
エッジ効果　217
エネルギーポテンシャル　141
エルニーニョ現象　110
ENSO　112
応用土壌学　228

太田川　36
オーバーレイ　285
大宮台地　54
沖永良部島　42
屋上緑化可能面積　272
温室効果　118
温室効果ガス　72, 76, 117
温泉地すべり　33
温帯低気圧　100

か　行

カール　45
海溝　14
海食崖　39
海食台　39
海水　131
外挿　281
海退　51
海面水温　107
海洋　78
海嶺　14
攪乱　190
可降水量　138, 148
重ね合わせ表示　285
火山湖　147
火山灰編年学　241
火山フロント　21
河床縦断面曲線　33
河成段丘　50
河川　146
河川水　131, 132
褐色化作用　237
活断層　18, 59
可能蒸発散量　174
ガリー　33
カルデラ　24-26
カルデラ湖　147
環境傾度　191
間隙　140
間隙率　141

含水比	141	高気圧	83
岩石海岸	38	格子点	266
完全混合システム	134	恒常河川	169
干拓地	59	降水	89, 131, 132
関東造盆地運動	58	洪水ハイドログラフ	152
関東平野	54	降水量	135
気圧	78	構造土	47
気圧傾度力	80	黄土高原	34
気候	67	高度分布係数	6, 7
偽高山帯	3, 194	後背湿地	36
気候システム	107	黒体	71
気候要素	67, 94	国分寺崖線	3
気象	67	児島湾	59
気象衛星ひまわり	280	湖沼	147, 149
季節変化	95	湖沼水	131, 132
気相	140	固相	140
気団	100	コトパクシ火山	22
基盤岩地下水	162-164	コリオリの力	80
キビ亜科	244	コリドー	215
共一次内挿法	268	根系状孔隙	234
凝結	131, 132		
極前線帯	92	さ 行	
極夜	73	最終氷期	5, 47
空間精度	271	砂丘	38
空間分解能	268	ササ属	244
空間分割	288	砂質海岸	37
空気ポテンシャル	142	里山	198, 219
九十九里浜	37	三角州	34, 53
グライ化作用	237	サンゴ礁	40, 209
クラック帯	241	算術平均	283
グランドキャニオン	34	算術平均法	290
グランドトゥルース	263	残積土壌	229
クロス集計表	275	酸素18	153
黒部川	36	酸素同位体比	4
群系	185	GIS	222, 260
群落	188	GISソフト	281
景観	214	C層	229
景観生態学	205	GPS	262
系統地理学	1	ジェット気流	81, 100
現地調査	266	ジオツーリズム	220
顕熱	77, 115, 133	ジオパーク	220
広域火山灰	24	四季	95
降雨流出プロセス	151, 166	地すべり	29
降下浸透	131, 132, 139	自然地理学	1

自然堤防　36
自然土壌　227
失水河川　169
自噴井　146
シベリア高気圧　102
下末吉面　54
下総台地　54
遮断蒸発　138
終期浸透能　139
重水素　153
周氷河地形　5, 47
重力　141, 148
重力水頭（位置水頭）　142, 143
重力ポテンシャル　142
秋霖　101
樹冠　138
樹冠通過雨　138
樹冠滴下雨　138
樹幹流（stemflow）　138
蒸散（transpiration）　131, 132, 138
上昇気流　91
蒸発　131, 132
蒸発散量　135
正味放射量　133
縄文海進　6, 52
初期浸透能　139
植生帯　187
植生地理学　183
植物珪酸体　234, 242
人工海岸　60
人工排熱　122
侵食基準面　33
侵食湖　147
浸透　131, 132, 138, 139
浸透能　139, 148
浸透ポテンシャル　142
森林限界　3
浸漏面　160
水蒸気　89, 132
水文学　131, 132, 148
水文システム　134, 148
水理水頭　142-145, 160
水理ポテンシャル　142
水流発生機構　151

水和酸化物　238
数値標高データ　260
スコリア丘　24
ステファン・ボルツマンの法則　69
スラブ内地震　18
生物多様性　219
成分分離　156
堰　151
赤外放射　73
積雪水量　6, 268
積雪調査　260
赤土　42
堰止湖　147
脊梁山脈　91, 102
接合　268, 274
雪線　46
雪氷　131, 132
瀬戸内海　51
線（ライン）　266
扇状地　3, 34
前線　100
前置層　36, 53
全天日射量　76
セントヘレンズ火山　22
潜熱　77, 109, 115, 133
相観　185
相互作用　107
相対湿度　97
相変化　89
属性データの更新　274
速度ポテンシャル　143
ソリフラクション　47

　　　　　た　行

Darcy　144
大気現象　67
大気大循環　75
大気大循環モデル　118
大気の窓　117
第三紀層地すべり　32
帯水層　146
体積含水率　141
堆積土壌　231
大地溝帯　22

台風　100
太陽定数　133
太陽放射　69
太陽放射量　75
第四紀　5
第四紀土壌　227
第四紀土壌学　227
大陸　78
対流活動　107
滞留時間　133, 148
楯状火山　24
多摩川　3
段丘　34, 54
端成分　156
短波放射　72
地下水　131, 132, 140, 148
地下水涵養　131, 132, 145, 171
地下水涵養域　145
地下水成分　167
地下水面　140, 148
地下水流出　145
地下水流出域　145, 146
地下水流動系　171
地下水流入量　172
地球―大気系　69
地球温暖化　68, 76, 117
地球放射　73, 117
地球放射量　75
地形営力　12
地形改変　59
地形計測　281
地形分類　12
地衡風　83
地誌学　1
地上検証実験　262
地生態学　205
地中水　140, 148
地中伝導熱　77
池溏　147
地表面状態　262
地表面被覆　122
地表面摩擦　83
地表流　138, 139, 148
チベット・ヒマラヤ山塊　83, 94, 100

沖積層　53
頂置層　36, 53
長波放射　72
貯留量　132-134, 148
貯留量変化　135
地理情報　259
　──の管理　264
　──の構築　260, 264
　──の取得　260
　──の総合　265
　──の表示・伝達　266
　──の分析　265
地理情報システム　259
津軽海峡　50
対馬暖流　5, 101
津波　17
梅雨　91, 100
DEM　260
ティーゼン分割　289
ティーゼン法　289
堤間湿地　37
低気圧　83
泥炭集積作用　237
底置層　36, 53
テフラ　23
テフロクロノロジー　24, 241
点（ポイント）　266
天井川　34
天皇海山列　22
天竜川　36
同位体　153
透過率　117
凍結・破砕作用　47
動水勾配　144
透水層　146
得水河川　169
ドクチャエフ　225
都市化　68
都市型水害　59
土壌　226
土壌試料　226
土壌水　131, 132, 140, 148
土壌水分量　116
土壌生成作用　236

索引 307

土壌層位　229
土壌断面　226
土壌断面形態　227
土壌物質　226
土石流　26, 29, 34
土層　229
土層区分　228
トラフ（舟状海盆）　14
トレーサー　153, 166

　　　　な 行

流れ山　26
難透水層　146
南方振動　112
二酸化炭素　117
二次草原　198
二次林　196
日較差　95
日最高気温　122
日最低気温　122
人間活動　107
沼　147
熱帯収束帯　83, 92
ネットワーク距離　286
年較差　95
NOAA　280
農林業土壌学　228
ノッチ　39

　　　　は 行

パーシャルフリューム　151
梅雨前線　100
ハイエトグラフ　146
ハイドログラフ　146
ハイマツ帯　188
破砕帯地すべり　32
波食棚　39
波長　69
八郎潟　59
パッチ　214
パッチ・モザイク　215
バッファ領域　286
バッファリング　286
ハワイ海山列　22

反射率　69
磐梯山　12
氾濫原　34
被圧帯水層　146
被圧地下水　146
P-Jパターン　109
B層　229
ヒートアイランド　122
ピエゾメーター　143, 159
干潟　38, 59
光の三原色　69
ピストン流（押し出し流）システム　134
比熱　77
ヒマラヤ山脈　14
白夜　73
氷期―間氷期サイクル　5
漂砂　37, 60
氷床　5, 47
氷帽　45
比流束　144
広島平野　36
浜堤　37
不安定　91
風化作用　29
風化土壌　229
富士山　24, 27
腐植集積作用　237
物質輸送量　132
不透水層　146
部分寄与域概念　160
古い水　153, 154
プレート境界地震　17
プレートテクトニクス　14
プレート内地震　17
分光透過特性　117
平均間隙流速　144
平均滞留時間　134, 135, 148
平年値　67
ベクタ型データ　266
偏西風　92, 100
変動地形　19
貿易風　83, 92, 110
放射収支　74
放射平衡温度　72

放射冷却　84
飽和水蒸気圧　89
飽和透水係数　144, 145, 148
ホートン地表流　139, 155
補間処理　281
北西の季節風　101
ホットスポット　22
ポテンシャル　148
ポテンシャル流　141
ポドゾル化作用　237
ボロノイ分割　283, 287, 288
ボロノイ領域　288

ま 行

迷子石　45
マウナロア火山　24
MAOS　116
マスムーブメント　29
マトリックポテンシャル　142
マングローブ　42, 209
三浦半島　18
湖　147
水収支　148
水循環　131, 132, 148
水循環プロセス　131, 146
美保の松原　60
武蔵野台地　3
武蔵野段丘　54, 56
メダケ属　244
面（ポリゴン）　266
毛管力　141
猛暑日　122
モレーン　46
モンスーン　85, 94

や 行

矢作川　37
ヤマセ　100
有機物　238
有効間隙率　144
融雪水　115
融雪量　271
優占種　185
U字谷　45
弓ケ浜　37
溶岩ドーム　24

ら 行

落石（崖崩れ）　29
ラスタ型データ　266
Landsat　260, 280
『理科年表』　67
リモートセンシング　222, 262
流域　135, 148, 151
隆起サンゴ礁　42
隆起速度　3
流出　131, 132
流出寄与域　160, 167
流出寄与域変動概念　160
流出成分　152
流出成分分離　153
流出特性　146
流出量　133, 135, 146, 148
流体ポテンシャル　143
流入量　133
流量　146
林外雨　138
林内雨　138
レイヤ　285

著者紹介（担当順）

松山　洋（まつやま・ひろし）はしがき，序章，第4章，第5章，第6章，第14章，第15章，あとがき
最終学歴　東京大学理学系研究科博士課程中途退学
現　在　東京都立大学都市環境科学研究科教授
主　著　『東京地理入門』（朝倉書店，共著，2020年）
　　　　『地図学の聖地を訪ねて』（二宮書店，編著，2017年）
　　　　『卒論・修論のための自然地理学フィールド調査』（古今書院，共著，2017年）

川瀬　久美子（かわせ・くみこ）第1章，第2章，第3章
最終学歴　名古屋大学文学研究科博士課程満期退学
現　在　愛媛大学教育学部地理学教室准教授
主　著　『River Deltas: Types, Structures and Ecology』（Nova Science Publishers, 分担執筆, 2011年）
　　　　『図説・世界の地域問題』（ナカニシヤ出版，分担執筆，2007年）

辻村　真貴（つじむら・まき）第7章，第8章，第9章
最終学歴　筑波大学大学院博士課程地球科学研究科単位取得退学
現　在　筑波大学生命環境系教授
主　著　『地下水流動——モンスーンアジアの資源と循環』共著（共立出版，2011年）
　　　　『水文地形学』共編著（古今書院，1996年）

高岡　貞夫（たかおか・さだお）第10章，第11章
最終学歴　東京都立大学大学院理学研究科博士課程単位取得退学
現　在　専修大学文学部環境地理学科教授
主　著　『図説　日本の山』（朝倉書店，分担執筆，2012年）
　　　　『景観の分析と保護のための地生態学入門』（古今書院，分担執筆，2002年）
　　　　『植生環境学——植物の生育環境の謎を解く』（古今書院，分担執筆，2001年）

三浦　英樹（みうら・ひでき）第12章，第13章
最終学歴　東京都立大学大学院理学研究科博士課程単位取得退学
現　在　青森公立大学経営経済学部地域みらい学科教授
主　著　『環境年表』（丸善，分担執筆，2011年）
　　　　『デジタルブック 最新第四紀学』（日本第四紀学会，分担執筆，2009年）
　　　　『日本の地形 北海道』（東京大学出版会，分担執筆，2003年）

自然地理学

2014年7月20日	初版第1刷発行	〈検印省略〉
2023年3月10日	初版第4刷発行	

定価はカバーに
表示しています

	松山　洋
	川瀬久美子
著　者	辻村真貴
	高岡貞夫
	三浦英樹
発行者	杉田啓三
印刷者	中村勝弘

発行所　株式会社　ミネルヴァ書房

607-8494 京都市山科区日ノ岡堤谷町1
電話代表（075）581-5191
振替口座01020-0-8076

© 松山・川瀬・辻村・高岡・三浦, 2014　中村印刷・藤沢製本

ISBN978-4-623-05866-2

Printed in Japan

竹中克行 編著
人文地理学のパースペクティブ
A5・306頁
本体3,000円

藤井　正・神谷浩夫 編著
よくわかる都市地理学
B5・226頁
本体2,600円

加藤政洋・大城直樹 編著
都市空間の地理学
A5・320頁
本体3,000円

井口　貢 編著
入門　文化政策
A5・268頁
本体2,800円

金武　創・阪本　崇 著
文化経済論
A5・320頁
本体3,200円

宮川泰夫・山下　潤 編著
地域の構造と地域の計画
A5・304頁
本体3,500円

ニール・スミス 著／原口　剛 訳
ジェントリフィケーションと報復都市
A5・480頁
本体5,800円

山本奈生 著
犯罪統制と空間の社会学
A5・272頁
本体6,000円

園部雅久 著
再魔術化する都市の社会学
A5・264頁
本体5,500円

松尾浩一郎 著
日本において都市社会学はどう形成されてきたか
A5・412頁
本体7,000円

―― ミネルヴァ書房 ――
https://www.minervashobo.co.jp/